光通信中的电磁场与波基础

武保剑　编著

科学出版社
北　京

内 容 简 介

本书共分为 12 章。第 1 章主要介绍无线电波的三种通信传播方式和有线光纤通信系统；第 2~7 章结合光的电磁特性讲解电磁场与波的基础知识，包括电磁场的基本规律、电磁波的基本特性、电磁波的损耗和色散、电磁波的反射与透射、导波系统的电磁场分析和光谐振器件；第 8~12 章是电磁场与波的基础知识在光纤通信中的推广应用，包括光纤的导光原理、耦合模理论及其应用、多层介质的转移矩阵法、光学非线性效应和数值计算方法。

本书可作为“电磁场与波”课程的辅助教材，也可以作为“光纤通信技术”课程的入门知识，适合大学本科高年级学生以及研究生阅读，也可供从事光学工程、光纤通信、光信号处理等相关科研工作的人员参考。

图书在版编目(CIP)数据

光通信中的电磁场与波基础 / 武保剑编著. — 北京：科学出版社，2017.12
(2019.2 重印)
ISBN 978-7-03-055510-6

Ⅰ. ①光… Ⅱ. ①武… Ⅲ. ①光通信-电磁场②光通信-电磁波 Ⅳ. ①TN929.1

中国版本图书馆 CIP 数据核字（2017）第 281363 号

责任编辑：张 展 李小锐 / 责任校对：韩雨舟
封面设计：墨创文化 / 责任印制：罗 科

科学出版社出版
北京东黄城根北街16号
邮政编码：100717
http://www.sciencep.com

成都锦瑞印刷有限责任公司印刷
科学出版社发行 各地新华书店经销

*

2017 年 12 月第 一 版 开本：787×1092 1/16
2019 年 2 月第三次印刷 印张：12.75
字数：294 千字

定价：48.00 元
（如有印装质量问题，我社负责调换）

前　言

通信就是将信息从一端传送到另一端，通信系统主要由信息发送端机、传输信道和接收端机组成，信道传输特性决定着系统总体的关键技术。广泛使用的有线光纤通信和无线移动通信等商用通信系统均以电磁波信号作为信息的载体，其中光纤通信网络作为信息通信的基础设施，在高速率、大容量、长距离通信传输方面发挥着更加重要的作用。

光纤通信是以光纤为信道传输信息的通信方式，光在各种介质中的传播特性本质上是光与物质相互作用的过程。在光与物质相互作用的经典理论和半经典理论中，光辐射按经典电磁波进行处理，用光的电磁理论已能够很好地解释目前光学领域内遇到的绝大部分现象和技术。因此，对于从事光学、光电子学、光纤通信等领域的研究人员，掌握好电磁场与波的基础知识显得尤其重要。

“电磁场与波”是电子科学与技术、电子信息工程、光电信息科学与技术、空间信息技术、微电子与集成电路、通信工程等许多本科专业必修的基础课程，但要将所学的电磁场与波知识融入相关专业技术领域不是一件容易的事情。在大多数高校的本科培养方案中，基础课与专业课往往自成体系、分别排课，难以很好地体现出它们之间的联系。这样，可能会造成学习基础课时不知道具体有什么用，从事科研工作时面对具体的专业问题又可能会忽视基本概念的指导作用。为此，本书将架起“电磁场与波”通向“光纤通信”的桥梁，从电磁场与波的知识体系出发，讲授光纤通信中光导波的传播特性和分析方法。

本书的特点是注重基本概念、联系实际应用。一方面，本书涵盖了“电磁场与波”所要求的几乎所有基本知识点，可让正在学习“电磁场与波”的学生更好地理解相关知识要点，了解它们在光通信领域的具体应用，深刻体会“电磁场与波”在通信工程、光信息科学与技术等本科专业课程体系中的基础地位；另一方面，能够让学习过“电磁场与波”的学生快速切入到光通信专业领域，掌握光纤或光波导的解析分析方法和数值计算方法，为从事相关研究工作打下基础。

本书共分为 12 章。第 1 章主要介绍无线电波的三种通信传播方式和有线光纤通信系统，第 2~7 章结合光的电磁特性讲解电磁场与波的基础知识，第 8~12 章为电磁场与波的基础知识在光纤通信中的推广应用。本书可作为“电磁场与波”的辅助教材，也可作为“光纤通信技术”的入门知识，适合大学本科高年级学生以及研究生阅读，也可供从事光学工程、光纤通信、光信号处理等相关科研工作的人员参考。

本书的部分研究成果得到了国家自然科学基金面上项目(61671108，61271166)的资助。本书得益于作者多年来讲授“电磁场与波”和“光纤通信”两门课程的教学经验，一些认识和理解也是作者从事相关科研工作的总结。由于作者水平所限，书中难免有疏漏之处，欢迎广大读者批评和指正。

作　者

2017 年 12 月

目　录

第1章 绪 论

电磁辐射是指电磁能量能够脱离激励源(激发区域)以电磁波的形式在空间以有限的速度传播(传播区域)的过程，最简单的情形是电磁波在自由空间中的传播。自由空间是指无界的理想介质(即均匀的、各向同性的、无损耗的、线性介质)空间。把电磁波按频率或波长排列起来形成的谱系称为电磁频谱。时变的电荷和电流是激发电磁波的源，时变电偶极子是基本的辐射单元，它激发的远区场是横电磁（transverse electromagnetic，TEM）模式的非均匀球面波，场的振幅与r成反比，其电场与磁场同相位。电偶极子远区场的归一化方向性函数为$F(\theta,\phi)=\sin\theta$，辐射功率为$P_r=40\pi^2 I^2\left(l/\lambda\right)^2$，天线的物理尺寸$l$应大于电磁波波长$\lambda$的1/10。常见的电波传播有地面波、天波和视线(line of sight，LOS)传播三种方式，它们分别适合于频率低于2MHz、2~30MHz (短波)、高于30MHz的电磁波传播。

光具有波粒二象性，目前人们利用最多的还是光的波动性，也就是将光视为电磁波来处理。光作为信息和能量的载体，它在媒质中的传播特性(包括与物质作用中出现的各种效应)是现代光通信的基础。光纤通信主要利用850nm、1310nm、1550nm三个近红外的低损耗波长窗口传播光信号。光纤通信系统由光发送机、光纤信道和光接收机三个最基本的部分组成，涉及基于时分复用的同步数字系列(synchronous digital hierarchy，SDH)、基于光波分复用的光传送网(optical transport network，OTN)、基于副载波复用(subcarrier multiplexing，SCM)或正交频分复用(orthogonal frequency division multiplexing，OFDM)的光接入系统等多种复用技术。目前，光子交换技术已成为光纤通信领域的研究热点，码型转换、全光再生、光逻辑门等光子信息处理器件在未来光纤信息网络中将发挥越来越重要的支撑作用。

1.1 电 磁 频 谱

电磁频谱是把电磁波(又称电磁辐射)按频率或波长排列起来形成的谱系，如图1.1所示。真空中，电磁波频率f与波长λ之间满足$\lambda f=c$关系，其中真空中光速$c=$ 299792458m/s≈3×10^{8}m/s。从低频率到高频率，电磁频谱包括工频电磁波、无线电波、红外线、可见光、紫外线、X射线、γ射线和宇宙射线。人眼可接收到的电磁辐射波长大约为380~780nm，称为可见光。可见光的光谱由红、橙、黄、绿、青、蓝、紫7种颜色组成。整个无线电频谱(3kHz~3THz)又可划分为9个波段，如表1.1所示，其中分米波、厘米波、毫米波和丝米波统称为微波。如同土地、矿产、石油等一样，电磁频谱资源也是国家的宝贵自然资源，可通过区分区域、时间、频率的方法有序使用。

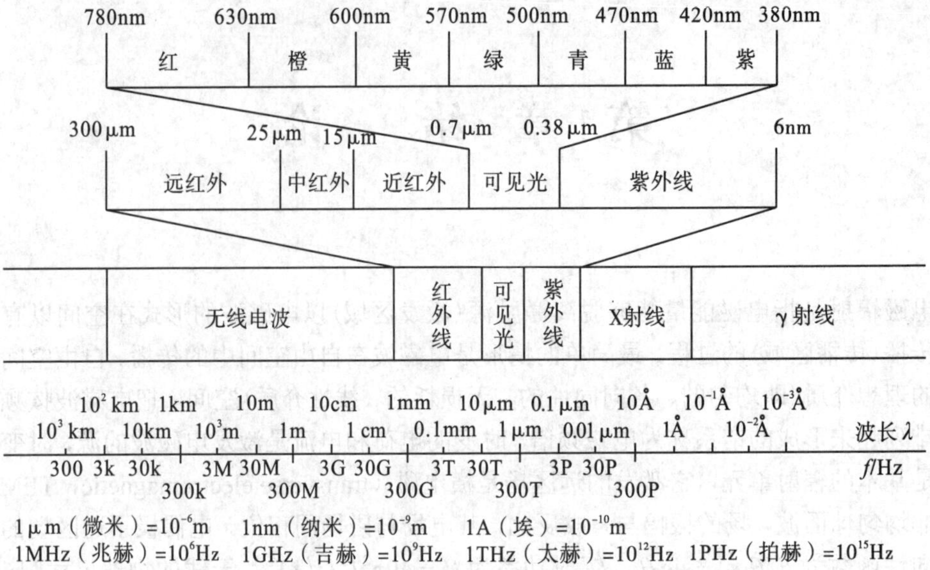

图 1.1 电磁频谱图

表 1.1 无线电频谱划分

段号	频段名称	频率范围（含上限不含下限）	波段名称	波长范围（含上限不含下限）
1	甚低频	3～30kHz	甚长波	100～10km
2	低频	30～300kHz	长波	10～1km
3	中频	300～3000kHz	中波	1000～100m
4	高频	3～30MHz	短波	100～10m
5	甚高频	30～300MHz	米波	10～1m
6	特高频	300～3000MHz	分米波	100～10cm
7	超高频	3～30GHz	厘米波	10～1cm
8	极高频	30～300GHz	毫米波	10～1mm
9	至高频	300～3000GHz	丝米波	1～0.1mm

1.2 电磁辐射

1.2.1 时变电磁场激发

电磁能量能够脱离激励源(激发区域)以电磁波的形式在空间以有限的速度传播(传播区域)，称为电磁辐射，如图 1.2 所示，电磁辐射的主要参数有辐射场强、方向性和辐射功率等。时变的电荷和电流是激发电磁波的源，其分布方式依赖于发射天线的设计。发射天线就是可按规定方式有效辐射电磁波能量的装置，如线形天线或面形天线。无线电通信、雷达、微波遥感等领域均需要天线。

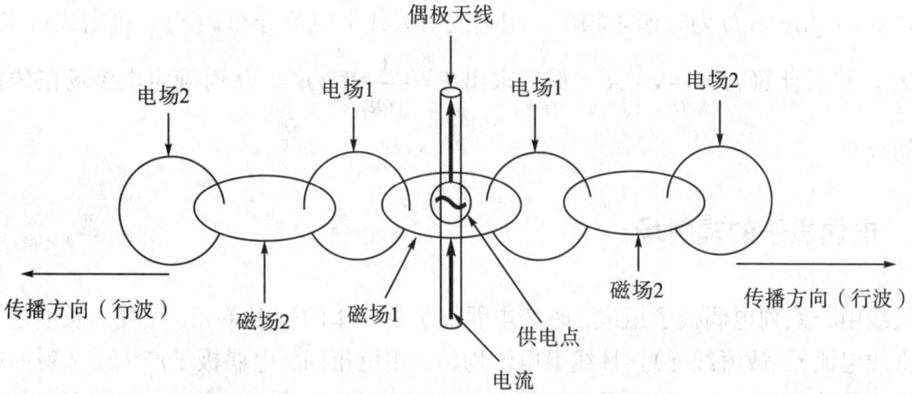

图 1.2　电磁波的辐射

时变电磁场量 $\boldsymbol{E}$ 和 $\boldsymbol{H}$ 可由电磁矢量位 $\boldsymbol{A}$ 和标量位 φ 表示为

$$\boldsymbol{E}=-\nabla\varphi-\frac{\partial \boldsymbol{A}}{\partial t},\qquad \boldsymbol{H}=\frac{1}{\mu}\nabla\times\boldsymbol{A} \tag{1.1}$$

在洛伦兹条件下（$\nabla\cdot\boldsymbol{A}=-\mu\varepsilon\,\partial\varphi/\partial t$），由麦克斯韦方程可知，$\boldsymbol{A}$ 和 φ 满足如下达朗贝尔波动方程

$$\begin{cases}\nabla^2\varphi-\mu\varepsilon\dfrac{\partial^2\varphi}{\partial t^2}=-\dfrac{\rho}{\varepsilon}\\ \nabla^2\boldsymbol{A}-\mu\varepsilon\dfrac{\partial^2\boldsymbol{A}}{\partial t^2}=-\mu\boldsymbol{J}\end{cases} \tag{1.2}$$

式中，μ 和 ε 分别为媒质的磁导率和介电常数；$\rho(\boldsymbol{r}',t)$ 和 $\boldsymbol{J}(\boldsymbol{r}',t)$ 分别为电荷密度和电流密度。根据式(1.2)和场的叠加原理，体积 V 内所有电荷或电流在场点 $\boldsymbol{r}$ 处产生的电磁矢量位 $\boldsymbol{A}$ 和标量位 ϕ 为

$$\varphi(\boldsymbol{r},t)=\frac{1}{4\pi\varepsilon}\int_V\frac{\rho(\boldsymbol{r}',t-|\boldsymbol{r}-\boldsymbol{r}'|/\upsilon)}{|\boldsymbol{r}-\boldsymbol{r}'|}\mathrm{d}V' \tag{1.3a}$$

$$\boldsymbol{A}(\boldsymbol{r},t)=\frac{\mu}{4\pi}\int_V\frac{\boldsymbol{J}(\boldsymbol{r}',t-|\boldsymbol{r}-\boldsymbol{r}'|/\upsilon)}{|\boldsymbol{r}-\boldsymbol{r}'|}\mathrm{d}V' \tag{1.3b}$$

式中，$\upsilon=1/\sqrt{\mu\varepsilon}$ 为电磁波传播速度。可以看出，在某时刻 t，观察点 $\boldsymbol{r}$ 处的电磁位取值就是场源点（$\boldsymbol{r}=\boldsymbol{r}'$）在时刻 $t_0=t-|\boldsymbol{r}-\boldsymbol{r}'|/\upsilon$ 的电磁位值，称为场源的滞后位，滞后场源的时间即为电磁波的传输延迟 $\tau=|\boldsymbol{r}-\boldsymbol{r}'|/\upsilon$。

对于时谐电磁辐射情形，场源时谐变化，即 $\rho(\boldsymbol{r}',t)=\rho(\boldsymbol{r}')\mathrm{e}^{\mathrm{j}\omega t}$，$\boldsymbol{J}(\boldsymbol{r}',t)=\boldsymbol{J}(\boldsymbol{r}')\mathrm{e}^{\mathrm{j}\omega t}$，则有

$$\varphi(\boldsymbol{r},t)=\varphi(\boldsymbol{r})\mathrm{e}^{\mathrm{j}\omega t},\qquad \varphi(\boldsymbol{r})=\frac{1}{4\pi\varepsilon}\int_V\frac{\rho(\boldsymbol{r}')\mathrm{e}^{-\mathrm{j}\boldsymbol{k}\cdot(\boldsymbol{r}-\boldsymbol{r}')}}{|\boldsymbol{r}-\boldsymbol{r}'|}\mathrm{d}V' \tag{1.4a}$$

$$\boldsymbol{A}(\boldsymbol{r},t)=\boldsymbol{A}(\boldsymbol{r})\mathrm{e}^{\mathrm{j}\omega t},\qquad \boldsymbol{A}(\boldsymbol{r})=\frac{\mu}{4\pi}\int_V\frac{\boldsymbol{J}(\boldsymbol{r}')\mathrm{e}^{-\mathrm{j}\boldsymbol{k}\cdot(\boldsymbol{r}-\boldsymbol{r}')}}{|\boldsymbol{r}-\boldsymbol{r}'|}\mathrm{d}V' \tag{1.4b}$$

式中，$k=\omega\sqrt{\mu\varepsilon}$，$\omega$为时谐角频率。根据发射天线上电流分布$\boldsymbol{J}(\boldsymbol{r}')$，可由式(1.4b)计算出$\boldsymbol{A}(\boldsymbol{r})$，然后计算$\boldsymbol{H}=\frac{1}{\mu}\nabla\times\boldsymbol{A}$，最后求出$\boldsymbol{E}=\frac{1}{\mathrm{j}\omega\varepsilon}\nabla\times\boldsymbol{H}$，从而确定电磁场在传播区域的空间分布。

1.2.2 电偶极子的辐射场

天线由一系列电偶极子组成，时变电偶极子是基本的辐射单元，可视为长度远小于波长的直线电流元(载流线元)，且线上电流均匀、相位相同。电偶极子产生或辐射的电磁场是天线工程计算的基础，偶极天线的原理与坐标系选取如图 1.3 所示。偶极天线与时变电偶极矩的关系为$Il=\mathrm{j}\omega ql=\mathrm{j}\omega p_{\mathrm{e}}$，其中$l$和$I$分别为偶极天线的长度及其通过的强度，$q$为电偶极子的电荷量，对应的电偶极矩$\boldsymbol{p}_{\mathrm{e}}=q\boldsymbol{l}$。电偶极子的辐射功率必须由与之相连接的电源供给，可将辐射出去的功率P_r用消耗在某一电阻R_r上的功率来模拟，R_r称为辐射电阻，用来衡量天线的辐射能力，即$R_r=2P_r/I^2$。

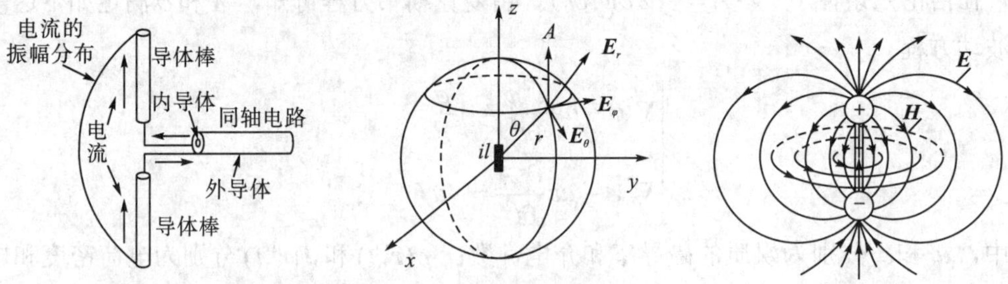

（a）偶极天线的原理　（b）直角坐标系和球坐标系　（c）电偶极子激发的电磁场

图 1.3 偶极天线与坐标系选取

由$\boldsymbol{J}(\boldsymbol{r}')\mathrm{d}V'=\boldsymbol{J}(\boldsymbol{r}')\mathrm{d}S'\mathrm{d}z'=\boldsymbol{e}_z I\mathrm{d}z'$可知，电偶极子产生的电磁矢量位：

$$\boldsymbol{A}(\boldsymbol{r})=\frac{\mu}{4\pi}\int_V\frac{\boldsymbol{J}(\boldsymbol{r}')\mathrm{e}^{-\mathrm{j}\boldsymbol{k}\cdot(\boldsymbol{r}-\boldsymbol{r}')}}{|\boldsymbol{r}-\boldsymbol{r}'|}\mathrm{d}V'=\boldsymbol{e}_z\frac{\mu Il}{4\pi r}\mathrm{e}^{-\mathrm{j}kr} \tag{1.5}$$

由式(1.5)可知，电偶极子的矢量位方向与电流方向相同。电磁矢量位$\boldsymbol{A}(\boldsymbol{r})$在球坐标系中可表示为$A_r=A_z\cos\theta,\ A_\theta=-A_z\sin\theta,\ A_\phi=0$，其中$A_z=\frac{\mu Il}{4\pi r}\mathrm{e}^{-\mathrm{j}kr}$。进而可得磁场强度$\boldsymbol{H}$和电场强度$\boldsymbol{E}$为

$$\boldsymbol{H}=\frac{1}{\mu}(\nabla\times\boldsymbol{A})\Rightarrow\begin{cases}H_r=H_\theta=0\\ H_\phi=\dfrac{k^2Il\sin\theta}{4\pi}\left[\dfrac{\mathrm{j}}{kr}+\dfrac{1}{(kr)^2}\right]\mathrm{e}^{-\mathrm{j}kr}\end{cases} \tag{1.6}$$

$$
\boldsymbol{E}=\frac{1}{\mathrm{j}\omega\varepsilon}(\nabla\times\boldsymbol{H})\Rightarrow\begin{cases}E_r=\dfrac{k^3Il\cos\theta}{2\pi\omega\varepsilon}\left[\dfrac{1}{(kr)^2}-\dfrac{\mathrm{j}}{(kr)^3}\right]\mathrm{e}^{-\mathrm{j}kr}\\ E_\theta=\dfrac{k^3Il\sin\theta}{4\pi\omega\varepsilon}\left[\dfrac{\mathrm{j}}{kr}+\dfrac{1}{(kr)^2}-\dfrac{\mathrm{j}}{(kr)^3}\right]\mathrm{e}^{-\mathrm{j}kr}\\ E_\phi=0\end{cases}\tag{1.7}
$$

可见，电偶极子产生的电磁场只有(E_r,E_θ,H_ϕ)三个分量，如图 1.3(c)所示。

在近场条件下，$kr<<1$，即观测点与源点的距离远远小于波长($r<<\lambda$)，忽略推迟效应($\mathrm{e}^{-\mathrm{j}kr}\approx 1$)，则有

$$
\begin{cases}E_r\approx-\mathrm{j}\dfrac{Il\cos\theta}{2\pi\omega\varepsilon\, r^3}=\dfrac{p_e\cos\theta}{2\pi\varepsilon\, r^3}\\ E_\theta\approx-\mathrm{j}\dfrac{Il\sin\theta}{4\pi\omega\varepsilon\, r^3}=\dfrac{p_e\sin\theta}{4\pi\varepsilon\, r^3}\\ H_\phi\approx\dfrac{Il\sin\theta}{4\pi r^2}=\mathrm{j}\omega\dfrac{p_e\sin\theta}{4\pi r^2}\end{cases}\tag{1.8}
$$

可以看出，在近场区内，时变电偶极子与静电偶极子具有相同的电场表达式，而磁场与有限长度电流元产生的恒定磁场表达式相同。因此，时变电偶极子的近区场是准静态场或似稳场，其电场与磁场的相位差为 90°。

在远区场条件下，$kr>>1$(或$r>>\lambda$)，辐射区电磁场的推迟效应不可忽略，则有

$$
E_r\approx 0,\qquad E_\theta\approx\mathrm{j}\frac{Il\eta}{2\lambda r}\sin\theta\mathrm{e}^{-\mathrm{j}kr},\qquad H_\phi\approx\mathrm{j}\frac{Il}{2\lambda r}\sin\theta\mathrm{e}^{-\mathrm{j}kr}\tag{1.9}
$$

电偶极子远区场的特点是：①远区场是 TEM 波，波阻抗$\eta=E_\theta/H_\phi=\sqrt{\mu/\varepsilon}$(真空中波阻抗$\eta_0=120\pi\ \Omega$)，电场与磁场同相位；②远区场是非均匀球面波，因为在等相位面($r=$常数的球面)上的电磁场还与θ有关；③远区场的分布具有方向性；④远区场是沿径向辐射的场，场的振幅与r呈反比。

1.2.3 天线的方向性

天线的方向性可以用归一化方向性函数或归一化方向性图表示，它们描述了在离开天线一定距离处，天线辐射场的相对值与空间方向的关系，即$F(\theta,\phi)=|\boldsymbol{E}(\theta,\phi)|/E_{\max}$，式中$E_{\max}$为同一距离上的最大电场强度；也可以用包含$\boldsymbol{E}$或$\boldsymbol{H}$最大辐射方向的平面图表示，分别称为$\boldsymbol{E}$面或$\boldsymbol{H}$面方向图，其极坐标的矢径和角度分别表示场的大小和空间方向。电偶极子远区场的归一化方向性函数为$F(\theta,\phi)=\sin\theta$，其方向图如图 1.4 所示。图 1.4(a)是$\boldsymbol{E}$面方向图，即电场矢量$E_\theta$所在的包含最大辐射方向的平面；图 1.4(b)是$\boldsymbol{H}$面方向图，即磁场矢量$H_\phi$所在的包含最大辐射方向的平面；图 1.4(c)是立体方向图。

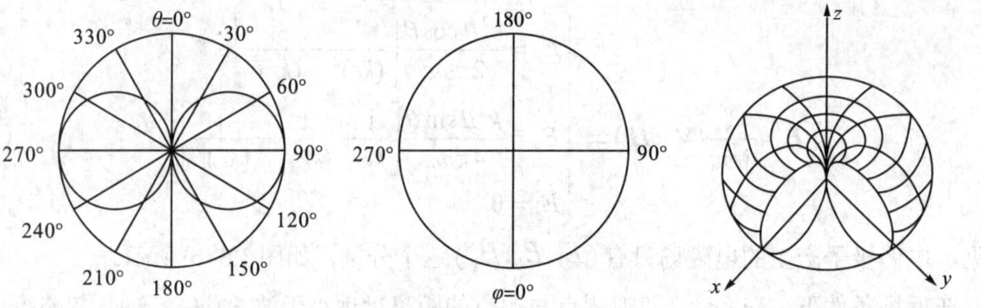

（a）电偶极子的E面方向图　（b）电偶极子的H面方向图　（c）电偶极子的立体方向图

图 1.4　电偶极子的远区场方向图

天线的辐射功率为

$$\begin{aligned} P_r &= \oint_S \boldsymbol{S}_{\mathrm{av}} \cdot \mathrm{d}\boldsymbol{S} = \oint_S \frac{1}{2}\mathrm{Re}[\boldsymbol{E}\times\boldsymbol{H}^*]\cdot \mathrm{d}\boldsymbol{S} \\ &= \frac{1}{2\eta}\oint_S \left[E_{\max}^2 F^2(\theta,\phi)\right] r^2 \sin\theta \mathrm{d}\theta \mathrm{d}\phi \\ &= \frac{E_{\max}^2 r^2}{2\eta}\oint_S \left[F^2(\theta,\phi)\right]\sin\theta \mathrm{d}\theta \mathrm{d}\phi \end{aligned} \tag{1.10}$$

因此，电偶极子的辐射功率为$P_r = 40\pi^2 I^2 \left(l/\lambda\right)^2$，对应的辐射电阻为$R_r = 80\pi^2\left(l/\lambda\right)^2$。由此可知，要有效地辐射电磁能量，天线的物理尺寸必须大于电磁波波长的 1/10。例如，1GHz 的电磁波信号波长为 30cm，天线长度只需 3cm，因此手机天线可以做得小巧。

定义天线的方向性系数为，在相等的辐射功率下（$P_r = P_{r0}$）最大辐射方向上某点处的平均能流密度$S_{\max}$与理想无方向性天线在该点的平均能流密度S_0的比值，即

$$D = \left.\frac{S_{\max}}{S_0}\right|_{P_r=P_{r0}} = \left.\frac{E_{\max}^2}{E_0^2}\right|_{P_r=P_{r0}} = \frac{4\pi}{\oint_S \left[F^2(\theta,\phi)\right]\sin\theta \mathrm{d}\theta \mathrm{d}\phi} \tag{1.11}$$

对于无方向性天线，$D=1$；对于电偶极天线，$D=1.5$。同样地，定义天线的增益系数为，在相同的输入功率下（$P_{\mathrm{in}} = P_{\mathrm{in}0}$），最大辐射方向上某点处的平均能流密度$S_{\max}$与理想无方向性天线在该点的平均能流密度$S_0$的比值，即

$$G = \left.\frac{S_{\max}}{S_0}\right|_{P_{\mathrm{in}}=P_{\mathrm{in}0}} = \left.\frac{E_{\max}^2}{E_0^2}\right|_{P_{\mathrm{in}}=P_{\mathrm{in}0}} = \eta_A D \tag{1.12}$$

式中，$\eta_A = P_r/P_{\mathrm{in}}$为天线的效率。由式(1.10)和式(1.11)可知，$E_{\max} = \sqrt{\dfrac{\eta D P_r}{2\pi r^2}}$。在自由空间中，有$E_{\max} = \dfrac{\sqrt{60 D P_r}}{r} = \dfrac{\sqrt{60 G P_{\mathrm{in}}}}{r}$。

1.3　无线电波传播

无线电波传播过程存在衰减、反射、折射、绕射、散射和吸收等现象，非常复杂。电波传播与频率、收发站天线高度、极化方式、传播路径等密切相关，又受地形、地貌、气候、日照、建筑等自然或人为环境的影响。常见的电波传播有地面波、天波和视线传播三种方式，如图 1.5 所示。此外，还可以利用散射等进行电波传播。

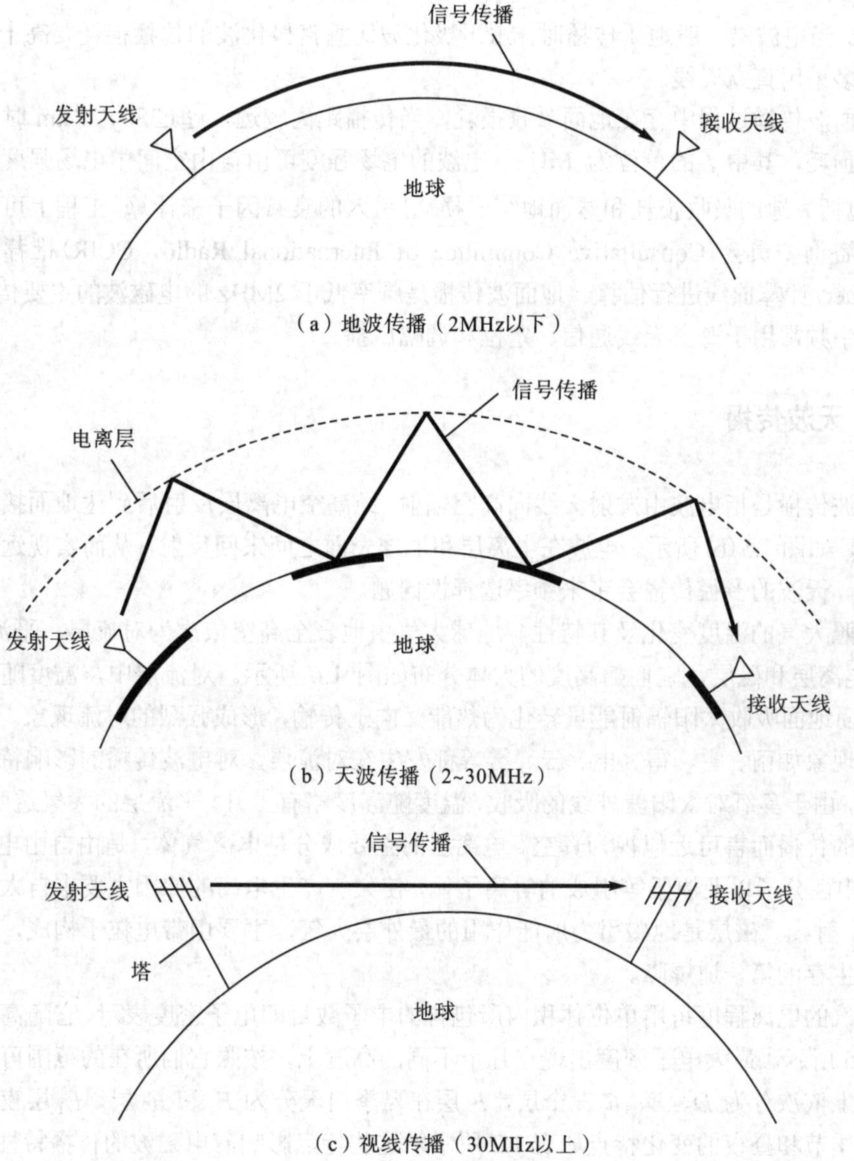

图 1.5　电波传播方式

1.3.1 地面波传播

当天线低架于地面时(天线架设高度远小于波长)，其最大辐射方向沿地球表面传播，称为地面波传播，如图 1.5(a)所示。对于波源紧靠地面的情形，电波是沿着高低起伏且具有半导体电性的地面进行传播的，电波传播主要受地面不平坦性和地质导电特性的影响。当电波波长远大于地面起伏时，地面可以近似看作光滑平坦的。地面波传播方式基本上不受气象因素、昼夜和季节变化的影响，但传播损耗会随着电波频率 f 的增高明显增大，例如，良导体中均匀平面波电场的衰减常数为 $\alpha \approx \sqrt{\pi f \mu \sigma}$ ，其中 μ 和 σ 为媒质的磁导率和电导率。当电波沿一般地质传播时，水平极化波比垂直极化波的传播损耗要高十分贝，因此天线多采用直立天线。

地面波传播过程中存在地面吸收损耗，当传播距离较远，超过 $80 f^{-1/3}$ km 时还必须考虑绕射损耗，其中 f 的单位为 MHz。电波的电场强度可由自由空间中电场强度乘以地面损耗(包括大地的吸收损耗和球面地绕射损耗)引入的衰减因子来计算，工程上可采用国际无线电咨询委员会(Consultative Committee of International Radio，CCIR)推荐的布雷默(Bremmer)计算曲线进行估算。地面波传播是频率低于 2MHz 的电磁波的主要传播方式，例如，中频常用于海上无线通信、定位和调幅广播。

1.3.2 天波传播

天波传播是指电波由发射天线向高空辐射，经高空电离层反射后到达地面接收点的传播方式，如图 1.5(b)所示。电波在电离层和地球表面之间来回反射，从而实现远距离的电波覆盖。天波的多径传播会带来频率选择性问题。

按照大气的温度变化及其特性，地球大气由地表至高空依次为对流层、平流层(同温层)、电离层和磁层，它们随高度的大体分布如图 1.6 所示。对流层中，温度随高度不断降低，而地面吸收太阳辐射能量转化为热能又向上传输，形成强烈的对流现象。几乎所有的气象现象如雨、雪、雷、电、云、雾等都发生在对流层，对电波传播的影响特别大。平流层中，由于臭氧对太阳紫外线的吸收，温度随高度略有上升。平流层的大气透明度较高，对电波的传播而言可近似视为真空。电离层的主要成分是电离气体，是由自由电子、正负离子、中性分子以及原子等组成的等离子体，使大气产生电离的原因主要来自太阳的紫外线和 X 射线。磁层是地磁引力所能作用的最外层大气，主要由带电粒子构成，是保护地球生物生存的第一道屏障。

大气的电离程度可用单位体积内所包含的电子数目即电子密度表示，它随高度的变化如图 1.6 所示。最大电子密度出现在几个不同的高度上，按照它们所在的范围可将电离层由下到上依次分为 D、E、F 三个层，F 层在夏季白天分为 F_1 和 F_2 层，F_1 层夜间消失。各层随季节和昼夜的变化特点如表 1.2 所示，这些特点影响着电磁波的传播特性。

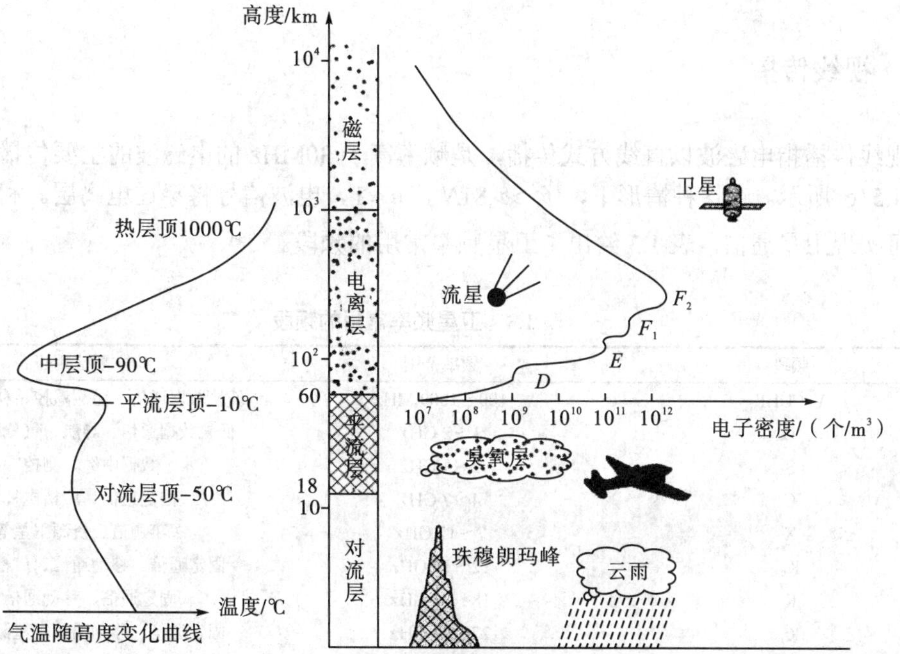

图 1.6　地球的大气分层特点

表 1.2　电离层随季节和昼夜的变化特点

项目	D 层	E 层	F_1 层	F_2 层
夏季白天高度 / km	60～90	85～160	170～220	225～450
夏季夜间高度 / km	消失	90～140	消失	＞150
冬季白天高度 / km	60～90	85～160	160～180(经常消失)	＞170
夏季夜间高度 / km	消失	90～140	消失	＞150
白天最大电子密度 / (个 / m^3)	2.5×10^9	2×10^{11}	4×10^{11}	2×10^{12}
夜间最大电子密度 / (个 / m^3)	0	5×10^9	0	10^{11}～3×10^{11}
电子亲密最大值的高度 / km	80	110	180	200～300
碰撞频率/(次 / s)	10^6～10^8	10^5～10^6	10^4	10～10^3
白天临界频率/MHz	＜0.4	＜3.6	＜5.6	＜12.7
夜间临界频率/MHz	—	＜0.6	—	＜5.5
中性原子及分子密度 / (个 / m^3)	2×10^{21}	6×10^{18}	10^{16}	10^{14}

电离层的折射率 n 随电子密度 N 变化，也与电波频率 f 有关，即 $n=\sqrt{1-81N/f^2}$，其中 f 的单位为 Hz。这样，电离层折射率随高度的变化特点可使电磁波反射回地面。另外，电离层中除自由电子，还有大量的中性分子和离子的存在，受电波电场作用的电子与其他粒子碰撞将动能转化为热能，导致电离层对电波的吸收。碰撞频率越大或电子密度越大，电波频率越低(电子受力周期长)，吸收越大。总之，天波工作频率应低于最高可用频率，以保证信号能够被反射到接收点；应高于最低可用频率，以保证有足够的信号强度。天波传播是频率为 2~30MHz 电磁波的主要传播方式，广泛应用于短波远距离通信中。

1.3.3 视线传播

视线传播指电磁波以直线方式传播，是频率高于 30MHz 的电磁波的主要传播方式，如图 1.5(c)所示。在这种情形下，$f^2 >> 81N$，$n \approx 1$，电波信号将穿过电离层。利用这种特性可实现卫星通信，表 1.3 给出了卫星频率常用的频段。

表 1.3 卫星频率常用的频段

频段	频率范围	主要应用
V / UHF	100～1000 MHz	低轨数据通信、遥测遥控、移动通信
L	1～2 GHz	低轨数据通信、导航、气象和侦察
S	2～4 GHz	数据中继、测控
C	4～7 GHz	固定通信、广播电视
X	7～12 GHz	军事通信、资源卫星等
K_u	12～18 GHz	固定通信、移动通信、广播电视
K	18～27 GHz	固定通信、移动通信
K_a	27～40 GHz	固定通信、移动通信、星际链路
EHF	40～60 GHz	固定通信、军事通信

当两个地球站之间进行视线传播通信时，信号的传播路径必须位于水平线上，否则地球曲率会遮挡视线路径。设发射和接收天线的高度分别为 H_1 和 H_2，如图 1.7 所示，它们之间的视线距离约为 $r_0 \approx \sqrt{2R}\left(\sqrt{H_1}+\sqrt{H_2}\right)$，其中地球半径 $R=6370\text{km}$。例如，当 $H_1=H_2=50\text{m}$，$r_0 \approx 50\text{km}$ 时。由于大气的折射率随高度略有减小，导致射线弯曲，视距计算时地球的有效半径是实际半径的 4/3，这样会使视线距离增加 15.5%。接收点应处于亮区，地面的实际通信距离 $d_0 < 0.7r_0$。

除视线传播，在 30~60MHz，射频信号还可以利用电离层散射传播上千公里，甚至超过视距。类似地，对流层散射可使 40MHz~4GHz 的射频信号传播几百公里。

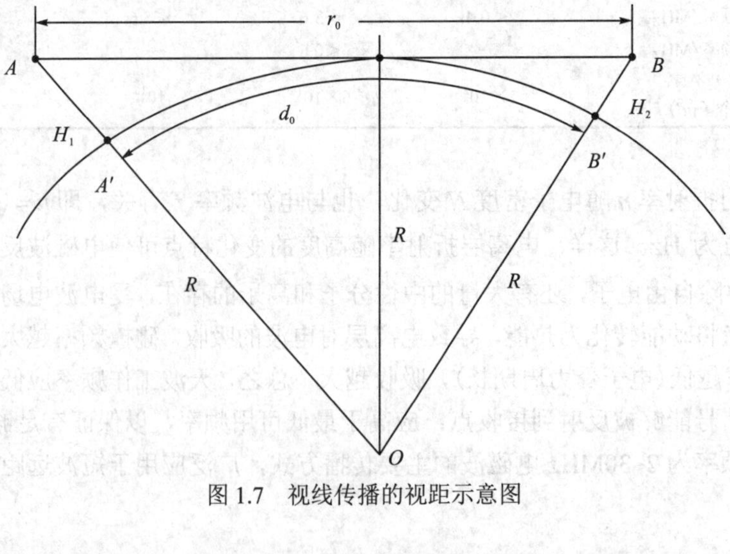

图 1.7 视线传播的视距示意图

1.4 光纤通信

1.4.1 光学理论体系

光兼具波动性和粒子性，目前人们利用最多的是光的波动性，将光视为电磁波来处理。光波作为信息和能量的载体，它在媒质中的传播规律及其与物质(包括物质分子、原子、电子以及光子自身)相互作用中出现的各种效应是实现光信息处理的基础。近几年，光的粒子性也越来越多地得到关注和应用，如光量子通信等。总之，人们可以利用光的波粒二象性参量来表示信息，称为光信息。光信息可以指光波的强度、振幅、频率、位相、偏振态以及光子的数字编码、光子的统计特性等内容。

在历史上，处理光学现象的理论体系是按几何光学(射线光学)、波动光学(电磁光学)、量子光学的顺序发展的。几何光学和波动光学是经典光学的两个组成部分，波动光学与量子光学统称物理光学。

几何光学从光的直线传播、反射、折射等基本实验定律出发，讨论成像等特殊类型的传播问题。几何光学只是波动光学的近似，相当于波长无限小时波动光学的极限，它在方法上是几何的，在物理上不必涉及光的本性。

波动光学以光是电磁波为前提，应用麦克斯韦电磁理论和频谱分析理论，除研究几何光学的问题，也将光的干涉、衍射、偏振作为其主要研究内容。光作为一种特殊的电磁波，可用处理电磁辐射问题的麦克斯韦方程组来描述，将电磁波作为矢量波动来处理，几乎可以完美地解释经典理论范畴的光学现象。

量子光学是以辐射的量子理论研究光的产生、传输、检测以及光与物质相互作用的学科。半经典理论把物质(即电子系统)看成是遵守量子力学规律的粒子集合体，而激光光场则遵守经典的麦克斯韦电磁方程组。半经典理论能较好地解决有关激光与物质相互作用的许多问题，但不能解释与辐射场量子化有关的现象，例如，激光的相干统计性和物质的自发辐射行为等。全量子理论用量子力学方法处理光的现象，把激光场看成是量子化的光子群，即光的二次量子化。量子理论体系能对辐射场的量子涨落现象，以及涉及激光与物质相互作用的各种现象给予严格而全面的描述。近年来，有关量子密码、量子计算等信息处理问题成为研究热点。

1.4.2 通信系统组成

信息可以通过机械振动、电磁场、光波等不同类型的物理信号来承载。通常情况下，信源产生的消息信号需经过信息处理(如信源编码)转换为通信信号，然后由通信系统将通信信号发送到接收端，再还原出消息信号中的信息内容给信宿。通信系统由发送机(transmitter)、信道(channel)、接收机(receiver)三个基本单元组成，如图 1.8 所示。根据所传输的消息信号取值特征(连续或离散)，将通信系统分为模拟(analog)和数字(digital)

通信系统。随着通信技术与微处理器、计算机、数字信号处理、大规模集成电路等技术的融合发展，数字通信系统逐渐成为主要的通信系统。对于双工通信系统，每一端都有发送和接收两种功能，统称为收发端机。信道是介于发送机与接收机之间的传输媒介，分为有线信道(如双绞线、同轴电缆线、光纤等)和无线信道(即自由空间)两大类。

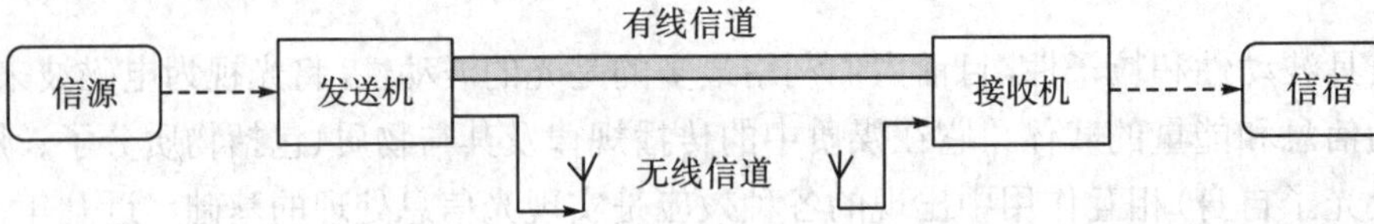

图 1.8 通信系统的基本组成

以光纤为信道传输光信息的通信过程称为光纤通信，它是 20 世纪 70 年代发展起来的通信技术，已成为宽带通信传输技术的发展方向，对社会和日常生活产生了巨大影响。光纤通信具有传输频带宽、通信容量大，传输损耗小、中继距离长，抗电磁干扰能力强、保密性能好，光纤体积小、重量轻，光纤原材料来源丰富、价格低廉等优点。光纤通信系统由光发送机、光纤信道和光接收机三个最基本的部分组成。光发送机和光接收机统称为光收发端机，它们分别完成光信号的发送和接收功能。光纤信道可由光纤、光纤连接器、光放大器、光中继器等组成，其作用是把来自光发送机的光信号，以尽可能小的衰减和失真(畸变)传输到光接收端。普通光纤存在 0.85 μm、1.31 μm 和 1.55 μm 三个低损耗波长窗口，从而限制了光发送机中光源激光器的发射波长和光接收机中光电检测器的波长响应。

光纤通信系统有多种分类方式：①按照光参量的调制方法，有幅度或光强(光功率)调制、频率调制、相位调制等；②按照调制信号的特征，可分为模拟光纤通信系统和数字光纤通信系统；③根据光调制的实现方式，可分为直接调制(内调制)和间接调制(外调制)；④根据光信号的解调方式，可分为非相干检测和相干检测；等等。大多数光纤通信系统采用直接光强度调制，接收端对光波强度直接检波以恢复出电信号，称为强度调制直接检测(IM- DD)，具有结构简单、成本低的优点。对于单波长数据率超过 100Gbit/s 的光纤通信系统，往往采用高频谱效率的正交相移键控(quadrature phase shift keying，QPSK)或正交幅度调制(quadrature amplitude modulation，QAM)等高阶格式，则需要进行光相干检测。

模拟光纤通信系统是用参数取值连续的模拟信号对光波进行调制，使输出光功率大小随模拟信号而变化，要求电光变换过程中光信号与信息之间保持良好的线性关系。模拟通信系统的有效性和可靠性可分别用传输带宽和信噪比(signal to noise ratio，SNR)来衡量，其中信噪比定义为信号功率与噪声功率的比值。

数字光纤通信系统是用参数取值离散的数字信号对光波进行调制，使输出光功率以“大”和“小”、“有”和“无”来表示对应的数字脉冲信号。数字光纤通信系统强调的是信号和信息之间的一一对应关系。数字通信系统的有效性用传输数据的速率(比特率，bit/s)或频带利用率(bit/s/Hz)表示，可靠性通常用平均比特错误率来衡量。比特错误率(bit error rate，BER)是指传输大量的比特数据中错误比特数所占的比率。

与模拟通信相比，数字通信有很多的优点，灵敏度高、传输质量好，对信道的非线性失真不敏感，多次中继失真和噪声也不会积累，很适合于长距离、大容量和高质量的信息传输。因此，光纤通信系统大多采用数字传输方式，如准同步数字系列(plesiochronous digital hierarchy，PDH)、SDH、OTN 等系统。

1.4.3　数字光纤通信系统

数字光纤通信系统是一种通过光纤信道传输数字信号的通信系统，如图 1.9 所示。实际中还包括监控管理系统、公务通信系统、自动倒换系统、告警处理系统、电源供给系统等辅助系统。为了提高系统的可靠性，光端机、光纤和光中继器等往往也会配置有备用系统，当主用系统出现故障时，可人工或自动倒换到备用系统上工作。

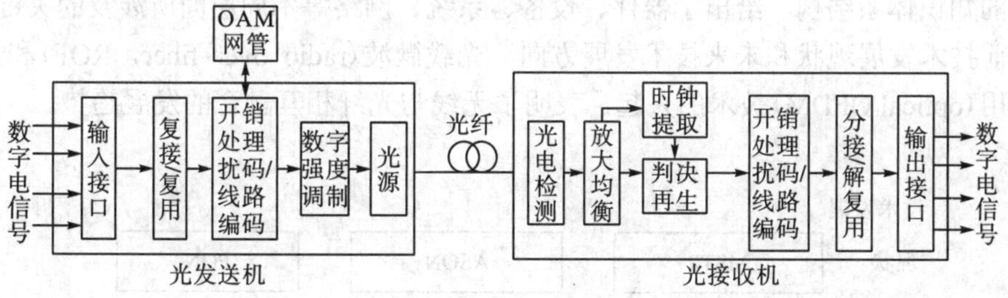

图 1.9　数字光纤通信系统

数字光纤通信中，数字电信号主要经历了电/光变换、光纤传输、光/电变换等过程，具体描述如下。

(1) 各种速率等级的数字电信号通过输入接口变换成适合光纤通信系统传输的码型，通常为单极性不归零码(not return to zero，NRZ)，再按照时分复用的方式把多路 NRZ 信号复接或复用成高比特率的数字信号。

(2) 为了对光纤通信系统或网络进行运行、管理和维护(operation administration and maintenance，OAM)，还需插入 OAM 开销，然后进行扰码，避免出现长链“0”和长链“1”，以便接收端进行时钟提取。线路编码的作用是将传送码流转换成便于在光纤中传输、接收及监测的线路码型。

(3) 复用、扰码或线路编码后的数字信号通常称为“群路”电信号，对光源(通常为半导体激光器)进行数字光强调制(也可以采用其他参数调制方式)实现电/光信号转换。光信号经光纤信道、光放大器或光中继器传输后由光接收机接收。

(4) 由光电检测器完成光/电转换，把光信号转换为电信号，经放大均衡、时钟提取后进行判决，再生出数字信号；然后解扰并提取开销信息，分接/解复用出 NRZ 信号；最后通过输出接口转换为原来码型，从而完成整个数字通信过程。

需指出的是，光发送端机的输入接口和光接收端机的输出接口的作用是保证输入/输出电信号与光收发端机的物理特性相匹配，实现码型、电平和阻抗的匹配。例如，PDH

的一、二、三次群脉冲编码调制(pulse code modulation，PCM)复接设备的输出码型是三阶高密度双极性码(high density bipolar of order3，HDB3)，四次群复接设备的输出码型是传号反转码(coded mark inversion，CMI)，在光发送端机的输入接口需要将HDB3/CMI码变换成NRZ码，在光接收端机的输出接口再将其变回HDB3/CMI码。然而，对于SDH支路或客户侧STM-N(synchronous transport module-N)信号通常就是NRZ码，则不需要在输入/输出接口进行码型变换。

1.4.4 光纤通信关键技术

光纤通信技术就是利用光纤介质传送信息的一系列技术，在现代通信网络中发挥着十分重要的作用。光纤通信技术成果已渗透诸多领域，成为电信网、计算机网、有线电视网乃至当前备受关注的物联网的重要支撑，不断影响着人们的生活方式。图1.10是光纤通信技术的知识体系结构，给出了器件、设备、系统、网络等不同层面所涉及的关键技术，以及目前技术发展现状和未来技术发展方向。光载微波(radio over fiber，ROF)和光正交频分复用(optical OFDM)技术的兴起，表明了无线与光纤相互融合的发展趋势。

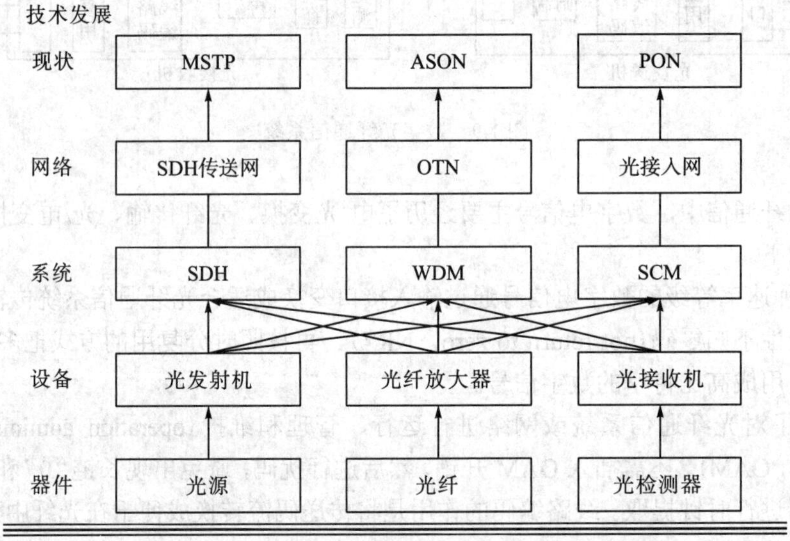

图1.10 光纤通信技术的知识体系结构

光纤通信系统主要由光发射机、光纤放大器和光接收机三种基本设备组成。半导体光源可实现电光转换功能，主要包括激光二极管(lader diode，LD)和发光二极管(light-emitting diode，LED)，它们与调制电路一起组成光发射机。通过光发射机，可将各种信息加载(调制)到光波上，形成光信息，并发送到光纤链路。有源光纤作为元件，可以用于制作光纤放大器，如掺铒光纤放大器(erbium doped fiber amplifier，EDFA)等，延长传输距离。半导体光电检测器是组成光接收机的核心器件，主要有P型-本征-N型

(Postitive-intrinsic-negative，PIN)和雪崩光电二极管(avalanche photodiode，APD)两种半导体结构。光接收机的功能是实现光电转换，并解调出光场或光强上携带的信息。

网络的本质是“资源共享”，它离不开信道复用和信息交换，两者密切相关。信道复用是在同一信道上同时传输 N 路或 N 个用户的信息(N>1)，即将该信道划分为 N 个子信道。信息传送过程中涉及的信道复用技术如图 1.11 所示，主要有如下几种基本信道复用方法：①频分复用(frequency division multiplexing，FDM)，即各子信道占用不同的频带，如 OFDM、编码正交频分复用(code OFDM，COFDM)等，用滤波器分路；②时分复用(time division multiplexing，TDM)，即各子信道占用不同的时隙，有同步时分复用和异步时分复用(又称统计时分复用)之分，用门电路或光门分路；③码分复用(code division multiplexing，CDM)，即各子信道采用不同的相互正交的码序列，用相关器分路。在光域上，上述信道复用方式分别对应于光波分复用(wavelength division multiplexing，WDM)、光时分复用(optical time division multipexing，OTDM)和光码分复用(optical code division multiplexing，OCDM)等。商用的光纤通信系统主要涉及基于 TDM 的同步传送体系、基于 WDM 的光传输系统、基于 SCM 的光纤有线电视(community antenna television，CATV)或 OFDM 光接入等三种复用系统，它们分别构成 SDH 传送网、光传送网(optical transport network，OTN)和光接入网等。多业务传送平台(multi-service transport platform，MSTP)、自动交换光网络(automatically switched optical network，ASON)、无源光网络(passive optical ntework，PON)等已成为现代光纤通信网络的主流技术。

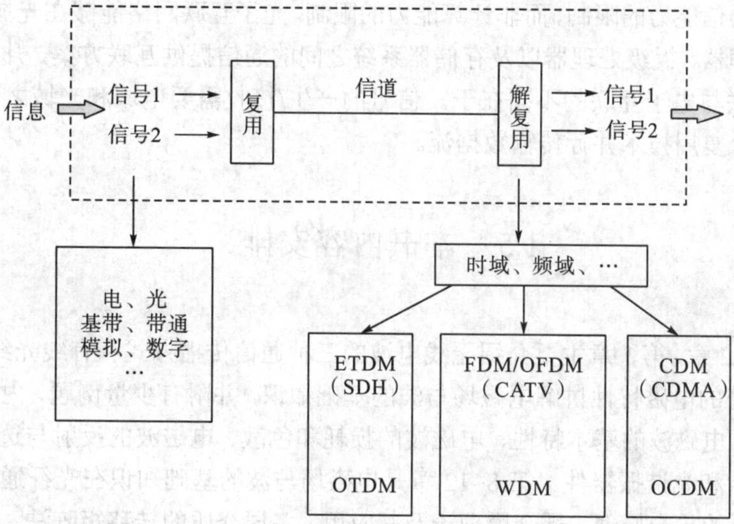

图 1.11 信道复用技术

通信网络也离不开交换设备，从指配的交叉连接设备，如 SDH 和 OTN 中的分插复用器(elec tric/optical add and drop multiplexer，EADM/OADM)和交叉连接器(digital/optical cross connect，DXC/OXC)等，再到更高速度的智能控制光交换机或光路由器等。交换概念是由硬件派生出来的，可由软件和固件实现。光交换方式可按配置模式和光复用类型进行分类，按配置模式分为光路交换(optical circuit switching，OCS)、光分组交换(optical packet switching，OPS)、光突发交换(optical burst switching，OBS)三种，按复用类型分为基于空分复用(space division multiplexing，SDM)的空间光交换、基于 OTDM 的光时隙交换、基于 WDM 的光波长交换、基于 OCDM 的光码标签交换等。

随着光交换网络技术从 OTN/ASON 到 OBS/OPS 网络的演进，光信息处理技术也经历了光-电-光信息处理、电控光信息处理、光控光全光信息处理等几个阶段。光信息处理包括用光学手段或借助某些电学方法来处理光信息，或以光学方法处理电磁信号和声信号等。全光处理技术使光信息处理过程完全摆脱对电处理的依赖，极大地提升了网络的性能。全光信息处理可以基于半导体光放大器的非线性与饱和特性、非线性晶体材料和结构以及光纤非线性效应等来实现。人们除继续关注与光子非线性有关的基本物理效应，开始更多地开展实用化方面的研究，包括时钟恢复、码型转换、全光再生、光逻辑门、光缓存等光子信息处理器件，在未来的光纤信息网络中必将发挥重要的支撑作用。

近年来，与互补金属氧化物半导体(complementary metal oxide semiconductor，CMOS)工艺兼容的光子集成芯片技术越来越受到关注，它被认为是进一步降低通信器件或子系统能耗、体积和成本的有效手段。在光交换领域，人们通过设计光子芯片的微纳波导结构，利用硅半导体材料的载流子效应，实现了高速光子交换集成芯片，能够克服“光-电-光”交换方式潜在的“电子瓶颈”问题。光子交换也称全光交换，是在光域对光信号进行交换的技术，现已成为光纤通信技术的研究热点，包括相关的理论、器件、方式、系统及控制信令等方面的内容。在计算机领域，随着人们对多核构建和并行结构的不断探索，系统性能越来越受到通信能力的限制，而非计算能力的限制。光子互联网络能够在光域转移数据，可为单片多处理器、板级处理器以及存储器系统之间的通信提供互联方案，升级计算系统性能。光子互联与电子互联的不同在于，信号的产生/接收需要电域和光域之间的转移，光链路采用波分复用技术并行传输数据流。

1.5 本书内容安排

本书共分 12 章，第 1 章主要介绍无线电波的三种通信传播方式和有线光纤通信系统。第 2~7 章结合光的电磁特性讲解电磁场与波的基础知识，并附有少量例题，内容包括电磁场的基本规律、电磁波的基本特性、电磁波的损耗和色散、电磁波的反射与透射、导波系统的电磁场分析和光谐振器件。第 8~12 章是电磁场与波的基础知识在光纤通信中的推广应用，包括光纤的导光原理、耦合模理论及其应用、多层介质的转移矩阵法、光学非线性效应和数值计算方法。

第 2 章为电磁场的基本规律，内容主要涉及电磁学的三大实验定律(库仑定律、安培定律和法拉第(Faraday)电磁感应定律)以及分析电磁问题的三个要素(麦克斯韦方程组、媒质本构关系和边界条件)。媒质的电磁特性用电容率、电导率和磁导率三个参数来描述，当电磁场量不随时间变化时，分别对应于静电场、恒定电场和恒定磁场三种静态电磁场形式。

第 3 章为电磁波的基本特性，主要讲解时域波动方程、能流密度矢量(坡印亭矢量)和电磁能量守恒定理、时谐电磁场的复数表示、平面电磁波的定义和特点、电磁波的极化特性和光的偏振态表示。当时谐电磁场($e^{-j\omega t}$)用复振幅表示时，麦克斯韦方程组的微分形式可进一步简化，此时媒质特性参数一般也为复数，其实部和虚部有着不同的物理含义。

第 4 章分析电磁波的损耗和色散特性。当电容率 ε 或磁导率 μ 的虚部为负时，表示电磁波的存在损耗。欧姆损耗也可用等效复电容率表示，即 $\varepsilon_c = \varepsilon - \mathrm{j}\sigma / \omega$，此时导电媒质中电磁波的波动方程更加简化。根据传播常数 $\beta(\omega)$ 的泰勒级数形式可分析电磁波的色散特性。光纤中的色散包括单个模式的模内色散(包括材料色散和波导色散)和不同模式的模间色散，还有偏振模色散。

第 5 章揭示电磁波的反射与透射规律。根据能量守恒定律(频率相等)和动量守恒定律(相位匹配)可推导出反射定律和折射定律，利用“电场强度切向分量连续”的边界条件可推导出垂直极化波和平行极化波的反射系数和透射系数公式(菲涅尔公式)，进而分析发生半波损失、全反射和全透射的条件，也可以分析垂直入射到各种媒质分界面的情形。最后简单地介绍了晶体的双折射现象。

第 6 章描述导波系统的电磁场分析方法，包括均匀导波系统的纵向场分析方法、矩形介质波导的马卡梯里(Marcatili)近似方法、等效折射率方法等。根据纵向分量(E_z, H_z)是否存在，可将导行电磁波分为 TEM 波、横磁(transverse magnetic，TM)波、横电(transverse electric，TE)波等波型。三层平板介质波导支持 TM 波和 TE 波，它是等效折射率分析方法的基础。

第 7 章介绍光谐振器件。首先给出谐振腔品质因数(Q 值)的定义，并以理想导体组成的矩形谐振腔为例说明 Q 值的计算方法。然后，介绍几种行波型光谐振器结构，其 Q 值等于腔内的光子寿命 τ_c 与谐振角频率的乘积。最后介绍 F-P 腔光滤波器(Fabry-Perot filter，FPF)的光梳状滤波特性和环形谐振器的分析模型。

第 8 为章光纤的导光原理，介绍光纤的结构及其分类，分别采用电磁场理论和几何光学方法分析光纤的传播模式和多模光纤的群时延特性。光纤的导光原理是内全反射，当归一化频率 $V \leqslant 2.405$ 时，阶跃型光纤可实现单模(HE_{11} 或 LP_{01})传输，而渐变型多模光纤可实现自聚焦效应和准直作用。

第 9 章为耦合模理论及其应用，根据电磁波耦合模理论和频域波动方程推导出导波光的耦合模微扰方程，并用于分析光纤耦合器、光纤光栅等光信息处理器件，解释电光效应和磁光效应等。利用铌酸锂($LiNbO_3$)晶体的电光效应可制作幅度或相位光调制器，利用磁光非互易性原理可制作光隔离器实现光的单向传输。

第 10 章为多层介质的转移矩阵法，以非磁性电介质和磁光介质交替堆叠形成的一维磁光子晶体(1D-MPC)为例，描述转移矩阵法的具体实施过程。根据 1D-MPC 的总转移矩阵可计算磁光子晶体的反射谱和透射谱，用于揭示其磁场传感和可调窄带滤波功能。

第 11 章阐述光学非线性效应，从光纤的三阶电极化率入手，采用耦合模微扰方法分析导波光脉冲在非线性介质中的传播特性，包括自相位调制、交叉相位调制、四波混频等。除此之外，在硅晶体光波导材料中，还会存在双光子吸收、自由载流子吸收和自由载流子色散等非线性效应，它们均可以用通用非线性耦合模方程加以描述。

第 12 章为数值计算方法，讲解光通信中常用的三种计算方法：时域有限差分(finite difference time domain，FDTD)法、光束传播法(beam propagation method，BPM)和分步傅里叶变换方法(split-step Fourier transform method，SSFTM)。FDTD 方法是将随时间变化的麦克斯韦方程组在空间和时间上离散化为有限差分方程，时间步长与空间步长之间必须满足一定的关系(稳定性判据)。BPM 采用慢变包络近似(slowly varying envelope approximation，SVEA)简化亥姆霍兹方程，适用于分析光纤和平板光波导中光场的横截面分布。SSFTM 是将非线性偏微分方程中线性和非线性项的贡献分步长考虑，特别适用于光纤中脉冲的非线性传播。

第 2 章　电磁场的基本规律

电荷和电流是电磁场的源量，电磁场的基本规律可由麦克斯韦方程组、媒质的本构关系和电磁场的边界条件描述，它们是分析所有电磁场与电磁波问题的出发点。利用边界条件可确定满足麦克斯韦方程组和媒质的本构关系的电磁场量的定解。

麦克斯韦在电磁学三大实验定律(库仑定律、安培定律和法拉第电磁感应定律)基础上，通过“有旋电场”和“位移电流”两个科学假设，提出了麦克斯韦方程组。当电磁场量不随时间变化时，分别对应于静电场、恒定电场和恒定磁场三种静态电磁场形式。在麦克斯韦方程组中，根据两个旋度方程以及电荷守恒定律(或电流连续性方程)也可推导出两个散度方程。

针对媒质的极化、磁化和导电特性，分别采用电容率、磁导率和电导率三个特性参数来描述媒质中电磁场量之间的关系，即媒质的本构关系。电磁场的边界条件可由麦克斯韦方程的积分形式得到，是电磁场基本规律在媒质分界面的表现形式。

2.1　电磁场的基本定律

2.1.1　电荷守恒定律

电荷做定向运动形成电流，形成电流的条件是媒质中存在电场和自由移动的电荷。电流定义为单位时间内流过横截面 S 的电荷量，它是一个标量，即 $i = \mathrm{d}q/\mathrm{d}t$，其中 q 为电荷量。电流密度矢量定义为通过单位横截面的电流，其方向为正电荷移动的方向($\boldsymbol{e}_n$)，即 $\boldsymbol{J} = \boldsymbol{e}_n \,\mathrm{d}i/\mathrm{d}S$。根据电流分布的存在形式不同，可分为体电流、面电流和线电流三种模型，其电流与电流密度之间的关系如表 2.1 所示。

表 2.1　三种电流分布模型

电流分布模型	体电流	面电流	线电流
示意图形	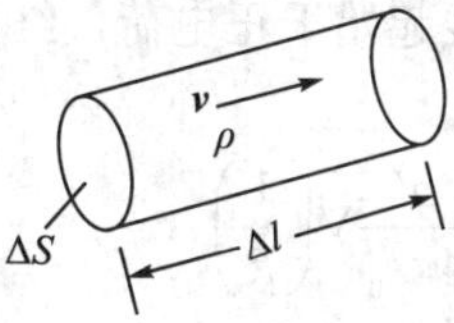	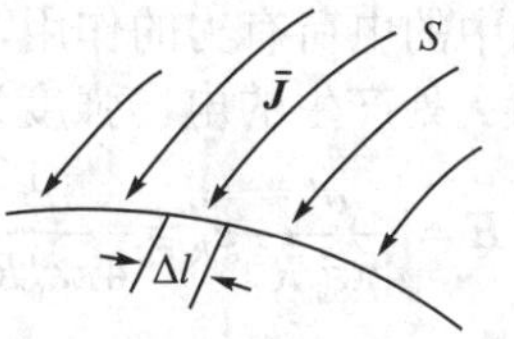	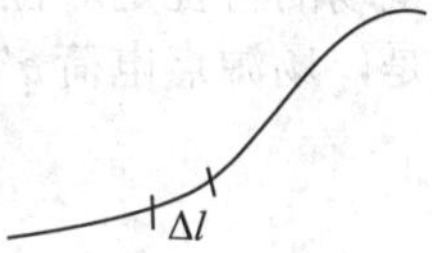
电流密度	体电流(面)密度	面电流(线)密度	线电流(密度)

续表

电流分布模型	体电流	面电流	线电流
	$\boldsymbol{J}=\rho_V\boldsymbol{v}$	$\boldsymbol{J}_S=\rho_S\boldsymbol{v}$	$\boldsymbol{J}_l=\rho_l\boldsymbol{v}$
电流	$I=\int_S \boldsymbol{J}\cdot\mathrm{d}\boldsymbol{S}$	$I_S=\int_l \boldsymbol{J}_S\cdot\mathrm{d}\boldsymbol{l}$	$I_l=J_l$
参数说明	ρ_V、ρ_S、ρ_l 分别表示体电流、面电流和线电流的电荷密度，$\boldsymbol{v}$ 表示电荷的定向移动速度。注意，面元 $\mathrm{d}\boldsymbol{S}$ 和线元 $\mathrm{d}\boldsymbol{l}$ 的方向分别为相应截面和截线的法向		

在一个与外界没有电荷交换的封闭系统内，正、负电荷的代数和在任何物理过程中始终保持不变，称为电荷守恒定律。用积分形式表示为

$$\oint_S \boldsymbol{J}\cdot\mathrm{d}\boldsymbol{S}=-\frac{\mathrm{d}q}{\mathrm{d}t} \tag{2.1}$$

其物理含义是：电流密度矢量的闭面通量等于闭面内电荷量随时间的减少率。由电荷守恒定律可推导出电流连续性方程(微分形式)：

$$\begin{aligned}&\int_V(\nabla\cdot\boldsymbol{J})\mathrm{d}V=\oint_S\boldsymbol{J}\cdot\mathrm{d}\boldsymbol{S}=-\frac{\partial}{\partial t}\int_V\rho\mathrm{d}V=-\int_V\frac{\partial\rho}{\partial t}\mathrm{d}V\\&\Rightarrow\nabla\cdot\boldsymbol{J}+\frac{\partial\rho}{\partial t}=0\end{aligned} \tag{2.2}$$

式中，ρ 为电荷密度。由麦克斯韦方程 $\nabla\cdot\boldsymbol{D}=\rho$ 可知，在时变电磁场中，只有传导电流 $\boldsymbol{J}$ 与位移电流 $\boldsymbol{J}_\mathrm{d}$ 之和才是连续的，其中位移电流密度定义为 $\boldsymbol{J}_\mathrm{d}=\partial\boldsymbol{D}/\partial t$ 。

2.1.2 库仑定律

当带电体线度远小于它们之间的距离时，带电体可视为点电荷。静止电荷(空间位置固定、电量不随时间变化)产生的电场，称为静电场。可以证明，静电场是有源场，电荷是静电场的源；静电场是无旋场，电场力做功与路径无关，是保守场。

库仑定律是静电场的基本实验定律，定量地描述了真空中两个点电荷之间的静电力。两个相距为 $R=|\boldsymbol{r}-\boldsymbol{r}'|$ 的静电荷 q' 和 q 之间的库仑作用力为

$$\boldsymbol{F}=k\frac{qq'}{R^2}\boldsymbol{e}_R=\frac{qq'}{4\pi\varepsilon_0}\frac{\boldsymbol{R}}{R^3} \tag{2.3}$$

式中，$k=(4\pi\varepsilon_0)^{-1}=9\times10^9(\mathrm{F/m})^{-1}$，$\varepsilon_0=10^{-9}/(36\pi)=8.854\times10^{-12}\mathrm{F/m}$；$\boldsymbol{e}_R=\boldsymbol{R}/R$ 为 $\boldsymbol{R}=\boldsymbol{r}-\boldsymbol{r}'$ 的单位矢量，由静电荷 q' 指向 q，如图 2.1 所示。

电场强度定义为单位试验正电荷在电场中所受的力，它是一个矢量，其单位是 V/m。静电场的特征是对位于电场中的电荷有力的作用，电力线起始于正电荷，终止于负电荷。于是，场源点电荷 q' 在位置 $\boldsymbol{r}$ 处产生的电场强度为

$$\boldsymbol{E}=\frac{q'}{4\pi\varepsilon_0R^2}\boldsymbol{e}_R=\frac{q'}{4\pi\varepsilon_0R^3}\boldsymbol{R}=-\frac{q'}{4\pi\varepsilon_0}\nabla\left(\frac{1}{R}\right) \tag{2.4}$$

显然，$\nabla\left(\dfrac{1}{R}\right)=-\dfrac{\boldsymbol{e}_R}{R^2}$，$\nabla\left(\dfrac{1}{R}\right)=-\nabla'\left(\dfrac{1}{R}\right)$，$\nabla(\cdot)$ 和 $\nabla'(\cdot)$ 分别表示关于位置矢量 $\boldsymbol{r}$ 和 $\boldsymbol{r}'$ 求梯度。

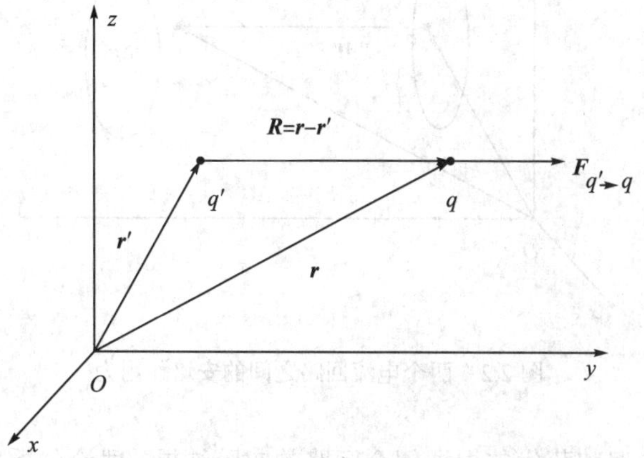

图 2.1　点电荷 q' 对 q 的库仑作用力

对于宏观电磁现象，带电体是大量微观带电粒子的总体效应。当带电粒子的尺寸远小于带电体的尺寸时，可认为电荷是连续分布的。电荷元电量可用电荷密度表示：①对于点电荷 q'，带电体抽象为一个几何点模型，空间的电荷密度为 $\rho(\boldsymbol{r})=q'\delta(\boldsymbol{r}-\boldsymbol{r}')$；②对于线电荷，电荷分布在一根细线上，元电量 $\mathrm{d}q'=\rho_l\mathrm{d}l'$；③对于面电荷，电荷分布在厚度很小的薄层上，元电量为 $\mathrm{d}q'=\rho_S\mathrm{d}S'$；④对于体电荷，电荷连续分布在空间体积内，元电量为 $\mathrm{d}q'=\rho\mathrm{d}V'$。注意，这里 $\mathrm{d}l'$、$\mathrm{d}S'$ 和 $\mathrm{d}V'$ 分别指相应电荷分布模型的线元、面元和体元，而非横截线或面的微元。

根据点电荷的静电场公式和电场强度矢量的叠加原理，相应电荷元产生的电场强度微元为

$$\mathrm{d}\boldsymbol{E}=\frac{\mathrm{d}q'}{4\pi\varepsilon_0 R^2}\boldsymbol{e}_R \tag{2.5}$$

对式(2.5)求积分，可得任意电荷分布所产生的静电场。

2.1.3　安培定律

1820 年，法国物理学家安培实验研究了两个电流回路 C 和 C' 之间的相互作用力，得到安培定律：

$$\boldsymbol{F}=\frac{\mu_0}{4\pi}\oint_C\oint_{C'}\frac{I\mathrm{d}\boldsymbol{l}\times(I'\mathrm{d}\boldsymbol{l}'\times\boldsymbol{e}_R)}{R^2} \tag{2.6}$$

式中，真空磁导率 $\mu_0=4\pi\times10^{-7}$ H/m。显然，电流元 $I\mathrm{d}\boldsymbol{l}$ 和 $I'\mathrm{d}\boldsymbol{l}'$ 的作用力是相互的，符合牛顿力学的第三定律，如图 2.2 所示。

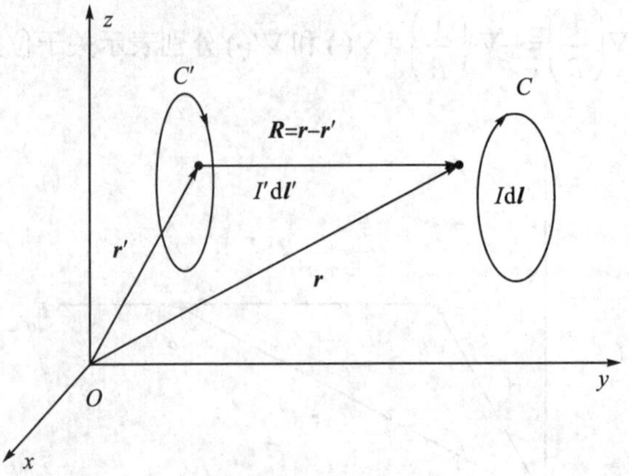

图 2.2　两个电流回路之间的安培作用力

在同一时期，毕奥和萨伐尔根据闭合回路的实验结果，理论分析总结出电流元产生的磁感应强度表达式，称为毕奥·萨伐尔定律，它是恒定磁场的理论基础。线电流元 $I'\mathrm{d}\boldsymbol{l}'=\boldsymbol{J}_l\mathrm{d}l'$ 产生的磁感应强度为

$$\mathrm{d}\boldsymbol{B}=\frac{\mu_0}{4\pi}\frac{I'\mathrm{d}\boldsymbol{l}'\times\boldsymbol{e}_R}{R^2}=\frac{\mu_0}{4\pi}\frac{I'\mathrm{d}\boldsymbol{l}'\times\boldsymbol{R}}{R^3} \tag{2.7}$$

式中，磁感应强度矢量 $\boldsymbol{B}$ 的单位为特斯拉(T)或韦伯/米^2(Wb/m^2)。显然，$I'\mathrm{d}\boldsymbol{l}'$、$\boldsymbol{e}_R$ 和 $\mathrm{d}\boldsymbol{B}$ 符合右手螺旋关系。于是，整个电流回路产生的磁感应强度为

$$\boldsymbol{B}=\oint_{C'}\mathrm{d}\boldsymbol{B}=\frac{\mu_0}{4\pi}\oint_{C'}\frac{I'\mathrm{d}\boldsymbol{l}'\times\boldsymbol{e}_R}{R^2} \tag{2.8}$$

可以证明，恒定磁场是有旋场，是非保守场，电流是磁场的涡旋源；磁感应强度场无散度，磁感应线是无起点和终点的闭合曲线，即磁通量连续性。

由式(2.6)～式(2.8)可知，两个回路的线电流元之间的作用力等于电流元 $I\mathrm{d}\boldsymbol{l}$ 在电流元 $I'\mathrm{d}\boldsymbol{l}'$ 产生的磁场中所受到的力，或者说，任意电流元 $I\mathrm{d}\boldsymbol{l}$ 在磁场 $\boldsymbol{B}$ 中的受力元为

$$\mathrm{d}\boldsymbol{F}=I\mathrm{d}\boldsymbol{l}\times\boldsymbol{B} \tag{2.9}$$

将式(2.7)～式(2.8)中的线电流元 $I'\mathrm{d}\boldsymbol{l}'$ 用面电流元 $\boldsymbol{J}_S\mathrm{d}S'$ 或体电流元 $\boldsymbol{J}\mathrm{d}V'$ 代替，可得相应电流元或电流回路产生的磁感应强度表达式。类似地，这里 $\mathrm{d}l'$、$\mathrm{d}S'$ 和 $\mathrm{d}V'$ 分别指相应电流模型的线元、面元和体元，而非横截线或面的微元。

2.1.4　法拉第电磁感应定律

1831 年，英国物理学家法拉第发现了电磁感应定律，即穿过一个回路的磁通(磁感应强度的通量)发生变化时，该回路中会产生感应电动势，并在回路中产生电流。

法拉第电磁感应定律的描述如下：感应电动势的大小与磁通变化率成正比，感应电动势的方向总是企图阻碍回路中磁通的变化。若规定感应电动势的参考正方向(或环流线元 $\mathrm{d}\boldsymbol{l}$ 方向)与磁通参考方向(或面元 $\mathrm{d}\boldsymbol{S}$ 法向)之间存在右手螺旋关系，如图 2.3 所示，则有

$$\varepsilon_{\text{in}} = -\frac{\mathrm{d}\psi}{\mathrm{d}t} \tag{2.10}$$

式中，$\psi = \int_S \boldsymbol{B} \cdot \mathrm{d}\boldsymbol{S}$ 为穿过回路的磁通；$\varepsilon_{\text{in}} = \oint_C \boldsymbol{E} \cdot \mathrm{d}\boldsymbol{l}$ 为感应电动势，$\boldsymbol{E}$ 可视为感应电场与库仑静电场之和。如果回路静止，磁通量的变化由磁场随时间变化引起，即时变磁场产生电场。

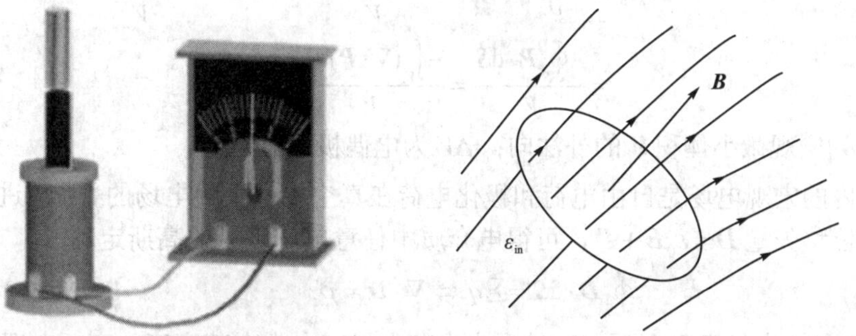

图 2.3　感应电动势和磁通的参考正方向

2.2　媒质的电磁特性

2.2.1　电介质的极化

由于外场(或自身)的作用导致的电荷重新分布，偏离原有的平衡状态(位置或方向等)的现象，称为极化。介质极化后在媒质表面或体积内出现均匀的或非均匀的净电荷，称为束缚(极化)电荷，从而形成一系列电偶极子，如图 2.4 所示。定义电偶极矩为 $\boldsymbol{p}_{\text{e}} = q_P \Delta\boldsymbol{l}$，式中 $\Delta\boldsymbol{l}$ 的方向由极化电荷 $-q_P$ 指向 $+q_P$，其大小为两者之间的距离。

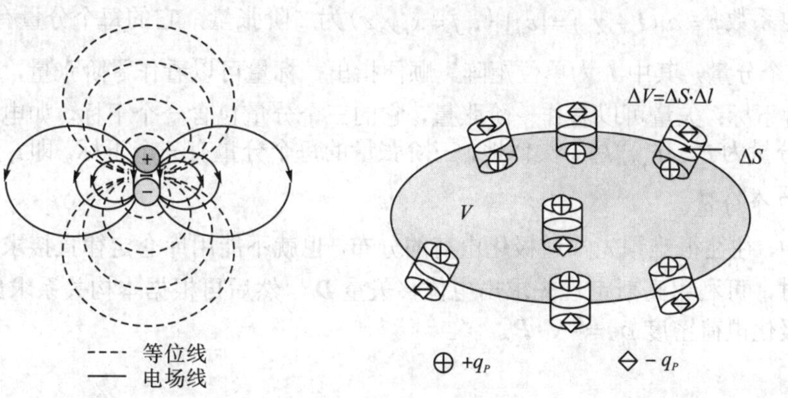

图 2.4　电偶极子和极化电荷密度

极化强度用电偶极矩的密度来表示(单位为 C/m^2)，即

$$\boldsymbol{P}=\lim_{\Delta V\to 0}\frac{\sum \boldsymbol{p}_{\mathrm{e}}}{\Delta V}=\lim_{\Delta V\to 0}\frac{\sum q_P\Delta \boldsymbol{l}}{\Delta V} \tag{2.11}$$

下面推导极化电荷密度公式 $\rho_P=-\nabla\cdot\boldsymbol{P}$。对于一个宏观上微小的体积 V，如图 2.4(b)所示，不妨假设 q_P 为正电荷，则

$$\begin{aligned}\rho_P&=\frac{\sum q_P}{V}=\frac{\sum q_P\Delta \boldsymbol{l}\cdot(-\boldsymbol{e}_n)\Delta S/\Delta V}{V}=\frac{\sum \boldsymbol{P}\cdot(-\boldsymbol{e}_n)\Delta S}{V}\\&=\frac{-\oint_S \boldsymbol{P}\cdot\mathrm{d}\boldsymbol{S}}{V}=\frac{-\int_V(\nabla\cdot\boldsymbol{P})\mathrm{d}V}{V}=-\nabla\cdot\boldsymbol{P}\end{aligned} \tag{2.12}$$

式中，$\boldsymbol{e}_n$ 为宏观微小体积 V 的外法向；ΔV 为电偶极子体积元。

介质内的宏观电场是自由电荷和极化电荷在真空中产生的电场的叠加。进一步地，通过引入电位移矢量 $\boldsymbol{D}=\varepsilon_0\boldsymbol{E}+\boldsymbol{P}$，可得电介质中任意电场满足的高斯定理：

$$\oint_S \boldsymbol{D}\cdot\mathrm{d}\boldsymbol{S}=\Sigma q\Leftrightarrow\nabla\cdot\boldsymbol{D}=\rho \tag{2.13}$$

式中，Σq 和 ρ 为任意闭合面 S 内的自由电荷电量和自由电荷密度。高斯定理表明，电位移矢量 $\boldsymbol{D}$ 在任意闭合面 S 的通量只与 S 内的自由电荷总量(Σq)有关，与内部的电荷分布无关；或者说，任意场点处 $\boldsymbol{D}$ 的散度等于该点的自由电荷体密度 ρ，与其他地方的电荷分布无关。

根据电极化强度与电场强度的关系，可确定电介质的本构关系。对于各向同性电介质，$\boldsymbol{P}=\varepsilon_0\chi_e\boldsymbol{E}$，其中 χ_e 为电极化率，则有本构关系：

$$\boldsymbol{D}=\varepsilon_0\boldsymbol{E}+\boldsymbol{P}=\varepsilon_0\varepsilon_r\boldsymbol{E}=\varepsilon\boldsymbol{E} \tag{2.14}$$

式中，$\varepsilon_r=1+\chi_e$ 称为相对介电系数；$\varepsilon=\varepsilon_0\varepsilon_r$ 为介电系数。对于电各向异性媒质，电极化强度与电场方向有关，即 $\boldsymbol{P}=\varepsilon_0\boldsymbol{\chi}_e\cdot\boldsymbol{E}$，此时电极化率需用张量表示，则有

$$\boldsymbol{D}=\boldsymbol{\varepsilon}\cdot\boldsymbol{E}\Leftrightarrow\begin{bmatrix}D_x\\D_y\\D_z\end{bmatrix}=\begin{bmatrix}\varepsilon_{xx}&\varepsilon_{xy}&\varepsilon_{xz}\\\varepsilon_{yx}&\varepsilon_{yy}&\varepsilon_{yz}\\\varepsilon_{zx}&\varepsilon_{zy}&\varepsilon_{zz}\end{bmatrix}\begin{bmatrix}E_x\\E_y\\E_z\end{bmatrix} \tag{2.15}$$

式中，介电系数 $\boldsymbol{\varepsilon}=\varepsilon_0(\boldsymbol{I}+\boldsymbol{\chi}_e)=[\varepsilon_{ij}]$ ($i,j=x,y,z$)为二阶张量，它的每个分量有两个下标，共有 $3^2=9$ 个分量，其中 $\boldsymbol{I}$ 为单位矩阵。顺便指出，标量可以看作零阶张量，它只有一个分量，不含下标；矢量可以看作一阶张量，它的三个分量包含一个下标，如电场强度矢量 $\boldsymbol{E}$ 的三个分量为 E_x、E_y、E_z。类似地，三阶张量的每个分量有三个下标，即 $i,j,k=x,y,z$，共有 $3^3=27$ 个分量。

实际中，往往很难预先知道极化电荷的分布，也就不能用库仑定律直接求解电场强度分布。此时，可利用高斯定理先求出电位移矢量 $\boldsymbol{D}$，然后再根据本构关系求出 $\boldsymbol{E}$ 和 $\boldsymbol{P}$，进而求出极化电荷密度 $\rho_P=-\nabla\cdot\boldsymbol{P}$。

2.2.2 磁介质的磁化

在外磁场(或自发磁化)作用下，介质中的分子磁矩定向排列，宏观上显示出磁性，这

种现象称为磁化。磁化产生束缚电流(磁化电流)，形成磁偶极子，即小圆环形电流回路，如图 2.5 所示。磁偶极矩定义为 $\boldsymbol{p}_{\mathrm{m}}=I_M\Delta\boldsymbol{S}$，式中 I_M 和 $\Delta\boldsymbol{S}$ 分别为磁偶极子的环形回路电流和面积，它们之间符合右手螺旋关系。

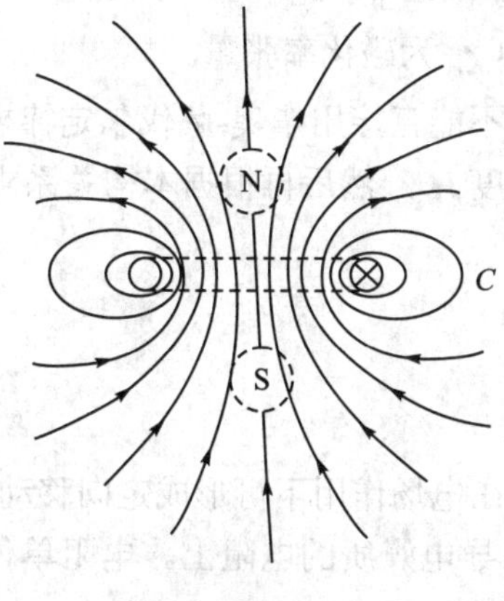

（a）磁偶极子的磁场分布

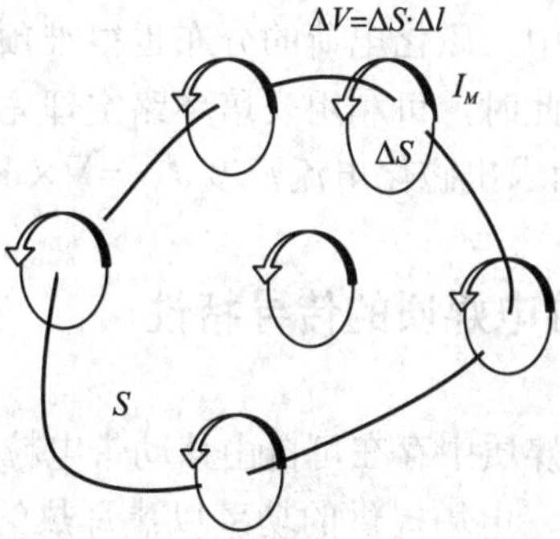

（b）磁化电流密度示意图

图 2.5　磁偶极子与磁化电流密度

磁化强度用磁偶极矩密度表示(单位为 A/m)，即

$$\boldsymbol{M}=\lim_{\Delta V\to 0}\frac{\sum\boldsymbol{p}_{\mathrm{m}}}{\Delta V}=\lim_{\Delta V\to 0}\frac{\sum I_M\Delta\boldsymbol{S}}{\Delta V} \tag{2.16}$$

由此可知，磁化电流密度 $\boldsymbol{J}_M=\nabla\times\boldsymbol{M}$，具体推导过程如图 2.5(b) 所示，对于宏观微小面积 S，磁化电流密度为

$$\begin{aligned}\boldsymbol{J}_M&=\frac{\sum I_M}{\boldsymbol{S}}=\frac{\sum I_M\Delta\boldsymbol{S}\cdot\Delta\boldsymbol{l}/\Delta V}{\boldsymbol{S}}=\frac{\sum\boldsymbol{M}\cdot\Delta\boldsymbol{l}}{\boldsymbol{S}}\\&=\frac{\oint_C\boldsymbol{M}\cdot\mathrm{d}\boldsymbol{l}}{\boldsymbol{S}}=\frac{\int_S(\nabla\times\boldsymbol{M})\cdot\mathrm{d}\boldsymbol{S}}{\boldsymbol{S}}=\nabla\times\boldsymbol{M}\end{aligned} \tag{2.17}$$

式中，C 为宏观微小面积 S 的有向边界线，与 S 的法向成右手螺旋关系；ΔV 为磁偶极子体积元。

介质磁化后，空间中的总磁场为磁介质(磁偶极子)产生的磁场与外加磁场之和。为了简化分析，引入一个辅助矢量，即磁场强度矢量 $\boldsymbol{H}=\boldsymbol{B}/\mu_0-\boldsymbol{M}$，单位为 A/m。则磁介质中恒定磁场满足的安培环路定理为

$$\oint_C\boldsymbol{H}\cdot\mathrm{d}\boldsymbol{l}=\sum I\Leftrightarrow\nabla\times\boldsymbol{H}=\boldsymbol{J} \tag{2.18}$$

式中，$\sum I$ 和 $\boldsymbol{J}$ 分别为穿过任意闭合积分路径 C 的传导电流和传导电流密度。

根据磁化强度与磁场强度的关系，可确定磁介质的本构关系。对于各向同性磁介质，$\boldsymbol{M}=\chi_m\boldsymbol{H}$，式中 χ_m 为磁化率，则有本构关系

$$\boldsymbol{B}=\mu_0(\boldsymbol{H}+\boldsymbol{M})=\mu_0\mu_r\boldsymbol{H}=\mu\boldsymbol{H} \tag{2.19}$$

式中，$\mu_r=1+\chi_m$ 称为相对磁导率；$\mu=\mu_0\mu_r$ 为磁导率。对于各向异性磁介质，磁化强度

与磁场强度方向有关，即 $\boldsymbol{M}=\boldsymbol{\chi}_m\cdot\boldsymbol{H}$，则有

$$\boldsymbol{B}=\boldsymbol{\mu}\cdot\boldsymbol{H}\Leftrightarrow\begin{bmatrix}B_x\\B_y\\B_z\end{bmatrix}=\begin{bmatrix}\mu_{xx}&\mu_{xy}&\mu_{xz}\\\mu_{yx}&\mu_{yy}&\mu_{yz}\\\mu_{zx}&\mu_{zy}&\mu_{zz}\end{bmatrix}\begin{bmatrix}H_x\\H_y\\H_z\end{bmatrix}\tag{2.20}$$

式中，$\boldsymbol{\mu}=\mu_0\boldsymbol{\mu}_r$ 为磁导率用张量，$\boldsymbol{\mu}_r=1+\boldsymbol{\chi}_m$，其中 $\boldsymbol{\chi}_m$ 为磁化率张量。

实际中，磁化电荷的分布也很难预先知道，也不能直接用毕奥-萨伐尔定律求解磁感应强度。此时，可利用安培环路定理先求出磁场强度 $\boldsymbol{H}$，然后再根据本构关系求出 $\boldsymbol{B}$ 和 $\boldsymbol{M}$，进而求出磁化电流密度 $\boldsymbol{J}_M=\nabla\times\boldsymbol{M}$。

2.2.3 导电媒质的传导特性

导电媒质中存在可自由移动带电粒子。一方面，在电场作用下可形成定向移动的电流；另一方面，电场提供的功率以焦耳热的形式消耗在导电媒质的电阻上。电阻单位为欧姆(Ω)，电阻的导数称为电导，电导的单位为西门子(S)。

根据横截面为 S、长度为 l 的导线电阻计算公式 $R=\rho\dfrac{l}{S}=\dfrac{l}{\sigma S}$，以及欧姆定律 $I=\dfrac{U}{R}$，可推导出导电媒质的本构关系为

$$\boldsymbol{J}=\sigma\boldsymbol{E}\tag{2.21}$$

式中，$\sigma=1/\rho$ 表示媒质的电导率，电导率的单位为 S/m，ρ 为电阻率。式(2.21)也称为欧姆定律的微分形式。有些媒质(如石墨烯)也具有电导各向异性，其电导率为张量，此时电阻率与电导率不再是简单的倒数关系，而是逆张量关系。

对于传导电流，单位时间内电场对电荷所做的功就是变为焦耳热的功率，则单位体积内的焦耳热功率，即功率密度为

$$p=\boldsymbol{J}\cdot\boldsymbol{E}\tag{2.22}$$

相应的焦耳热功率为 $P=\int_V\sigma E^2\mathrm{d}V=I^2R$。

当媒质中传导电流大小 $J=\sigma E$ 远大于位移电流 $J_d=|\partial\boldsymbol{D}/\partial t|=\omega\varepsilon E$ 时，该媒质可视为良导体。与传导电流不同，位移电流只表示电场的变化率，它不产生热效应。通常情况下，绝缘体的电导率 $<10^{-7}$S/m 量级，半导体的电导率在 $10^{-7}\sim10^{4}$S/m 量级，导体的电导率 $>10^{5}$S/m 量级。为简化分析，在时变电磁场中常将良导体视为理想导体($\sigma=\infty$)，电介质视为理想介质($\sigma=0$)。超导体不仅是理想导体，还是一个理想的抗磁体(迈斯纳效应)。

2.3 麦克斯韦方程组

1864 年，麦克斯韦在前人实验基础上，考虑到场随时间变化，通过科学假设和逻辑分析，提出了麦克斯韦方程组。麦克斯韦提出“有旋电场”的科学假设，即感应电场是有旋场，变化的磁场产生感应电场，感应电场不仅存在于导体回路中，也存在于导体回路之

外的空间。麦克斯韦的另一个贡献是引入“位移电流”的概念，并指出它也是磁场的涡旋源，表明时变电场也产生磁场。位移电流密度定义为$\boldsymbol{J}_{\mathrm{d}}=\partial\boldsymbol{D}/\partial t$，其量纲与真实的传导电流$\boldsymbol{J}$相同。与传导电流不同，位移电流只表示电场的变化率，它不产生热效应。

电磁场的基本规律可由麦克斯韦方程组、媒质的物质方程以及电磁场边界条件加以描述。麦克斯韦方程组是宏观电磁现象所遵循的基本规律，是电磁场的基本方程，也是电动力学的基本方程之一。麦克斯韦对宏观电磁理论的重大贡献是预言了电磁波的存在，后来被著名的“赫兹实验”所证实。

2.3.1　矢量场的亥姆霍兹定理

一个矢量场的性质可由它的散度和旋度来度量，具体由亥姆霍兹定理描述：在有限的区域V内，任一矢量场$\boldsymbol{F}(\boldsymbol{r})$由它的散度、旋度和边界条件(即限定区域$V$的闭合面$S$上的矢量场的分布)唯一地确定，且可表示为$\boldsymbol{F}(\boldsymbol{r})=-\nabla u(\boldsymbol{r})+\nabla\times\boldsymbol{A}(\boldsymbol{r})$（无旋场和无散场两部分之和)，对应的标量(或矢量)函数取决于矢量场在区域V内的散度(或旋度)和闭面S上法向(或切向)分量的分布特性，即

$$u(\boldsymbol{r})=\frac{1}{4\pi}\int_V\frac{\nabla'\cdot\boldsymbol{F}(\boldsymbol{r}')}{|\boldsymbol{r}-\boldsymbol{r}'|}\mathrm{d}V'-\frac{1}{4\pi}\oint_S\frac{\boldsymbol{e}_{\mathrm{n}}'\cdot\boldsymbol{F}(\boldsymbol{r}')}{|\boldsymbol{r}-\boldsymbol{r}'|}\mathrm{d}S' \tag{2.23a}$$

$$\boldsymbol{A}(\boldsymbol{r})=\frac{1}{4\pi}\int_V\frac{\nabla'\times\boldsymbol{F}(\boldsymbol{r}')}{|\boldsymbol{r}-\boldsymbol{r}'|}\mathrm{d}V'-\frac{1}{4\pi}\oint_S\frac{\boldsymbol{e}_{\mathrm{n}}'\times\boldsymbol{F}(\boldsymbol{r}')}{|\boldsymbol{r}-\boldsymbol{r}'|}\mathrm{d}S' \tag{2.23b}$$

由式(2.23)可知，要唯一地确定一个场矢量，必须同时给出它的旋度和散度。例如，由$\nabla\cdot\boldsymbol{B}=0$，可令$\boldsymbol{B}=\nabla\times\boldsymbol{A}$(给出了$\boldsymbol{A}$的旋度)，还需规范$\boldsymbol{A}$的散度。对于恒定磁场，有库仑规范$\nabla\cdot\boldsymbol{A}=0$)；对于时变电磁场，有洛伦茨条件$\nabla\cdot\boldsymbol{A}=-\mu\varepsilon\dfrac{\partial\varphi}{\partial t}$。另外，如果在区域$V$内矢量场$\boldsymbol{F}(\boldsymbol{r})$的散度和旋度处处为 0，则$\boldsymbol{F}(\boldsymbol{r})$由边界面$S$上的场分布完全确定。因此，在无界空间中，一个场矢量的散度和旋度不会同时为 0，否则表示该场量不存在。因为任何一个物理场都必须有源，场和源一起出现，源是产生场的起因。

亥姆霍兹定理的意义在于，分析矢量场时总是从它的散度和旋度着手，从而得到矢量场的基本方程(微分形式，适用于连续区域)，也可以由闭面通量和闭线环流得到积分形式的基本方程。电磁场的解都满足麦克斯韦方程组，可用积分形式或微分形式表达。

2.3.2　积分形式

电磁场的边界条件可由麦克斯韦方程组的积分形式推导出来。麦克斯韦方程组的积分形式描述了任意空间(闭合面或闭合线)内场与场源之间的关系，具有通用性。麦克斯韦方程组的积分形式为

$$\begin{cases} \oint_C \boldsymbol{H} \cdot \mathrm{d}\boldsymbol{l} = \int_S (\boldsymbol{J} + \dfrac{\partial \boldsymbol{D}}{\partial t}) \cdot \mathrm{d}\boldsymbol{S} \\ \oint_C \boldsymbol{E} \cdot \mathrm{d}\boldsymbol{l} = -\int_S \dfrac{\partial \boldsymbol{B}}{\partial t} \cdot \mathrm{d}\boldsymbol{S} \\ \oint_S \boldsymbol{B} \cdot \mathrm{d}\boldsymbol{S} = 0 \\ \oint_S \boldsymbol{D} \cdot \mathrm{d}\boldsymbol{S} = q \end{cases} \tag{2.24}$$

麦克斯韦方程组的第一式对应于安培环路定理，表明传导电流 $\boldsymbol{J}$ 和位移电流 $\boldsymbol{J}_{\mathrm{d}}$ 是磁场的涡流源，变化的电场也产生磁场。第二式对应于法拉第电磁感应定律，表明变化的磁场产生涡旋电场。第三式表明磁场感应强度无通量源，即磁通连续性，自然界不存在磁荷。第四式对应于高斯定理，表明电荷是电场的源，或者说电场有通量源。

2.3.3 微分形式

麦克斯韦方程组的微分形式(又称点函数形式)描述了空间任意场点的变化规律，适用于连续介质情形。麦克斯韦方程组的微分形式为

$$\begin{cases} \nabla \times \boldsymbol{H} = \boldsymbol{J} + \dfrac{\partial \boldsymbol{D}}{\partial t} \\ \nabla \times \boldsymbol{E} = -\dfrac{\partial \boldsymbol{B}}{\partial t} \\ \nabla \cdot \boldsymbol{B} = 0 \\ \nabla \cdot \boldsymbol{D} = \rho \end{cases} \tag{2.25}$$

由麦克斯韦方程组可推导出电流连续性方程，它也可由电荷守恒定律得到。根据麦克斯韦方程组的第一式 $\nabla \times \boldsymbol{H} = \boldsymbol{J} + \partial \boldsymbol{D}/\partial t$ ，可推出 $\nabla \cdot (\boldsymbol{J} + \partial \boldsymbol{D}/\partial t) = 0$ ，也就是说，在时变电磁场中，只有传导电流与位移电流之和才是连续的。再由第四式 $\nabla \cdot \boldsymbol{D} = \rho$ 可得电流连续性方程：

$$\nabla \cdot \boldsymbol{J} + \frac{\partial \rho}{\partial t} = 0 \Leftrightarrow \oint_S \boldsymbol{J} \cdot \mathrm{d}\boldsymbol{S} = -\frac{\mathrm{d}q}{\mathrm{d}t} \tag{2.26}$$

对于静态或准静态电磁场，麦克斯韦方程组可进一步简化。静态电磁场是指电磁场量不随时间变化的电磁场形态。就激励特征而言，静态电磁场的场源(电荷或电流)不随时间变化，即电场和磁场相互独立。存在静电场、恒定电场和恒定磁场三种形态的静态电磁场。当电流不随时间变化时，$\boldsymbol{J}$ 为恒流场(无散场)，它是恒定电场、恒定磁场的源。在时变电磁场中，当忽略磁感应强度或电位移矢量随时间的变化项时，麦克斯韦方程可进一步简化，称为准静态近似，它们分别对应于电准静态场(忽略 $-\partial \boldsymbol{B}/\partial t$ 项)和磁准静态场(忽略 $-\partial \boldsymbol{D}/\partial t$ 项)。

2.3.4 两种形式之间的转换

麦克斯韦方程组的积分形式与微分形式之间可以通过旋度定理[又称斯托克斯

(stokes)定理]或散度定理(又称高斯定理)进行转换。

旋度定理描述了一个矢量场 $\boldsymbol{F}$ 的旋度(微分形式)与环流(积分形式)之间的关系，可将面积分与线积分相互转化，即

$$\int_S (\nabla \times \boldsymbol{F}) \cdot \mathrm{d}\boldsymbol{S} = \oint_C \boldsymbol{F} \cdot \mathrm{d}\boldsymbol{l} \tag{2.27a}$$

旋度定理表明，矢量场沿任意闭合曲线的环流等于该矢量场的旋度在该闭合曲线所围曲面上的通量。环流的绕行方向(闭线环绕方向)与所围面积法向之间符合右手螺旋关系。

散度定理描述了一个矢量场 $\boldsymbol{F}$ 的散度(微分形式)与闭面通量(积分形式)之间的关系，可将体积分与面积分相互转化，即

$$\int_V \nabla \cdot \boldsymbol{F} \mathrm{d}V = \oint_S \boldsymbol{F} \cdot \mathrm{d}\boldsymbol{S} \tag{2.27b}$$

散度定理在电磁场中有着广泛的应用，可以将区域中场的求解问题转变为边界上场的求解问题。需注意，闭面的方向规定为外法向。

2.4　电磁场的边界条件

2.4.1　边界条件的一般形式

边界条件是指不同媒质分界面上两侧的电磁场量(如 $\boldsymbol{H}$、$\boldsymbol{E}$、$\boldsymbol{B}$、$\boldsymbol{D}$ 等)之间应满足的关系，其中分界面两侧媒质的本征参数 ε 、μ 或 σ 有所不同。边界条件可由麦克斯韦方程的积分形式得到，它是基本方程在媒质分界面的一种表现形式，是电磁场基本规律的要求。利用边界条件可确定满足基本方程的电磁场量的定解形式。

分界面可视为二维平面，可将场矢量分解为平行于界面的切向(分为纵切方向 $\boldsymbol{e}_T$ 和横切方向 $\boldsymbol{e}_t$)分量和垂直于界面的法向($\boldsymbol{e}_n$)分量，$\boldsymbol{e}_t$ 、$\boldsymbol{e}_T$ 和 $\boldsymbol{e}_n$ 是符合右手正交关系的单位矢量。若分界面的法向单位矢量 $\boldsymbol{e}_n$ 由介质 2 指向介质 1，边界条件的一般形式可用矢量表示为

$$\begin{cases} \boldsymbol{e}_n \times (\boldsymbol{H}_1 - \boldsymbol{H}_2) = \boldsymbol{J}_S \\ \boldsymbol{e}_n \times \left(\boldsymbol{E}_1 - \boldsymbol{E}_2\right) = 0 \\ \boldsymbol{e}_n \cdot \left(\boldsymbol{B}_1 - \boldsymbol{B}_2\right) = 0 \\ \boldsymbol{e}_n \cdot (\boldsymbol{D}_1 - \boldsymbol{D}_2) = \rho_S \end{cases} \tag{2.28a}$$

边界条件的一般形式适用于任何媒质，其矢量表达形式与静态电磁场的麦克斯韦方程微分形式之间有一定的相似之处。同样地，很容易表示出极化强度和磁化强度的边界条件，即 $\rho_P = -\nabla \cdot \boldsymbol{P} \Rightarrow \rho_{SP} = -\boldsymbol{e}_n \cdot (\boldsymbol{P}_1 - \boldsymbol{P}_2)$ ，$\boldsymbol{J}_M = \nabla \times \boldsymbol{M} \Rightarrow \boldsymbol{J}_{SM} = \boldsymbol{e}_n \times (\boldsymbol{M}_1 - \boldsymbol{M}_2)$ ，据此可计算极化电荷面密度 ρ_{SP} 和磁化电流面密度 $\boldsymbol{J}_{SM}$ 。

边界条件也可用分量形式表示为

$$\begin{cases} H_{1t} - H_{2t} = J_{ST} \\ E_{1t} = E_{2t} \\ B_{1n} = B_{2n} \\ D_{1n} - D_{2n} = \rho_S \end{cases} \tag{2.28b}$$

式中，ρ_S为面电荷密度；J_{ST}为面电流密度矢量$\boldsymbol{J}_S$在纵切方向（$\boldsymbol{e}_T = \boldsymbol{e}_n \times \boldsymbol{e}_t$）的分量。

面电流密度矢量$\boldsymbol{J}_S$可由体电流密度矢量$\boldsymbol{J}_V$来定义，即$\boldsymbol{J}_S = \lim\limits_{\Delta h \to 0}(\boldsymbol{J}_V \Delta h)$，$\Delta h$为厚度。显然，当两种媒质的电导率均为有限值时（$\boldsymbol{J}_V$有限），界面不存在面电流（$\boldsymbol{J}_S = 0$），只有体电流模型，从工程角度理解，分界面上的传导电流的贡献相对于媒质内部可以忽略。当界面不存在面电流时（$\boldsymbol{J}_S = 0$），$H_{1t} = H_{2t}$，即磁场强度$\boldsymbol{H}$的切向分量连续。分界面上，电场强度$\boldsymbol{E}$的切向分量总是连续的，$\boldsymbol{B}$的法向分量总是连续的。当界面上不存在自由电荷面密度（$\rho_S = 0$）时，$D_{1n} = D_{2n}$，即电位移矢量$\boldsymbol{D}$的法向分量连续。

需要说明的是，在麦克斯韦方程组中，两个散度方程可由两个旋度方程和电流连续性方程导出，从这种意义上讲，所对应的4个边界条件并不独立。因此，对于无初值的时谐场情形，E_t与B_n的边界条件等价，H_t与D_n的边界条件等价。

2.4.2 理想导体的边界条件

理想导体内部不存在电场，否则将出现一个无限大的电流密度（$\boldsymbol{J} = \sigma \boldsymbol{E}$），电荷只分布在理想导体表面，其表面可能存在场。由于产生电场的源是电荷或交变磁场，所以，理想导体内部也不存在交变磁场，交变电流也就不存在(趋肤效应)。也就是说，电场不可能进入理想导体内部，投射到理想导体表面上的电磁波总是发生全反射。对于媒质1为理想介质、媒质2为理想导体的情形，电磁波满足的边界条件为

$$\begin{cases} \boldsymbol{e}_n \times \boldsymbol{H}_1 = \boldsymbol{J}_S \\ \boldsymbol{e}_n \times \boldsymbol{E}_1 = 0 \\ \boldsymbol{e}_n \cdot \boldsymbol{B}_1 = 0 \\ \boldsymbol{e}_n \cdot \boldsymbol{D}_1 = \rho_S \end{cases} \quad 或 \quad \begin{cases} H_{1t} = J_{ST} \\ E_{1t} = 0 \\ B_{1n} = 0 \\ D_{1n} = \rho_S \end{cases} \tag{2.29}$$

可见，理想导体表面电流密度等于$\boldsymbol{H}$的切向分量，理想导体表面上$\boldsymbol{B}$的法向分量为0，$\boldsymbol{B}$只可能平行于界面；理想导体表面上$\boldsymbol{E}$的切向分量为0，$\boldsymbol{E}$只可能垂直于界面，理想导体表面电荷密度等于$\boldsymbol{D}$的法向分量。值得注意的是，在外磁场作用下，理想的超导体表面会感生出电流$\boldsymbol{J}_S$，它在导体内产生的磁场与外界磁场抵消，理想超导体中的$H_{DC} = 0$。因此，理想导体内部无传导电流，只有面电流模型。式(2.29)常用于分析金属波导管中电磁波的场分布。

2.4.3 理想介质的边界条件

对于媒质1和媒质2均为理想介质的情形，由于理想介质不导电，所以理想介质分界面上不存在自由电荷和电流(除非特殊放置)，即$\rho_S = 0,\ J_S = 0$。此时H_t、E_t、B_n、D_n均

连续。

在理想介质界面上，电场强度 $\boldsymbol{E}$ 和磁场强度 $\boldsymbol{H}$ 的方向关系如下：

$$\frac{E_{1t}/E_{1n}}{E_{2t}/E_{2n}}=\frac{\tan\theta_1}{\tan\theta_2}=\frac{\varepsilon_1}{\varepsilon_2},\qquad \frac{H_{1t}/H_{1n}}{H_{2t}/H_{2n}}=\frac{\tan\theta_1}{\tan\theta_2}=\frac{\mu_1}{\mu_2} \tag{2.30}$$

式中，θ_1 和 θ_2 分别为两种介质中 $\boldsymbol{E}$ 或 $\boldsymbol{H}$ 与界面法向的夹角。

2.4.4　导电媒质的边界条件

导电媒质的电导率均为有限值，根据恒定电场情形的边界条件

$$\begin{cases}\nabla\times\boldsymbol{E}=0\Rightarrow E_{1t}=E_{2t}\\ \nabla\cdot\boldsymbol{J}=0\Rightarrow J_{1n}=J_{2n}\quad(\sigma_1E_{1n}=\sigma_2E_{2n})\end{cases} \tag{2.31}$$

导体分界面上电场矢量的折射关系为

$$\frac{E_{1t}/E_{1n}}{E_{2t}/E_{2n}}=\frac{\tan\theta_1}{\tan\theta_2}=\frac{\sigma_1}{\sigma_2} \tag{2.32}$$

式中，θ_1 和 θ_2 分别为两种媒质中 $\boldsymbol{E}$ 与界面法向的夹角。显然，矢量 $\boldsymbol{E}$ 不垂直于导体表面，此时导体表面不是等位面，内部有恒定电场。此时，导电媒质分界面上的自由电荷面密度(均匀导体内部无自由电荷)为

$$\rho_S=\boldsymbol{e}_n\cdot(\boldsymbol{D}_1-\boldsymbol{D}_2)=\boldsymbol{e}_n\cdot\left(\frac{\varepsilon_1}{\sigma_1}\boldsymbol{J}_1-\frac{\varepsilon_2}{\sigma_2}\boldsymbol{J}_2\right)=\left(\frac{\varepsilon_1}{\sigma_1}-\frac{\varepsilon_2}{\sigma_2}\right)J_n \tag{2.33}$$

2.5　静态电磁场特性

静态电磁场是指电磁场量不随时间变化的电磁场形态。就激励特征而言，静态电磁场的场源(电荷或电流)不随时间变化，即电场和磁场相互独立。存在三种形态的静态电磁场：①由静止电荷产生的静电场，它是保守场；②导电媒质中恒定运动电荷形成的恒定电场，需外加电源提供能量；③恒定电流产生的恒定磁场。三种静态电磁场的基本特性如图 2.6 所示。

2.5.1　静电场

根据静电场矢量 $\boldsymbol{E}$ 的基本方程，可以引入静电位 $\varphi(\boldsymbol{r})$，单位为 V(伏特)，即 $\boldsymbol{E}=-\nabla\varphi$，注意负号不能少，其物理含义源于“静电场力作功，势能减小”。引入标量电位函数可简化电场量的计算，基本方程和边界条件均可用 $\varphi(\boldsymbol{r})$ 表达，如图 2.6 所示。

对于体电荷分布，静电位 $\varphi=\dfrac{1}{4\pi\varepsilon_0}\displaystyle\int_V\frac{\rho(\boldsymbol{r}')\mathrm{d}V'}{|\boldsymbol{r}-\boldsymbol{r}'|}$；对于面电荷或线电荷分布情形，需要对 $\rho_S(\boldsymbol{r}')\mathrm{d}S'$ 或 $\rho_l(\boldsymbol{r}')\mathrm{d}l'$ 进行积分。静电场中，任意两个场点 P 和 Q 之间的电位差为

$U=\varphi(P)-\varphi(Q)=\int_P^Q \boldsymbol{E}(\boldsymbol{r})\cdot \mathrm{d}\boldsymbol{l}$。对于场源电荷分布在有限区域的情形，可选择无限远处为零电位的参考点，此时场点 P 的电位 $\varphi(P)=\int_P^\infty \boldsymbol{E}(\boldsymbol{r})\cdot \mathrm{d}\boldsymbol{l}$。可见，电场（$\boldsymbol{E}$）线垂直于等位面，且总是指向电位下降最快的方向。

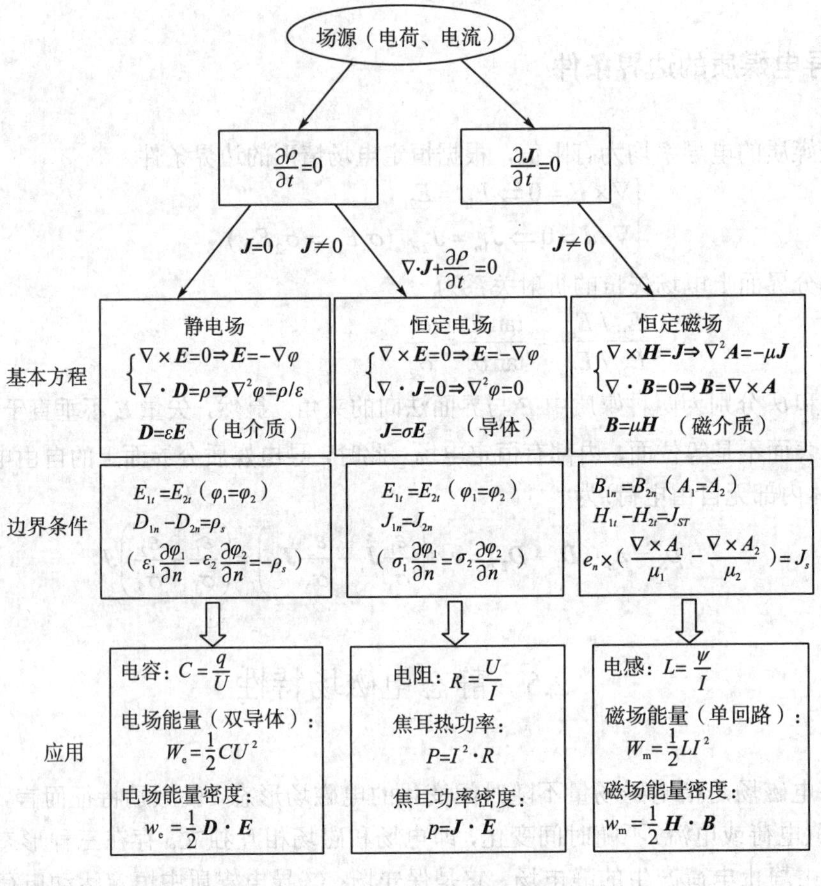

图 2.6 三种静态电磁场的基本特性

导体系统储存电荷的能力用电容表示，它是导体系统的一种基本属性。电容器是用电介质或真空隔开的两个金属导体组成的，工作时导体相对的两个表面总是分别带上等量异号电荷（$q_1=-q_2=q$），其电容大小为 $C=\dfrac{q}{U}=\dfrac{q_1}{\varphi_1-\varphi_2}$，其中 q 为导体电量，φ_1、φ_2 为相应导体的电位，电容单位为 F（1F=1C/V）。电容的大小只与导体系统的几何尺寸、形状及其周围电介质的特性参数有关，而与导体的带电量和电位无关，两者的比值为常数。

“孤立”导体电容可视为导体与大地组成的双导体系统的电容，即 $C=q/\varphi$，它也是该导体的自有部分电容，其中大地的电位取 $\varphi_2=0$。例如，真空中有一带电量为 q、半径为 R 的孤立导体球，其电位为 $\varphi=q/(4\pi\varepsilon_0 R)$，则其电容为 $C=q/\varphi=4\pi\varepsilon_0 R$。

双导体电容的计算步骤可按“$q\to\boldsymbol{E}\to\varphi(U)\to C=q/U$”进行，不计大地的作用。

首先根据导体的几何形状，选取适当的坐标系，并假设导体 1 和导体 2 上分别带电荷 $+q$ 和 $-q$；然后，根据假定的电荷求出电场 $\boldsymbol{E}$ 和两导体之间的电位差 $U=\varphi_1-\varphi_2=\int_1^2 \boldsymbol{E}(\boldsymbol{r})\cdot \mathrm{d}\boldsymbol{l}$；最后根据电容定义式计算电容。常用的双导体系统有平行板、平行双线、同轴线等，通常其纵向尺寸远大于横向尺寸，只需计算单位长度上的电容，如图 2.7 所示。

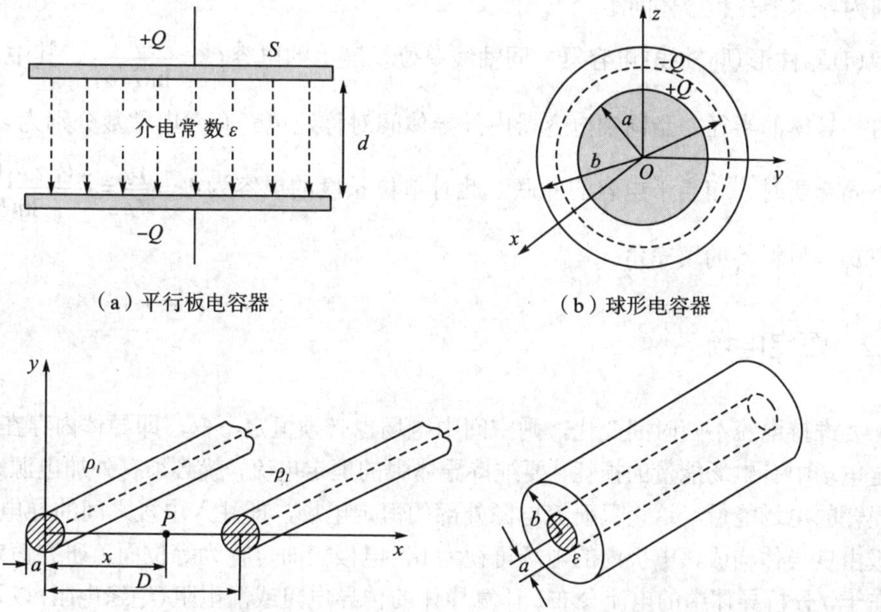

（a）平行板电容器　（b）球形电容器

（c）平行双线　（d）同轴线

图 2.7　几种常用的双导体电容器

静电场的能量是指系统被充电并达到稳定后的电场能量，源于静电场对静止电荷有力的作用；或者说，是建立电荷系统(充电)过程中外界需提供的能量，即外界电源克服电场力所做的功：

$$\mathrm{d}W_{\mathrm{e}}=\mathrm{d}q\cdot\int_P^\infty \boldsymbol{E}(\boldsymbol{r})\cdot\mathrm{d}\boldsymbol{l}=\varphi(\boldsymbol{r}_P)\mathrm{d}q \Leftrightarrow W_{\mathrm{e}}=\frac{1}{2}\int_V \varphi\rho_V\mathrm{d}V=\int_V\left(\frac{1}{2}\boldsymbol{D}\cdot\boldsymbol{E}\right)\mathrm{d}V \qquad (2.34)$$

因此，电场能量密度 $w_{\mathrm{e}}=\frac{1}{2}\boldsymbol{D}\cdot\boldsymbol{E}$，该式也适用于计算时变电磁场的电场能量密度，表明电场能量储存在电场不为零的空间。对于双导体电容器，其储存的电场能量为 $W_e=\frac{1}{2}q\varphi_1+\frac{1}{2}(-q)\varphi_2=\frac{1}{2}qU=\frac{1}{2}CU^2$，该式也可用于计算双导体系统的电容。

下面给出几种常用双导体系统的电容公式：

(1) 平行板电容器。忽略平行板电容器的边缘效应，由无限大带电平面产生的电场 $E=\frac{\rho_S}{2\varepsilon}$ 可知两极板间的电场 $E=\frac{\rho_S}{\varepsilon}$，则平行板电容器的电容大小 $C=\frac{q}{U}=\frac{\rho_S S}{Ed}=\varepsilon\frac{S}{d}$，其中 S 和 d 为极板面积和两极板间距。

(2) 球形电容器。球形电容器由两个同心的导体球壳组成，内外半径分别为a和b，内外导体之间的电压为$U=\int_a^b \frac{q}{4\pi\varepsilon r^2}\mathrm{d}r=\frac{q}{4\pi\varepsilon}\left(\frac{1}{a}-\frac{1}{b}\right)$，则$C=\frac{q}{U}=\frac{4\pi\varepsilon ab}{b-a}$。

(3) 平行双线。平行双线单位长度上的电容$C_1=\frac{\pi\varepsilon}{\ln\left[(D-a)/a\right]}\approx\frac{\pi\varepsilon}{\ln(D/a)}$，其中$a$和$D$分别为导体半径和导体间距。

(4) 圆柱形(同轴线)电容器。同轴线单位长度上的电容$C_1=\frac{2\pi\varepsilon}{\ln(b/a)}$，其中$a$和$b$分别为内外导体的半径。当同轴电容器内外导体间对称地填充有介电常数分别为ε_1和ε_2的两种不同介质时，相当于电容的并联，此时单位长度的电容为$C_1=\frac{\rho_l}{U}=\frac{\varepsilon_1\theta_1+\varepsilon_2\left(2\pi-\theta_1\right)}{\ln(b/a)}$，其中$\theta_1$为材料$\varepsilon_1$的填充角。

2.5.2 恒定电场

要维持电流不随时间变化，则空间中电场也必须恒定不变，即导体内存在恒定电场。恒定电场中有电场能量的损耗，要维持导体中的恒定电流，就必须有外加电源来不断补充被损耗的电场能量。这里只研究电源外部的恒定电场，即注入电极之间的导电媒质区域。电极由良导体构成，电极内的电场可视为0，电极表面可视为等位面。研究恒定电场的意义在于，分析导体中的电流分布，计算导体的传导电阻或漏电阻(绝缘电阻)以及功率损耗(焦耳功率密度$p=\boldsymbol{J}\cdot\boldsymbol{E}$)，或采用恒定电流来模拟静电场。

工程上，常在电容器两极板或同轴电缆芯线与外壳之间填充不导电的材料进行电绝缘，这些绝缘材料的电导率远远小于金属材料的电导率，但毕竟不为零，当在电极间加上电压U时，必定会有微小的漏电流$\boldsymbol{J}$存在。漏电导为漏电流与电压之比，即$G=I/U$，绝缘电阻为漏电导倒数，即$R=1/G=U/I$。

恒定电场与静电场的重要区别是，恒定电场可以存在于导体内部，导体中有电场时导体不是等位体；电场对单位体积中的电流所做的功率，以焦耳热的形式消耗在导电媒质的电阻上。另外，在非场源区域(电荷密度$\rho=0$的区域)，恒定电流场与静电场在基本方程、本构关系以及边界条件等方面存在的相似性，见图2.6和图2.8。可以利用恒定电流场研究静电场，或者由静电场分析恒定电场，称为静电比拟法。

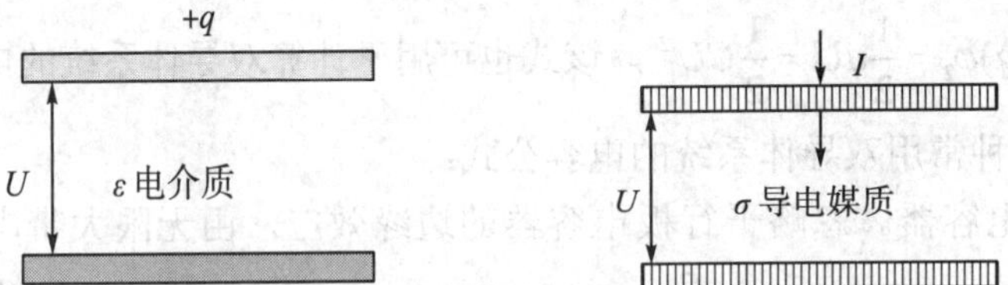

(a) 静电场的电容　　(b) 恒定电场的电导

图2.8 恒定电场与静电场之间的比拟图

恒定电场与静电场之间的对偶关系如下：①电场强度矢量 $\boldsymbol{E}=-\nabla\varphi$ 相同，即 $\boldsymbol{E}$ 静 $\leftrightarrow \boldsymbol{E}$ 恒；②其他量 $\boldsymbol{D}\leftrightarrow\boldsymbol{J},\ \varepsilon\leftrightarrow\sigma,\ q\leftrightarrow I$；③电导与电容之间的对应关系 $C=\dfrac{q}{U}\leftrightarrow G=\dfrac{I}{U}\left(R=\dfrac{U}{I}=G^{-1}\right)$，此时有 $\dfrac{G}{C}=\dfrac{\sigma}{\varepsilon}$。例如，单位长度的同轴电缆电容 $C_1=\dfrac{2\pi\varepsilon}{\ln(b/a)}$，用静电比拟法可得单位长度的漏电导为 $G_1=C_1\dfrac{\sigma}{\varepsilon}=\dfrac{2\pi\varepsilon}{\ln(b/a)}\dfrac{\sigma}{\varepsilon}=\dfrac{2\pi\sigma}{\ln(b/a)}$。

2.5.3　恒定磁场

根据 $\nabla\cdot\boldsymbol{B}=0$ 可引入矢量磁位 $\boldsymbol{A}$（单位为 $\mathrm{T\cdot m}$），即 $\boldsymbol{B}=\nabla\times\boldsymbol{A}$。因此，磁通量可由磁位计算，即

$$\Phi=\int_S\boldsymbol{B}\cdot\mathrm{d}\boldsymbol{S}=\int_S(\nabla\times\boldsymbol{A})\cdot\mathrm{d}\boldsymbol{S}=\oint_C\boldsymbol{A}\cdot\mathrm{d}\boldsymbol{l}\tag{2.35}$$

恒定磁场的基本方程和边界条件也可以用矢量磁位 $\boldsymbol{A}$ 表达，如图 2.6 所示。根据毕奥·萨伐尔定律，还可以推导出体电流元 $\boldsymbol{J}(\boldsymbol{r}')\mathrm{d}V'$ 产生的磁矢位为 $\mathrm{d}\boldsymbol{A}=\dfrac{\mu_0\boldsymbol{J}(\boldsymbol{r}')\mathrm{d}V'}{4\pi R}$，其中 $R=|\boldsymbol{r}-\boldsymbol{r}'|$ 为场源到场点的距离，对于面电流元或线电流元只需用 $\boldsymbol{J}_S\mathrm{d}S'$ 或 $I\mathrm{d}\boldsymbol{l}'$ 代替 $\boldsymbol{J}(\boldsymbol{r}')\mathrm{d}V'$ 即可。显然，磁矢位与电流元矢量平行，这是引入磁矢位的优点之一，因此直线电流产生的磁位可化为标量进行计算。由亥姆霍兹定理可知，要唯一地确定 $\boldsymbol{A}$ 还必须对 $\boldsymbol{A}$ 的散度作出规定。为简化分析，对于恒定磁场，一般规定 $\nabla\cdot\boldsymbol{A}=0$，称为库仑规范；而对于时变电磁场情形，则引入洛伦茨条件 $\nabla\cdot\boldsymbol{A}=-\mu\varepsilon\dfrac{\partial\varphi}{\partial t}$。

由磁通量 $\Phi=\int\boldsymbol{B}\cdot\mathrm{d}\boldsymbol{S}$ 可知，磁通量元 $\mathrm{d}\Phi=\boldsymbol{B}\cdot\mathrm{d}\boldsymbol{S}$。类似地，定义磁链微元 $\mathrm{d}\Psi=N\boldsymbol{B}\cdot\mathrm{d}\boldsymbol{S}$，则磁链 $\Psi=\int\mathrm{d}\Psi=\int N\boldsymbol{B}\cdot\mathrm{d}\boldsymbol{S}$，其中 N 为导线回路匝数，它是产生磁场的交链电流与回路电流的比值，与面元 $\mathrm{d}\boldsymbol{S}$ 所处的场点位置有关，如导线内自感的计算。定义电感(系数)为恒定磁场中穿过回路 C_j 的磁链 Ψ_{jk} 与产生磁场的回路 C_k 中电流 I_k 的比值，其单位为亨(H)。电感可分为自感和互感两种情况。

当 $j=k$ 时，自感系数 $L=\Psi/I$，它与回路的几何形状、尺寸以及周围的磁介质有关，与电流无关。对于粗导体回路，$L=\dfrac{\Psi}{I}=\dfrac{\Psi_\mathrm{i}+\Psi_\mathrm{o}}{I}=L_\mathrm{i}+L_\mathrm{o}$，其中 L_i 和 L_o 分别称为内自感和外自感，它们分别与粗导体内、外的磁场相联系。导线的内自感为 $L_i=\dfrac{\Psi_\mathrm{i}}{I}=\dfrac{\mu_0}{8\pi}$。注意：导体内部的磁场仅与部分电流相交链（$N<1$），相应的磁链称为内磁链 Ψ_i；全部在导体外部的闭合的磁链称为外磁链 Ψ_o，如图 2.9 所示。

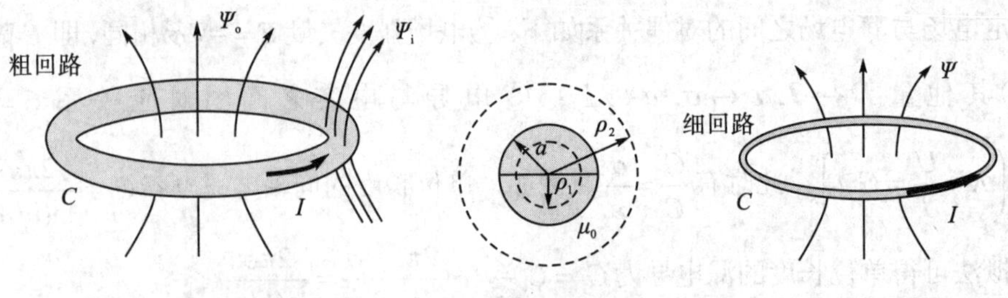

（a）粗导体回路　（b）粗导体横截面　（c）细导线回路

图 2.9　导体回路的自感

当 $j \neq k$ 时，若 Ψ_{jk} 表示电线回路 C_k 的电流 I_k 在电线回路 C_j 产生的磁链(回路相交链)，则互感系数为 $M_{jk} = \dfrac{\Psi_{jk}}{I_k} = \dfrac{\int N\boldsymbol{B}_k \cdot \mathrm{d}\boldsymbol{S}_j}{I_k}$。当然，回路 C_k 的电流 I_k 也会与自身回路交链，属于自感。利用矢量磁位可导出计算互感系数的一般公式(纽曼公式)：

$$M_{jk} = \frac{\Psi_{jk}}{I_k} = \frac{\mu}{4\pi}\oint_{C_j}\oint_{C_k}\frac{\mathrm{d}\boldsymbol{l}_k \cdot \mathrm{d}\boldsymbol{l}_j}{|\boldsymbol{r}_j - \boldsymbol{r}_k|} = M_{kj} = M \tag{2.36}$$

可见，两个导线回路之间只有一个互感值 M，互感满足互易关系。互感只与回路的几何形状、尺寸、两回路的相对位置以及周围媒质特性有关，而与电流无关。

当回路电流从零开始增加时，外加电压需克服回路中的感应电动势，外电源所做的功将全部转换为系统的磁场能量，即

$$W_{\mathrm{m}} = \frac{1}{2}\int_V \boldsymbol{J} \cdot \boldsymbol{A}\mathrm{d}V' = \int_V (\frac{1}{2}\boldsymbol{H} \cdot \boldsymbol{B})\mathrm{d}V \tag{2.37}$$

因此，磁场能量密度为 $w_{\mathrm{m}} = \dfrac{1}{2}\boldsymbol{H} \cdot \boldsymbol{B}$，表明磁场能量储存在整个有磁场的空间。对于一个回路系统，可利用公式 $L = 2W_{\mathrm{m}}/I^2$ 计算自感。

2.6　电磁场的唯一性定理

2.6.1　静态场的唯一性定理

静态场问题可分为分布型和边值型两种类型。分布型问题是指，已知场源(电荷或电流)分布，直接从场的积分公式求空间各点的场分布。例如，静电场用公式 $\boldsymbol{E} = \dfrac{1}{4\pi\varepsilon}\int_V \dfrac{\rho \mathrm{d}V'}{R^2}\boldsymbol{e}_R$ 或 $\oint_S \boldsymbol{D} \cdot \mathrm{d}\boldsymbol{S} = q$，恒定磁场用公式 $\boldsymbol{B} = \oint_C \dfrac{\mu I\mathrm{d}\boldsymbol{l} \times \boldsymbol{e}_R}{4\pi R^2}$ 或 $\oint_C \boldsymbol{H} \cdot \mathrm{d}\boldsymbol{l} = I$。

边值型问题是指，已知场量在场域边界上的值，求场域内的场分布。位函数方程(拉普拉斯方程或泊松方程)和位函数的边值条件一起构成函数的边值问题，数学上属于偏微分方程的定解问题。位函数可以是静电场的标量电位 φ，也可以是恒定磁场的矢量磁位 $\boldsymbol{A}$ 或无源区域的标量磁位 φ_m。对于源分布在有限区域的情形，无限远处的位函数应为有限

值，称为自然边界条件，即 $\lim\limits_{r\to\infty} r\varphi =$ 有限值。

静态场的边值问题可分为三类。第一类边值问题(狄利克雷问题)：已知整个边界 S 上的电位函数 $\varphi\big|_S = f_1(S)$ 和导体表面的电位，求 $\nabla^2\varphi$。第二类边值问题(纽曼问题)：已知整个边界上的电位法向导数 $\left.\dfrac{\partial\varphi}{\partial n}\right|_S = f_2(S)$，导体总电量 $\rho_S = -\varepsilon_0\dfrac{\partial\varphi}{\partial n}$，求 $\nabla^2\varphi$。第三类边值问题(混合边值问题)：已知边界上一部分电位和另一部分电位的法向导数，求 $\nabla^2\varphi$。

静态场边值问题解的唯一性定理：在场域 V 的边界面 S 上给定上述三类边值条件之一，即只需给定任一点的 φ 或 $\dfrac{\partial\varphi}{\partial n}$ 值(两者不能同时给定)，则泊松方程或拉普拉斯方程在场域 V 内具有唯一解。静态场的唯一性定理为静态场边值问题的各种求解方法(如镜像法)提供了理论依据，只要求出的位函数既满足相应的泊松方程或拉普拉斯方程，又满足给定的边值条件，则此函数就是唯一正确的解。

2.6.2　时变场的唯一性定理

在分析有界区域的时变电磁场问题时，要给出麦克斯韦方程的定解，需要给定初始条件和边界条件，具体由时变场的唯一性定理表述：在以闭合曲面 S 为边界的有界区域 V 内，若给定电场强度 $\boldsymbol{E}$ 和磁场强度 $\boldsymbol{H}$ 的初始值($t=0$)，并给定 $t\geqslant 0$ 时边界面 S 上的电场强度 $\boldsymbol{E}$ (或者磁场强度 $\boldsymbol{H}$)的切向分量，那么当 $t>0$ 时，区域 V 内的电磁场可由麦克斯韦方程唯一地确定。时变场的唯一性定理为电磁波问题的求解提供了理论依据，指出了要获得电磁场的唯一解所必须满足的条件。

2.7　典型例题分析

例 2.1　电偶极子是一对相距为 d 的等值异号电荷组成的电荷系统，定义电偶极矩矢量为 $\boldsymbol{p}_e = \boldsymbol{e}_z qd$，方向从负电荷指向正电荷，如图 2.10 所示。电偶极子概念可用于分析电介质极化以及天线的辐射，试计算电偶极子产生的静电场强度。

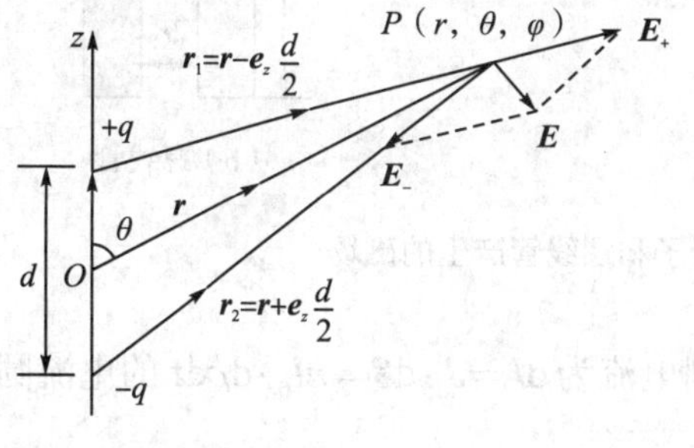

(a) 坐标系选取

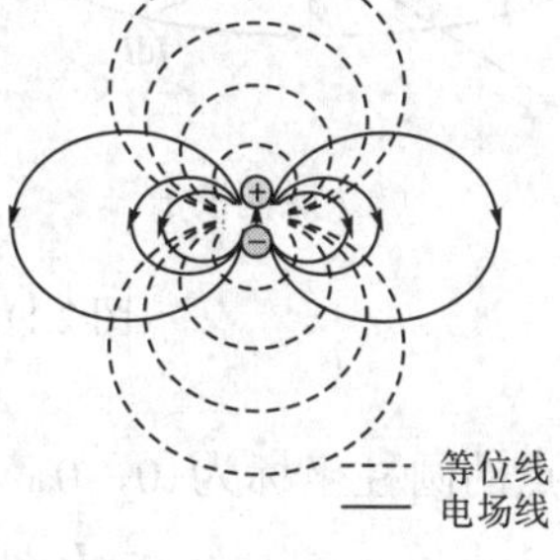

(b) 电场的空间分布

图 2.10　电偶极子示意图

解 根据电场的叠加原理

$$\boldsymbol{E}(\boldsymbol{r})=\frac{q}{4\pi\varepsilon_0}\left(\frac{\boldsymbol{r}_1}{r_1^3}-\frac{\boldsymbol{r}_2}{r_2^3}\right)=\frac{q}{4\pi\varepsilon_0}\left(\frac{\boldsymbol{r}-\boldsymbol{e}_z d/2}{|\boldsymbol{r}-\boldsymbol{e}_z d/2|^3}-\frac{\boldsymbol{r}+\boldsymbol{e}_z d/2}{|\boldsymbol{r}+\boldsymbol{e}_z d/2|^3}\right)$$

在远离电偶极子的场点（$r>>d$），利用公式

$$(1+x)^n=1+nx+\frac{n(n-1)}{2!}x^2+\cdots(|x|<1)$$

有

$$|\boldsymbol{r}\pm\boldsymbol{e}_z d/2|^{-3}=\left(r^2\pm\boldsymbol{r}\cdot\boldsymbol{e}_z d+d^2/4\right)^{-3/2}\approx r^{-3}\left(1\pm\frac{\boldsymbol{r}\cdot\boldsymbol{e}_z d}{r^2}\right)^{-3/2}\approx r^{-3}\left(1\mp\frac{3}{2}\frac{\boldsymbol{r}\cdot\boldsymbol{e}_z d}{r^2}\right)$$

再利用$\boldsymbol{e}_z=\boldsymbol{e}_r\cos\theta-\boldsymbol{e}_\theta\sin\theta$，可得球坐标系中电偶极子产生的静电场为

$$\boldsymbol{E}(\boldsymbol{r})=\frac{p_{\mathrm{e}}}{4\pi\varepsilon_0 r^3}\left(\boldsymbol{e}_r 2\cos\theta+\boldsymbol{e}_\theta\sin\theta\right)$$

例 2.2 磁偶极子可视为微小的线电流圆环，有助于理解分子电流模型产生的磁场。定义磁偶极矩为$\boldsymbol{p}_{\mathrm{m}}=IS$，其中$I$和$S$分别为线电流圆环的电流和圆环面积，如图 2.11 所示。与电偶极子类似，磁偶极子产生的远区磁场为$\boldsymbol{B}=\frac{\mu_0\boldsymbol{p}_{\mathrm{m}}}{4\pi r^3}\left(\boldsymbol{e}_r 2\cos\theta+\boldsymbol{e}_\theta\sin\theta\right)$，当$\theta=0$时，$\boldsymbol{B}=\frac{\mu_0\boldsymbol{p}_{\mathrm{m}}}{2\pi R^3}=\boldsymbol{e}_z\frac{\mu_0 Ia^2}{2R^3}$，其中$\boldsymbol{p}_{\mathrm{m}}=\boldsymbol{e}_z I(\pi a^2)$，$a$为线电流圆环半径，$R=\sqrt{a^2+z^2}$为线电流元到场点的距离。利用上述结论，计算密绕螺线管轴线上的磁感应强度。

解 设螺线管由N匝导线缠绕而成，导线中电流为I_0，内外半径分别为r_1和r_2，螺线管长度和绕线厚度分别为L和H，垂直于绕线方向的单位横截面匝数$n=N/(HL)$，如图 2.11 所示。

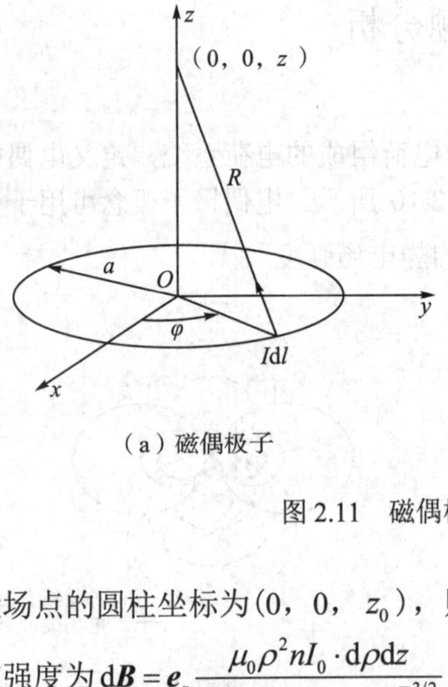

（a）磁偶极子

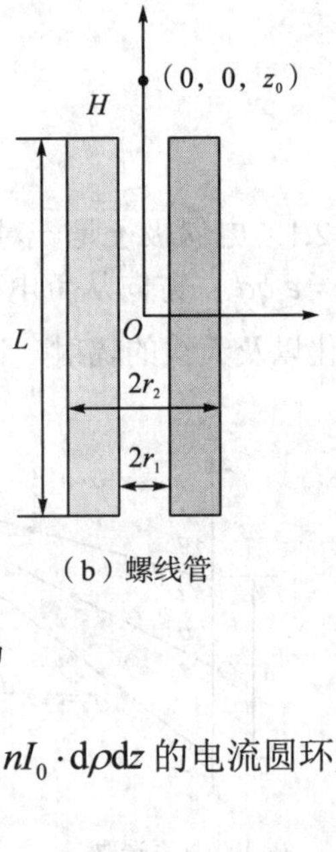

（b）螺线管

图 2.11 磁偶极子和螺线管产生的磁场

设场点的圆柱坐标为$(0,\ 0,\ z_0)$，则电流为$\mathrm{d}I=\boldsymbol{J}\cdot\mathrm{d}\boldsymbol{S}=nI_0\cdot\mathrm{d}\rho\mathrm{d}z$的电流圆环产生的磁感应强度为$\mathrm{d}\boldsymbol{B}=\boldsymbol{e}_z\frac{\mu_0\rho^2 nI_0\cdot\mathrm{d}\rho\mathrm{d}z}{2\left[\rho^2+(z_0-z)^2\right]^{3/2}}$，则总磁感应强度为

$$\boldsymbol{B}=\int \mathrm{d}\boldsymbol{B}=\boldsymbol{e}_z\int_{r_1}^{r_2}\int_{-\frac{L}{2}}^{\frac{L}{2}}\frac{\mu_0\rho^2 nI_0\cdot \mathrm{d}\rho \mathrm{d}z}{2\left[\rho^2+(z_0-z)^2\right]^{3/2}}=\boldsymbol{e}_z\frac{1}{2}\mu_0 nI_0\int_{r_1}^{r_2}\int_{-\frac{L}{2}}^{\frac{L}{2}}\frac{\rho^2\cdot \mathrm{d}\rho \mathrm{d}z}{\left[\rho^2+(z_0-z)^2\right]^{3/2}}$$

$$=\boldsymbol{e}_z\frac{1}{2}\mu_0 nI_0\left\{\left(z_0+\tfrac{L}{2}\right)\ln\frac{r_2+\sqrt{r_2^{\,2}+\left(z_0+\frac{L}{2}\right)^2}}{r_1+\sqrt{r_1^{\,2}+\left(z_0+\frac{L}{2}\right)^2}}-\left(z_0-\tfrac{L}{2}\right)\ln\frac{r_2+\sqrt{r_2^{\,2}+\left(z_0-\frac{L}{2}\right)^2}}{r_1+\sqrt{r_1^{\,2}+\left(z_0-\frac{L}{2}\right)^2}}\right\}$$

例 2.3　一个在圆环上密绕 N 匝的线圈（螺绕环），圆环的内外半径分别为 a 和 b，环的高度为 h，如图 2.12 所示。若线圈通过的电流为 I，试求：①圆环内的磁场强度；②圆环内的磁感应强度；③圆环内的总磁通；④线圈的外自感 L_0。

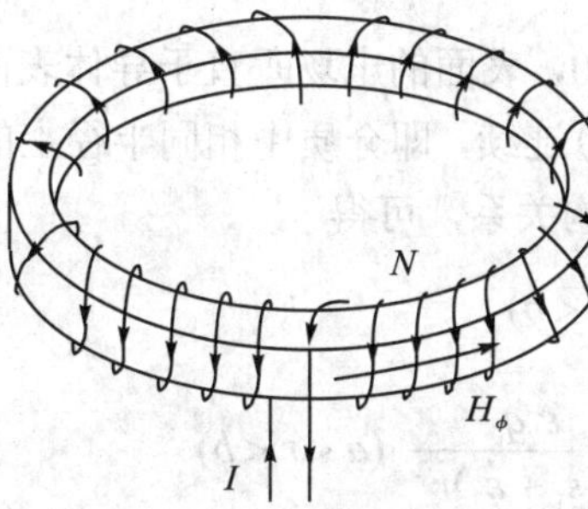

（a）螺绕环线圈

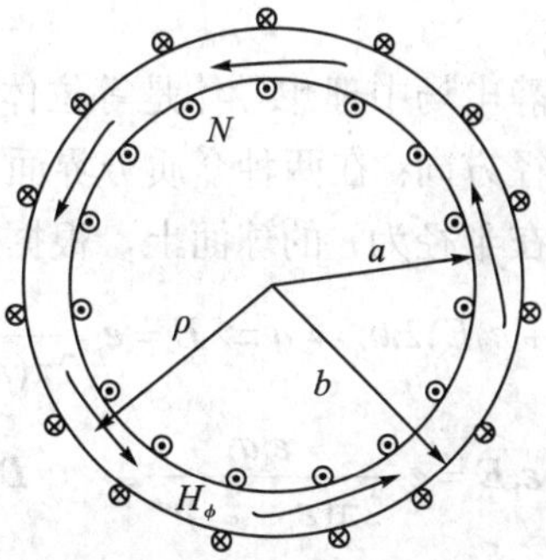

（b）线圈的截面

图 2.12　螺绕环产生的磁场

解　由安培环路定律 $\oint_C \boldsymbol{H}\cdot \mathrm{d}\boldsymbol{l}=\sum I$ 可知，所包围的总电流为 NI，磁场强度仅存在于圆环内部。在螺绕环内，任意半径 ρ 的磁场强度大小都相同，其方向沿 $\boldsymbol{e}_\phi$ 方向。

①圆环内部的磁场强度为 $\boldsymbol{H}=\dfrac{NI}{2\pi\rho}\boldsymbol{e}_\phi$　（$a\leqslant\rho\leqslant b$）；

②圆环内部，任意半径 ρ 上的磁感应强度为 $\boldsymbol{B}=\mu_0\boldsymbol{H}=\dfrac{\mu_0 NI}{2\pi\rho}\boldsymbol{e}_\phi$　（$a\leqslant\rho\leqslant b$）；

③圆环内部的总磁通为 $\Phi=\int \boldsymbol{B}\cdot \mathrm{d}\boldsymbol{S}=\dfrac{\mu_0 NI}{2\pi}\int_a^b\dfrac{\mathrm{d}\rho}{\rho}\int_0^h \mathrm{d}z=\dfrac{\mu_0 NIh}{2\pi}\ln(b/a)$；

④线圈的外自感为 $L_0=\dfrac{\Psi}{I}=\dfrac{N\Phi}{I}=\dfrac{\mu_0 N^2 h}{2\pi}\ln(b/a)$。

例 2.4　球形电容器的内导体半径为 a，外导体半径为 b，其间填充介电常数分别为 ε_1 和 ε_2 的两种均匀介质，内球带电量为 q，如图 2.13 所示。求：①两球壳间的电场强度和电位移矢量的分布；②内导体表面的电荷密度。

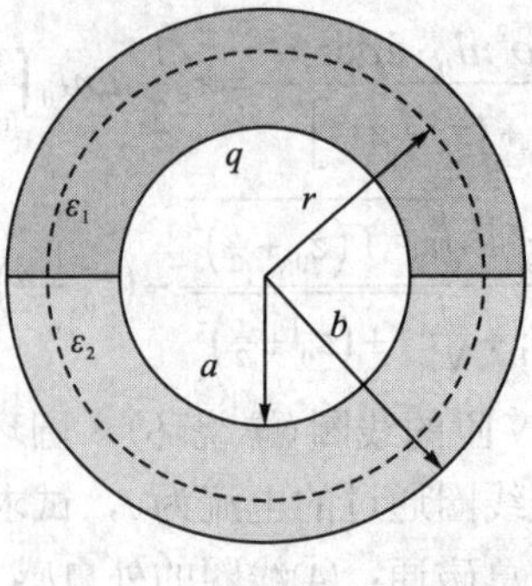

图 2.13 球形电容器

解 静电场中理想导体是等位体，内部场量为 0，表面的电场垂直于导体表面，因此电场沿半径方向；在两种介质分界面上，电场(切向)连续，即介质中相同半径上的电场大小相等。在半径为 r 的球面上，根据高斯定理和本构关系，可得

$$(\varepsilon_1 E+\varepsilon_2 E)2\pi r^2=q\Rightarrow \boldsymbol{E}=\boldsymbol{e}_r\frac{q}{2\pi(\varepsilon_1+\varepsilon_2)r^2}\ (a<r<b)$$

$$\boldsymbol{D}_1=\varepsilon_1\boldsymbol{E}=\boldsymbol{e}_r\frac{\varepsilon_1 q}{2\pi(\varepsilon_1+\varepsilon_2)r^2},\qquad \boldsymbol{D}_2=\varepsilon_2\boldsymbol{E}=\boldsymbol{e}_r\frac{\varepsilon_2 q}{2\pi(\varepsilon_1+\varepsilon_2)r^2}\ (a<r<b)$$

在内导体表面 $r=a$ 上，$\rho_1=\boldsymbol{e}_r\cdot\boldsymbol{D}_1=\dfrac{\varepsilon_1 q}{2\pi(\varepsilon_1+\varepsilon_2)a^2}$，$\rho_2=\boldsymbol{e}_r\cdot\boldsymbol{D}_2=\dfrac{\varepsilon_2 q}{2\pi(\varepsilon_1+\varepsilon_2)a^2}$。

例 2.5 铁芯螺绕环的横截面的半径远小于环的半径 R，环上均匀密绕 N 匝线圈，线圈中的电流为 I，铁芯的磁导率 μ，如图 2.14 所示。若在螺绕环上切开一个长度为 t 的小气隙口，求铁芯环中和气隙中的 $\boldsymbol{H}$ 和 $\boldsymbol{B}$。

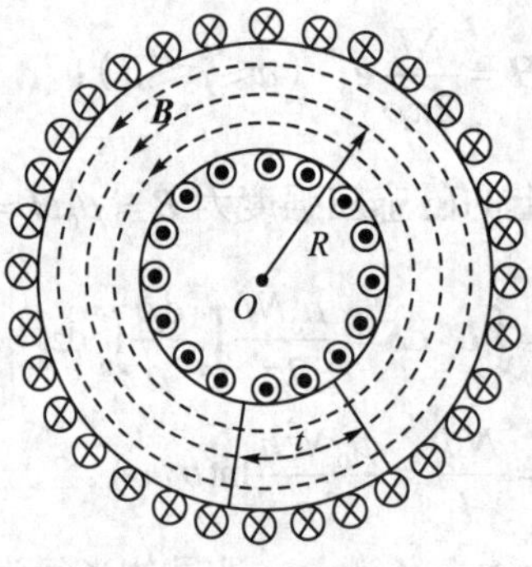

图 2.14 铁芯螺绕环

解 磁感应强度 $\boldsymbol{B}$ 总是闭合曲线，当开口 t 很小时漏磁也很小，认为铁芯和气隙中的磁感应强度大小相同，但由于它们的磁导率不同，它们对应的磁场强度大小不同，分别设为 $\boldsymbol{H}_i$ 和 $\boldsymbol{H}_g$。沿螺绕环轴线对 $\boldsymbol{H}$ 进行安培环路积分，得

$$H_i(2\pi R-t)+H_g t=NI\Rightarrow\frac{B}{\mu}(2\pi R-t)+\frac{B}{\mu_0}t=NI$$

则有，$\boldsymbol{B}=\boldsymbol{e}_\phi\dfrac{NI\mu_0\mu}{2\pi R\mu_0+(\mu-\mu_0)t}$。于是

$$\boldsymbol{H}_i=\frac{\boldsymbol{B}}{\mu}=\boldsymbol{e}_\phi\frac{NI\mu_0}{2\pi R\mu_0+(\mu-\mu_0)t},\quad \boldsymbol{H}_g=\frac{\boldsymbol{B}}{\mu_0}=\boldsymbol{e}_\phi\frac{NI\mu}{2\pi R\mu_0+(\mu-\mu_0)t}。$$

例 2.6　平板电容器内部填充有两层厚度分别为 d_1 和 d_2 的媒质（$\sigma_1,\varepsilon_1,\mu_0$）和（$\sigma_2,\varepsilon_2,\mu_0$），外加电压为 U，如图 2.15 所示。求通过媒质的电流密度 $\boldsymbol{J}$ 和它们分界面上的电荷密度 ρ_S。

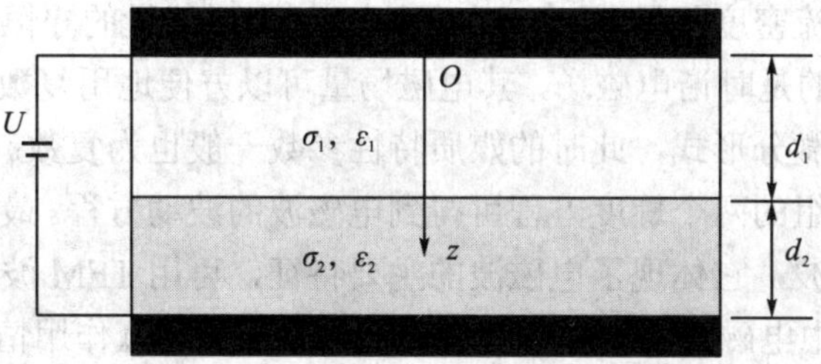

图 2.15　平板电容器

解　根据导电媒质的本构关系和分界面上电流密度法向分量连续的边界条件：

$$J_{1n}=J_{2n}\Rightarrow J_1=J_2=J$$

$$E_{1,2}=\frac{J}{\sigma_{1,2}}\Rightarrow U=E_1d_1+E_2d_2=(\frac{d_1}{\sigma_1}+\frac{d_2}{\sigma_2})J$$

则有

$$\boldsymbol{J}=\boldsymbol{e}_z\frac{\sigma_1\sigma_2}{\sigma_2d_1+\sigma_1d_2}U$$

$$\rho_S=D_{1n}-D_{2n}=-\left(\frac{\varepsilon_1}{\sigma_1}-\frac{\varepsilon_2}{\sigma_2}\right)J=\frac{\sigma_1\varepsilon_2-\sigma_2\varepsilon_1}{\sigma_2d_1+\sigma_1d_2}U。$$

第 3 章　电磁波的基本特性

时变的电场与磁场相互激励，在空间形成电磁波。电磁波的电场和磁场都具有能量，能量的流动状况用能流密度矢量(坡印亭矢量)表示，电磁能量的守恒关系由坡印亭定理给出。工程上应用最多的是时谐电磁场，其电磁场量可以方便地用复数形式表达，从而可简化麦克斯韦方程组的微分形式，此时的媒质特性参数一般也为复数。

由麦克斯韦方程组的两个旋度方程可得到电磁波的波动方程。最简单的情形是无界空间中传播的均匀平面波，它体现了电磁波的主要特征，可用 TEM 波的亥姆霍兹方程进行分析。对于复杂媒质中电磁波的传播或者电磁波与物质的相互作用情形，可将附加电极化强度视为微扰来推导波动方程。

电磁波的极化是指电磁波电场矢量 $\boldsymbol{E}$ 的取向随时间变化的方式，用空间给定点处电场强度矢量 $\boldsymbol{E}$ 的矢端随时间变化的轨迹来描述。完全极化波分为直线极化、圆极化和椭圆极化三种极化状态，可根据电场强度矢量 $\boldsymbol{E}$ 的两个横向分量进行判断，极化状态取决于它们之间的相位和振幅关系以及光波传播方向。在光学领域，电磁波的极化状态又称为光的偏振态，可由琼斯矢量和斯托克斯参量等表示。

3.1　电磁波的波动方程

3.1.1　各向同性介质情形

在时变情形下，电场与磁场相互激励，并在空间进行传播，形成电磁波。由麦克斯韦方程组，可以建立电磁场的波动方程。在无源空间中（$\rho=0$ 和 $\boldsymbol{J}=0$），麦克斯韦方程组进一步简化为

$$\begin{cases}\nabla\times\boldsymbol{E}=-\dfrac{\partial\boldsymbol{B}}{\partial t}\\ \nabla\times\boldsymbol{H}=\dfrac{\partial\boldsymbol{D}}{\partial t}\\ \nabla\cdot\boldsymbol{D}=0\\ \nabla\cdot\boldsymbol{B}=0\end{cases}\tag{3.1}$$

对于线性、各向同性介质情形，由方程组式(3.1)的前两式，可得关于电场强度 $\boldsymbol{E}$ 和磁场强度 $\boldsymbol{H}$ 的波动方程为

$$\nabla^2\boldsymbol{E}-\mu\varepsilon\frac{\partial^2\boldsymbol{E}}{\partial t^2}=0\text{（不含}\boldsymbol{H}\text{，}\partial^2\boldsymbol{E}=0\text{）}\tag{3.2a}$$

$$\nabla^2 \boldsymbol{H} - \mu\varepsilon \frac{\partial^2 \boldsymbol{H}}{\partial t^2} = 0 \text{（不含}\boldsymbol{E}\text{，}\partial^2 \boldsymbol{H} = 0\text{）} \tag{3.2b}$$

式中，达朗贝尔算符 $\partial^2 = \nabla^2 - \mu\varepsilon\frac{\partial^2}{\partial t^2} = \nabla^2 - \frac{1}{\upsilon^2}\frac{\partial^2}{\partial t^2}$，$\upsilon = \frac{1}{\sqrt{\mu\varepsilon}}$ 为媒质中电磁波的相速。显然，波动方程是时空域四维的二阶矢量微分方程，揭示了电磁场的波动性。

电磁波的场分布可归结为给定边界条件和初始条件下波动方程组的求解问题。也就是说，在分析有界区域的时变电磁场问题时，要给出麦克斯韦方程的定解，需要给定初始条件和边界条件，具体由唯一性定理表述：在以闭合曲面 S 为边界的有界区域 V 内，若给定电场强度 $\boldsymbol{E}$ 和磁场强度 $\boldsymbol{H}$ 的初始值（$t=0$），并给定 $t\geqslant 0$ 时边界面 S 上的电场强度 $\boldsymbol{E}$（或者磁场强度 $\boldsymbol{H}$）的切向分量，那么在 $t>0$ 时，区域 V 内的电磁场可由麦克斯韦方程组的唯一地确定。该定理指出了要获得电磁场的唯一解所必须满足的条件。

3.1.2 电极化微扰情形

电磁波与物质的相互作用应遵循麦克斯韦方程组，且其电学参量往往起到更为重要的作用，通常有 $\mu \approx \mu_0$，如光波在非磁性媒质中的传播情形。将相对介电张量 $\boldsymbol{\varepsilon}_r$ 表示为 $\boldsymbol{\varepsilon}_r(\omega) = \varepsilon_{r0}(\omega)\boldsymbol{I} + \Delta\boldsymbol{\varepsilon}_r(\omega)$，其中 $\varepsilon_{r0} = 1 + \chi^{(1)}$ 为各向同性（线性）的无微扰部分，其余部分 $\Delta\boldsymbol{\varepsilon}_r$ 作为附加相对介电张量微扰。于是，电位移矢量 $\boldsymbol{D} = \varepsilon_0\boldsymbol{E} + \boldsymbol{P} = \varepsilon_0\varepsilon_{r0}\boldsymbol{E} + \Delta\boldsymbol{P} = \varepsilon_0\boldsymbol{\varepsilon}_r \cdot \boldsymbol{E}$，其中极化微扰 $\Delta\boldsymbol{P} = \varepsilon_0\Delta\boldsymbol{\varepsilon}_r(\omega)\cdot\boldsymbol{E}$。由方程组式(3.1)的前两式，可得无源空间中波动方程组一般形式：

$$\nabla\times\nabla\times\boldsymbol{E} = -\mu_0\frac{\partial^2 \boldsymbol{D}}{\partial t^2} \tag{3.3}$$

由 $\nabla\cdot\boldsymbol{D} = 0$，并利用 $\nabla\times\nabla\times\boldsymbol{E} = \nabla(\nabla\cdot\boldsymbol{E}) - \nabla^2\boldsymbol{E}$，可知，

$$\nabla\cdot\boldsymbol{E} = -\left[\rho_A/\varepsilon_0 + \left(\nabla\varepsilon_{r0}\right)\cdot\boldsymbol{E}\right]/\varepsilon_{r0} \tag{3.4a}$$

$$\nabla^2\boldsymbol{E} - \frac{1}{\mathrm{c}^2}\frac{\partial^2(\boldsymbol{\varepsilon}_r\cdot\boldsymbol{E})}{\partial t^2} = -\nabla\left[\frac{\rho_A}{\varepsilon_0\varepsilon_{r0}} + \left(\frac{\nabla\varepsilon_{r0}}{\varepsilon_{r0}}\right)\cdot\boldsymbol{E}\right] \tag{3.4b}$$

式中，$\rho_A = \nabla\cdot(\Delta\boldsymbol{P}) = \varepsilon_0\sum_{i=1}^{3}\sum_{j=1}^{3}\left[\frac{\partial(\Delta\varepsilon_{rij})}{\partial x_i}E_j + (\Delta\varepsilon_{rij})\frac{\partial E_j}{\partial x_i}\right]$ 为各向异性微扰部分的贡献。对于均匀介质（$\nabla\varepsilon_{r0} = 0$）中的微扰情形（$\Delta\boldsymbol{\varepsilon}_r \ll \varepsilon_{r0}$），式(3.4b)等号右边的项可以忽略。

进一步地，可得时域微扰波动方程为

$$\nabla^2\boldsymbol{E} - \frac{1}{\upsilon^2}\frac{\partial^2\boldsymbol{E}}{\partial t^2} = \mu_0\frac{\partial^2(\Delta\boldsymbol{P})}{\partial t^2} \tag{3.5}$$

式(3.5)是微扰方法分析电光、磁光、声光、光学非线性等诸多物理效应的理论基础。

3.2 电磁能量守恒定理

将 $\boldsymbol{S} = \boldsymbol{E}\times\boldsymbol{H}$ 定义为坡印亭矢量，又称能流密度矢量，表示某场点的电磁能量流动的

信息，即单位时间内穿过单位横截面积的能量(单位为$\mathrm{W/m^2}$)，坡印亭矢量的方向即为电磁能量流动的方向。$\boldsymbol{S}(\boldsymbol{r},t)$是空间坐标和时间的函数，是一个瞬时量；$\boldsymbol{E}$、$\boldsymbol{H}$和$\boldsymbol{S}$之间满足右手螺旋关系，其中$\boldsymbol{E}$和$\boldsymbol{H}$均为实数形式的场量表示(实数场)，若场量用复数表示，则必须将其转换为实量进行计算。根据坡印亭矢量的物理含义，$\boldsymbol{S}(\boldsymbol{r},t)$对某横截面的积分即为穿过该横截面的功率，即$P=\int_S \boldsymbol{S}\cdot\boldsymbol{e}_n\mathrm{d}S$。

在线性、各向同性媒质中，根据媒质的本构方程和μ、ε不随时间变化的条件，可得电磁能量守恒定律，又称坡印亭定理：

$$\begin{gathered}\nabla\cdot(\boldsymbol{E}\times\boldsymbol{H})=-\frac{\partial}{\partial t}(w_m+w_e)-p_T \Leftrightarrow \\ -\oint_S(\boldsymbol{E}\times\boldsymbol{H})\cdot\mathrm{d}\boldsymbol{S}=\frac{\mathrm{d}}{\mathrm{d}t}\int_V(w_m+w_e)\mathrm{d}V+\int_V p_T\mathrm{d}V=\frac{\mathrm{d}}{\mathrm{d}t}(W_m+W_e)+P_T\end{gathered} \tag{3.6}$$

式中，$P_T=\int_V(\boldsymbol{J}\cdot\boldsymbol{E})\mathrm{d}V$为单位时间内电场对电流所做的功。可以看出，流进体积V内的电磁功率等于储存在体积V内的电磁功率和消耗在体积V内的焦耳热功率(损耗功率)之和。

3.3 时谐电磁场的复数表示

以一定的角频率随时间正弦或余弦变化的电磁场，称为时谐电磁场，或称正弦电磁场。在一定条件下，任意时变场都可以通过傅里叶分析方法展开为不同频率的时谐场的叠加。因此，工程上应用最多的是时谐电磁场。

用复数方法表示时谐电磁场，能够简化时谐电磁场问题的分析，例如，媒质存在损耗的情形。尽管时谐电磁场可用复数表示，但只有相应的实部才具有实际的意义。一个具有实际意义的时谐矢量函数$\boldsymbol{F}(\boldsymbol{r},t)$与其复数表示$\dot{\boldsymbol{F}}(\boldsymbol{r})$之间的关系为

$$\boldsymbol{F}(\boldsymbol{r},t)=\mathrm{Re}\left[\dot{\boldsymbol{F}}(\boldsymbol{r})\mathrm{e}^{\mathrm{j}\omega t}\right] \tag{3.7}$$

式中，$\dot{\boldsymbol{F}}(\boldsymbol{r})$上面的点表示复数，它包含了场量的振幅$\boldsymbol{A}(\boldsymbol{r})$和相位$\varphi(\boldsymbol{r})$信息，即$\dot{\boldsymbol{F}}(\boldsymbol{r})=\boldsymbol{A}(\boldsymbol{r})\mathrm{e}^{\mathrm{j}\varphi(\boldsymbol{r})}$，称为时谐矢量$\boldsymbol{F}(\boldsymbol{r},t)$的复振幅矢量。只有频率相同的时谐场才能用其复振幅矢量$\dot{\boldsymbol{F}}(\boldsymbol{r})$来简化表示，否则必须带上相应的时谐因子$\mathrm{e}^{\mathrm{j}\omega t}$。为简化表示，$\dot{\boldsymbol{F}}(\boldsymbol{r})$上面的点通常被省略，需要根据公式形式或上下文来判断它具体表示的是实数还是复数，同时还需要注意实数或复数表示对有关场量公式的影响。

坡印亭矢量$\boldsymbol{S}(\boldsymbol{r},t)$在一个时谐周期($T=2\pi/\omega$)内的平均值称为平均坡印亭矢量，用复数场表示为

$$\boldsymbol{S}_{\mathrm{av}}=\frac{1}{T}\int_0^T\boldsymbol{S}(\boldsymbol{r},t)\mathrm{d}t=\frac{1}{2}\mathrm{Re}\left[\boldsymbol{E}\times\boldsymbol{H}^*\right] \tag{3.8}$$

式中利用了公式$\boldsymbol{S}=\frac{1}{2}\mathrm{Re}\left[\boldsymbol{E}\times\boldsymbol{H}^*\right]+\frac{1}{2}\mathrm{Re}\left[\boldsymbol{E}\times\boldsymbol{H}\mathrm{e}^{\mathrm{j}2\omega t}\right]$，它有助于理解复数场表示的平均值$\boldsymbol{S}_{\mathrm{av}}$与实数场表示的瞬时值$\boldsymbol{S}=\boldsymbol{E}\times\boldsymbol{H}$之间的关系，两者的数学表达式(包括公式中系数1/2的来源)和揭示的物理规律(电磁能量守恒定律)也有所不同。

对于复数表示的时谐场 $\dot{\boldsymbol{F}}(\boldsymbol{r},t)=\dot{\boldsymbol{F}}(\boldsymbol{r})\mathrm{e}^{\mathrm{j}\omega t}$，由式(3.7)可知

$$\frac{\partial \boldsymbol{F}(\boldsymbol{r},t)}{\partial t}=\frac{\partial}{\partial t}\mathrm{Re}\left[\dot{\boldsymbol{F}}(\boldsymbol{r},t)\right]=\mathrm{Re}\left[\mathrm{j}\omega\dot{\boldsymbol{F}}(\boldsymbol{r},t)\right] \tag{3.9}$$

显然，当时谐电磁场矢量用复数形式表示时，有 $\frac{\partial}{\partial t}\left[\boldsymbol{H},\boldsymbol{E},\boldsymbol{B},\boldsymbol{D}\right]\to\mathrm{j}\omega\left[\boldsymbol{H},\boldsymbol{E},\boldsymbol{B},\boldsymbol{D}\right]$，麦克斯韦方程组可重新表达为

$$\begin{cases}\nabla\times\boldsymbol{H}=\boldsymbol{J}+\mathrm{j}\omega\boldsymbol{D}\\ \nabla\times\boldsymbol{E}=-\mathrm{j}\omega\boldsymbol{B}\\ \nabla\cdot\boldsymbol{B}=0\\ \nabla\cdot\boldsymbol{D}=\rho\end{cases} \tag{3.10}$$

式中所有电磁场量 $\left[\boldsymbol{H},\boldsymbol{E},\boldsymbol{B},\boldsymbol{D}\right]$ 可以是复振幅矢量表示(不带时谐因子 $\mathrm{e}^{\mathrm{j}\omega t}$)，也可以是完整的复数表示(包含有时谐因子 $\mathrm{e}^{\mathrm{j}\omega t}$)。

在各向同性介质中，根据无源区域($\boldsymbol{J}=0$、$\rho=0$)的电磁波波动方程式(3.2)，可得时谐电磁场满足的齐次亥姆霍兹方程为

$$\nabla^2\left[\boldsymbol{E},\boldsymbol{H}\right]+k^2\left[\boldsymbol{E},\boldsymbol{H}\right]=0\ 或\ \partial^2\left[\boldsymbol{E},\boldsymbol{H}\right]=0 \tag{3.11}$$

式中，达朗贝尔算符 $\partial^2=\nabla^2-\mu\varepsilon\frac{\partial^2}{\partial t^2}=\nabla^2+k^2$，$k=\omega\sqrt{\mu\varepsilon}$。

3.4　均匀平面电磁波

均匀平面电磁波是电磁波远离波源的一种理想情形，体现了电磁波的主要特性。平面电磁波的等相位面是平面。进一步地，若在垂直于电磁波传播方向的无限大横向平面内，场矢量的大小(幅度和相位)和方向均保持不变，而只沿传播方向变化，这样的电磁波称为均匀平面波。

在直角坐标系中，对于沿+z 方向传播的均匀平面波情形，场矢量 $\boldsymbol{F}$ 满足

$$\frac{\partial\boldsymbol{F}}{\partial z}\neq 0\qquad\qquad \frac{\partial\boldsymbol{F}}{\partial x}=\frac{\partial\boldsymbol{F}}{\partial y}=0 \tag{3.12}$$

根据无源空间中的麦克斯韦方程 $\nabla\cdot[\boldsymbol{E},\boldsymbol{H}]=0$ 以及时谐场的亥姆霍兹方程式(3.11)可知，$\boldsymbol{E}$ 和 $\boldsymbol{H}$ 只有横向分量，且仅在传播方向变化，即只有分量 $E_{x,y}(z)$ 和 $H_{x,y}(z)$，这种电磁波称为 TEM 波。TEM 波满足的波动方程为

$$\frac{\partial^2}{\partial z^2}\begin{bmatrix}E_t\\ H_t\end{bmatrix}+k^2\begin{bmatrix}E_t\\ H_t\end{bmatrix}=0\ (t=x,y) \tag{3.13}$$

其通解为 $E_t(z)=A_1\mathrm{e}^{-\mathrm{j}kz}+A_2\mathrm{e}^{\mathrm{j}kz}$，传播因子 $\mathrm{e}^{\mp\mathrm{j}kz}$ 分别对应于沿 ±z 方向传播，A_1 和 A_2 为待定系数。在无界的均匀媒质中不存在反射波，即只存在一个方向传播的波。

在任意坐标系下，均匀平面波的电场矢量可以表示为

$$\boldsymbol{E}(\boldsymbol{r},t)=\boldsymbol{E}(\boldsymbol{r})\mathrm{e}^{\mathrm{j}\omega t}=\boldsymbol{E}_{\mathrm{m}}\mathrm{e}^{\mathrm{j}\phi}\mathrm{e}^{\mathrm{j}(\omega t-\boldsymbol{k}\cdot\boldsymbol{r})}=\boldsymbol{E}_{\mathrm{m}}\mathrm{e}^{\mathrm{j}(\omega t-\boldsymbol{k}\cdot\boldsymbol{r}+\phi)} \tag{3.14}$$

式中，$\boldsymbol{E}(\boldsymbol{r})=\boldsymbol{E}_{\mathrm{m}}\mathrm{e}^{\mathrm{j}\phi}\mathrm{e}^{-\mathrm{j}\boldsymbol{k}\cdot\boldsymbol{r}}$；$\boldsymbol{E}_{\mathrm{m}}$ 为常矢量；$\boldsymbol{k}=\boldsymbol{e}_k k$ 为波矢量。有些书上用式(3.14)的共轭形

式$\boldsymbol{E}(\boldsymbol{r},t)=\boldsymbol{E}_{\mathrm{m}}\mathrm{e}^{-\mathrm{i}(\omega t-\boldsymbol{k}\cdot\boldsymbol{r}+\phi)}=\boldsymbol{E}_{\mathrm{m}}\mathrm{e}^{-\mathrm{i}\phi}\mathrm{e}^{\mathrm{i}(\boldsymbol{k}\cdot\boldsymbol{r}-\omega t)}$表示平面波，两者之间可用$\mathrm{j}=-\mathrm{i}$进行转换。因此，研究电磁波的传播特性时，必须明确所得结果是采用哪种平面波复数表示形式给出的，这一点不可忽视。

均匀平面波的传播特性如下：①等相位面是垂直于$\boldsymbol{e}_k$的平面，等相位面的方程为$\boldsymbol{k}\cdot\boldsymbol{r}=$常数；②电场矢量垂直于传播方向，即$\nabla\cdot\boldsymbol{E}=-\mathrm{j}\boldsymbol{k}\cdot\boldsymbol{E}=0$；③同相面(波阵面)传播的速度称为相速，即$\upsilon=\omega/k=1/\sqrt{\mu\varepsilon}=c/n$，$n$为介质的折射率；④电磁波的时谐周期$T=2\pi/\omega$，频率$f=1/T=\omega/2\pi$，波长$\lambda=\upsilon T=2\pi/k$；⑤相位传播常数(波数)为$k=\omega\sqrt{\mu\varepsilon}=\omega/\upsilon=2\pi/\lambda$。

均匀平面电磁波的电场与磁场之间有如下关系：

$$\boldsymbol{H}(\boldsymbol{r})=\frac{1}{\eta}\boldsymbol{e}_k\times\boldsymbol{E}(\boldsymbol{r}),\qquad \boldsymbol{E}(\boldsymbol{r})=\eta\boldsymbol{H}(\boldsymbol{r})\times\boldsymbol{e}_k \tag{3.15}$$

式中，$\eta=\sqrt{\mu/\varepsilon}=E_x/H_y=-E_y/H_x$称为波阻抗，又称为媒质的本征阻抗或特性阻抗，它具有阻抗的量纲。真空中波阻抗$\eta_0=\sqrt{\mu_0/\varepsilon_0}=120\pi\approx377\Omega$。由于均匀平面电磁波传播方向$\boldsymbol{e}_k$与能流密度矢量$\boldsymbol{S}=\boldsymbol{E}\times\boldsymbol{H}$方向相同，所以电场$\boldsymbol{E}$、磁场$\boldsymbol{H}$和传播方向$\boldsymbol{e}_k$相互垂直，$[\boldsymbol{E},\eta\boldsymbol{H},\boldsymbol{e}_k]$遵循右手螺旋关系。

无损耗介质中，均匀平面电磁波的波阻抗为实数，电场与磁场同相位，电场与磁场振幅保持不变，此时$\eta=|\boldsymbol{E}|/|\boldsymbol{H}|=E_{\mathrm{m}}/H_{\mathrm{m}}$，电场能量密度等于磁场能量密度，即

$$w_e=\frac{1}{2}\varepsilon E^2=\frac{1}{2}\varepsilon(\eta H)^2=\frac{1}{2}\mu H^2=w_{\mathrm{m}} \tag{3.16}$$

坡印亭矢量为

$$\boldsymbol{S}=\boldsymbol{E}\times\boldsymbol{H}=\boldsymbol{E}\times\frac{1}{\eta}(\boldsymbol{e}_k\times\boldsymbol{E})=\boldsymbol{e}_k\frac{1}{\eta}E^2=\boldsymbol{e}_k\eta H^2=(w_{\mathrm{e}}+w_{\mathrm{m}})\boldsymbol{\upsilon} \tag{3.17}$$

注意，式(3.16)和式(3.17)中的$\boldsymbol{E}$和$\boldsymbol{H}$是实数场。可见，电磁能量沿着电磁波传播方向流动，能量的传输速度等于相速。平均坡印亭矢量为

$$\boldsymbol{S}_{\mathrm{av}}=\frac{1}{2}\mathrm{Re}[\boldsymbol{E}\times\boldsymbol{H}^*]=\boldsymbol{e}_k\frac{1}{2\eta}|\boldsymbol{E}|^2=\boldsymbol{e}_k\frac{1}{2\eta}E_{\mathrm{m}}^2 \tag{3.18}$$

式(3.18)中的$\boldsymbol{E}$和$\boldsymbol{H}$为复数场。

3.5 电磁波的极化特性

3.5.1 极化的概念

在无界空间中，均匀平面电磁波的$\boldsymbol{E}$和$\boldsymbol{H}$矢量只有横向分量，称为横波。一般地，横波可视为由两列具有独立振动方向的电磁波合成，当两个分量的振动完全不相关时，振动的合成方向是随机的，称为非极化波；当两者完全相关时，合成为完全极化波。因此，电磁波可分为完全极化波、部分极化波和完全非极化波(如自然光)。习惯上，在电磁波领

域称为“极化”，而在光学领域称为“偏振”。

电磁波的极化是指电磁波电场矢量 $\boldsymbol{E}$ 的取向随时间变化的方式，可用空间给定点处电场强度矢量 $\boldsymbol{E}$ 的矢端随时间变化的轨迹来描述。极化方向的规定如下：大拇指方向为传播方向，$\boldsymbol{E}$ 矢量旋转方向为四指方向，符合右手规则的极化波为右旋极化波，符合左手规则的极化波为左旋极化波。在工程上，电磁波发射、传输、接收需要考虑电磁波极化的匹配特性，而且常将垂直(或平行)于大地的直线极化波称为垂直(或平行)极化波。例如，中波广播收发天线垂直于地面(垂直极化波)，电视收发天线与地面平行(平行极化波)。另外，姿态不断改变的火箭等飞行器的遥控发射，卫星通信系统中卫星及地面站天线，电子对抗系统天线等会用到圆极化波。

用极化状态的概念可描述平面波的极化特征，将完全极化波分为直线极化、圆极化、和椭圆极化三种极化状态，它们取决于电场强度矢量 $\boldsymbol{E}$ 的两个分量的相位和振幅关系，以及电磁波的传播方向。下面以一列沿 $+z$ 方向传播的均匀平面波为例，讨论电磁波的极化状态，实际中需要根据具体的传播情况加以判断。

在直角坐标系中，任意电磁波的电场强度矢量 $\boldsymbol{E}$ 都可以分解为 E_x 和 E_y 分量，换句话说，它也可以视为频率相同、传播方向相同、振动方向相互垂直的两个单色线极化平面波的合成波，即

$$\begin{cases} E_x(z,t)=E_{xm}\cos(\omega t-kz+\varphi_x) \\ E_y(z,t)=E_{ym}\cos(\omega t-kz+\varphi_y) \end{cases} \tag{3.19}$$

式中，E_{xm} 和 E_{ym} 为两个分量的振幅(正数)。与式(3.19)对应的复数表示为

$$\boldsymbol{E}(z,t)=(\boldsymbol{e}_x E_{xm}\mathrm{e}^{\mathrm{j}\varphi_x}+\boldsymbol{e}_y E_{ym}\mathrm{e}^{\mathrm{j}\varphi_y})\mathrm{e}^{\mathrm{j}(\omega t-kz)} \tag{3.20}$$

式中，φ_x 和 φ_y 为两个分量的初相位。根据该电场分量之间的振幅关系 $\tan\psi=E_{ym}/E_{xm}$ ($0\leqslant\psi\leqslant\pi/2$) 和相位关系 $\Delta\varphi=\varphi_y-\varphi_x$ ($-\pi<\varphi_x,\varphi_y,\Delta\varphi\leqslant\pi$)，以及光波传播方向 $\boldsymbol{e}_k$，可以判断出其合成波的极化状态。分析表明，在第 1 象限内极化旋转方向总是指向初相位滞后(初位相小)的分量，具体描述如下。

(1) 当 $\Delta\varphi=\varphi_y-\varphi_x=0,\pi$ 时，对应于直线极化波(linear polarization，LP)。

当 $\Delta\varphi=m\pi$ 时(m 为整数)，电场矢量的 E_x 和 E_y 分量可以表示为

$$\begin{cases} E_x=E_{xm}\cos(\omega t-kz+\varphi_x) \\ E_y=E_{ym}\cos(\omega t-kz+\varphi_x+m\pi)=\pm E_{ym}\cos(\omega t-kz+\varphi_x) \end{cases} \tag{3.21}$$

电场 $\boldsymbol{E}$ 的矢端轨迹始终在一条直线上，称为直线极化波，其振动面为一平面，振动面与 x 轴的夹角(方位角) ϕ 满足 $\tan\phi=E_y/E_x=\pm E_{ym}/E_{xm}$ (常数)，如图 3.1 所示。当 $\Delta\varphi=0$ 时，偏振面在第 1、第 3 象限($\phi>0$)；当 $\Delta\varphi=\pi$ 时，偏振面在第 2、第 4 象限($\phi<0$)。

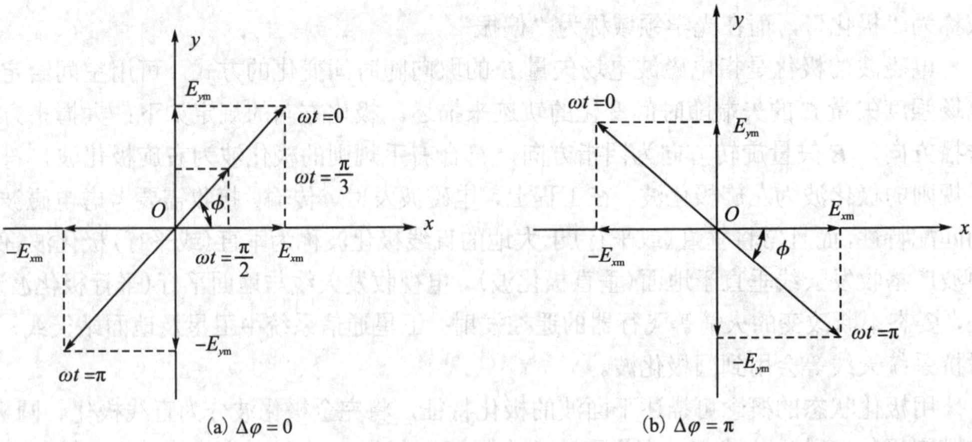

(a) $\Delta\varphi=0$ (b) $\Delta\varphi=\pi$

图 3.1 直线极化波

(2) 当 $\Delta\varphi=\varphi_y-\varphi_x=\pm\pi/2$ 且 $E_{xm}=E_{ym}$ 时，分别对应于左旋圆极化(left-hand circular polarization，LCP)波或右旋圆极化(right-hand circular polarization，RCP)波。

当 $E_{xm}=E_{ym}=E_m$，且 $\Delta\varphi=\pm\pi/2$ 时，电场矢量的 E_x 和 E_y 分量可以表示为

$$\begin{cases}E_x=E_m\cos(\omega t-kz+\varphi_x)\\E_y=E_m\cos(\omega t-kz+\varphi_x\pm\pi/2)=\mp E_m\sin(\omega t-kz+\varphi_x)\end{cases}\tag{3.22}$$

电场 $\boldsymbol{E}$ 的矢端轨迹始终在圆方程 $E_x^2+E_y^2=E_m^2$ 上，称为圆极化态，$\boldsymbol{E}$ 矢量与 x 轴的夹角 α 满足 $\tan\alpha=E_y/E_x=\mp\tan(\omega t-kz+\varphi_x)$，即 $\alpha=\mp(\omega t-kz+\varphi_x)$，表明当 $\Delta\varphi=\pm\pi/2$ 时，$\boldsymbol{E}$ 矢量分别以角速度 ω 顺时针和逆时针旋转，对应于左旋圆极化波、右旋圆极化波，如图 3.2 所示。注意大拇指指向+z 方向，xOy 平面内逆时针旋转时角度 α 为正。

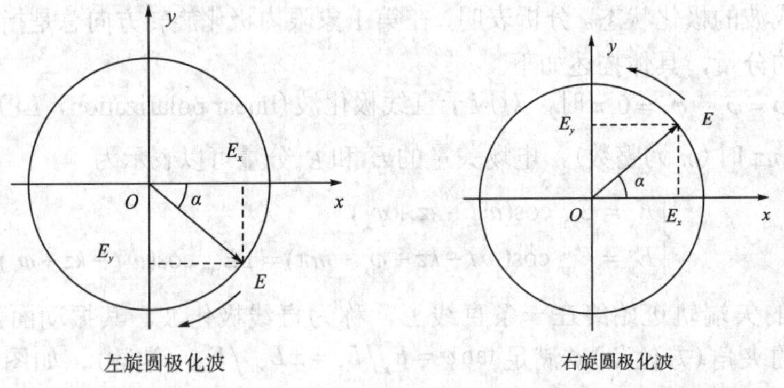

左旋圆极化波 右旋圆极化波

(a) $\Delta\varphi=\pi/2$，$E_{xm}=E_{ym}$ (b) $\Delta\varphi=-\pi/2$，$E_{xm}=E_{ym}$

图 3.2 圆极化波

光波作为一种高频电磁波，其电场强度矢量在垂直于光波传播方向的平面内极化的状态，称为光的偏振态(state of polarization，SOP)。光波的左旋、右旋圆偏振态可由光子的自旋特性加以解释。一个线偏振波还可以分解为两个旋向相反的等幅圆偏振波，常用于解

释法拉第磁光效应中偏振面的旋转现象。

(3) 其他情况下，当 $0<\Delta\varphi<\pi$ 时，电场 $\boldsymbol{E}$ 矢端顺时针旋转，对应于左旋椭圆极化波 (left-hand elliptical plolarization，LEP)；当 $-\pi<\Delta\varphi<0$ 时，电场 $\boldsymbol{E}$ 矢端逆时针旋转，对应于右旋椭圆极化波 (right-hand elliptical polarization，REP)。

在一般情形下，电场 $\boldsymbol{E}$ 的矢端轨迹可通过消去两个偏振分量中的 $(\omega t-kz)$ 得到椭圆方程：

$$\frac{E_x^2}{E_{xm}^2}+\frac{E_y^2}{E_{ym}^2}-\frac{2E_xE_y}{E_{xm}E_{ym}}\cos\Delta\varphi=\sin^2\Delta\varphi \tag{3.23}$$

椭圆的几何外形及其空间取向可用椭圆短轴长度 $b=\min\left(\sqrt{E_x^2+E_y^2}\right)$、长轴长度 $a=\max\left(\sqrt{E_x^2+E_y^2}\right)$ 的比值 b/a，以及长轴与 x 轴夹角 (方位角) ϕ 两个参量描述，极化旋转方向可由 $\Delta\varphi$ 确定，如图 3.3 所示。

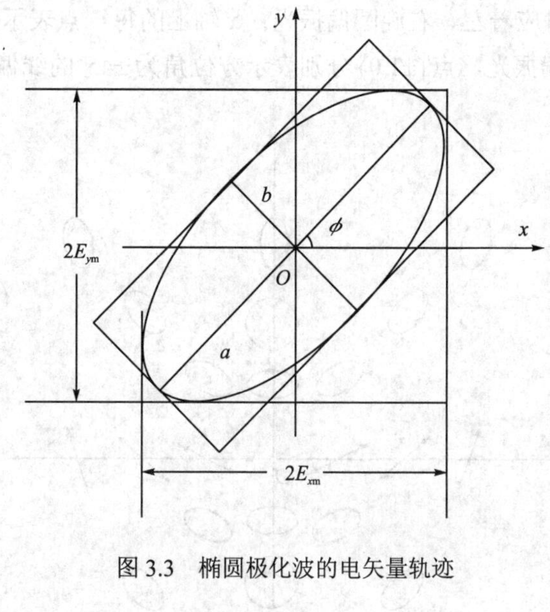

图 3.3　椭圆极化波的电矢量轨迹

椭圆方位角 ϕ $(-\pi/2<\phi\leqslant\pi/2)$ 满足：

$$\tan(2\phi)=\frac{2E_{xm}E_{ym}}{E_{xm}^2-E_{ym}^2}\cos\Delta\varphi=\tan(2\psi)\cos\Delta\varphi \tag{3.24}$$

式中，$\tan\psi=E_{ym}/E_{xm}$。定义椭圆率 η_e 和椭圆率角 θ $(-\pi/4\leqslant\theta\leqslant\pi/4)$ 为

$$\eta_e=\tan\theta=\pm\frac{b}{a} \tag{3.25}$$

式中，"±"表示极化方向逆时针和顺时针旋转(与 $\Delta\varphi$ 的符号相反)，分别对应于右旋和左旋椭圆极化波。椭圆率角 θ 满足 $\sin(2\theta)=-\sin(2\psi)\sin\Delta\varphi$，根据椭圆率(角)的正负就可以判断极化的旋转方向(与正负角度的定义一致)。

3.5.2 光偏振态的琼斯矢量表示

光的偏振特性可用解析几何、复振幅比、琼斯矢量、斯托克斯参量(邦加球)等诸多方法加以分析。由前面的分析可知，光的偏振态与两个横向电场强度分量的复振幅比χ具有一一对应关系，其中复振幅比χ为

$$\chi = \frac{E_{ym}e^{j\varphi_y}}{E_{xm}e^{j\varphi_x}} = e^{j\Delta\varphi}\tan\psi \tag{3.26}$$

椭圆偏振态的方位角ϕ和椭圆率角θ也可由复振幅比χ确定，即

$$\tan 2\phi = \frac{2\operatorname{Re}[\chi]}{1-|\chi|^2}, \qquad \sin 2\theta = -\frac{2\operatorname{Im}[\chi]}{1+|\chi|^2} \tag{3.27}$$

复振幅比χ包含了电场强度矢量的振幅和相位全部信息，可用复平面上的点表示光的偏振态，如图 3.4 所示。由图 3.4 可知，左旋和右旋椭圆偏振态分别处于复平面的上、下部分，坐标点(0,±1)对应着左、右旋圆偏振光；x轴上的每一点表示不同方位角的线偏振光，原点对应着x线偏振光，点(±1,0)分别表示方位角为±45°的线偏振光。

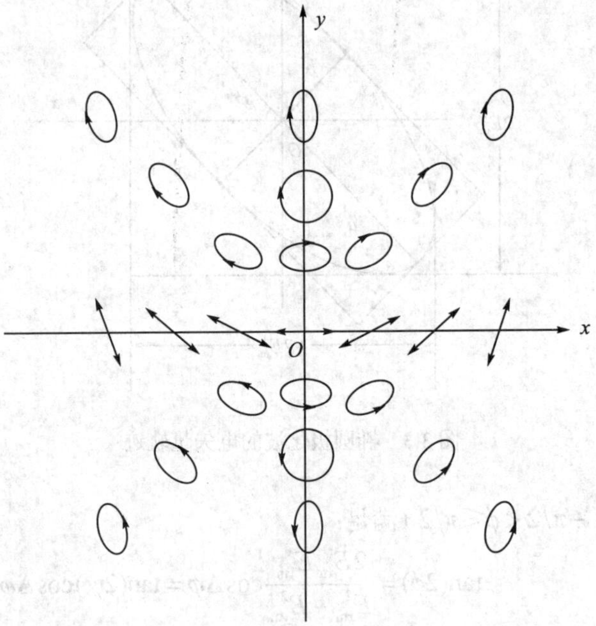

图 3.4 复振幅比χ表示的偏振态

电场强度的复振幅矢量也可以用一个列矢量表示，称为琼斯矢量，即

$$\boldsymbol{J} = \begin{bmatrix} E_{ym}e^{j\varphi_y} \\ E_{xm}e^{j\varphi_x} \end{bmatrix} \tag{3.28}$$

用归一化琼斯矢量表示更加方便，即满足$\boldsymbol{J}^* \cdot \boldsymbol{J} = 1$，式中$\boldsymbol{J}^*$表示$\boldsymbol{J}$的转置共轭。此时，椭

圆偏振态的琼斯矢量可以表示为

$$\boldsymbol{J}(\psi,\Delta\varphi)=\begin{bmatrix}\cos\psi\\ \mathrm{e}^{\mathrm{j}\Delta\varphi}\sin\psi\end{bmatrix} \tag{3.29}$$

显然，琼斯矢量同样包含了电场强度矢量的振幅和相位全部信息，所表示的光偏振态与复振幅比 $\chi=\mathrm{e}^{j\Delta\varphi}\tan\psi$ 表示的偏振态一致。琼斯矢量方法特别适用于任意偏振的单色平面波通过双折射元件和偏振片的传播问题。

任何一对正交的琼斯矢量都可以作为琼斯矢量的基矢，也就是说，任何偏振态都可以表示为两个正交偏振态的叠加。例如，水平和垂直线偏振光 $\hat{\boldsymbol{x}}$ 和 $\hat{\boldsymbol{y}}$，左、右圆偏振光 $\hat{\boldsymbol{L}}$ 和 $\hat{\boldsymbol{R}}$ 可分别表示为

$$\hat{\boldsymbol{x}}=\begin{bmatrix}1\\0\end{bmatrix}=\frac{1}{\sqrt{2}}(\hat{\boldsymbol{R}}+\hat{\boldsymbol{L}}),\qquad \hat{\boldsymbol{y}}=\begin{bmatrix}0\\1\end{bmatrix}=\frac{\mathrm{j}}{\sqrt{2}}(\hat{\boldsymbol{R}}-\hat{\boldsymbol{L}}) \tag{3.30a}$$

$$\hat{\boldsymbol{L}}=\frac{1}{\sqrt{2}}\begin{bmatrix}1\\ \mathrm{j}\end{bmatrix}=\frac{1}{\sqrt{2}}(\hat{\boldsymbol{x}}+\mathrm{j}\hat{\boldsymbol{y}}),\qquad \hat{\boldsymbol{R}}=\frac{1}{\sqrt{2}}\begin{bmatrix}1\\ -\mathrm{j}\end{bmatrix}=\frac{1}{\sqrt{2}}(\hat{\boldsymbol{x}}-\mathrm{j}\hat{\boldsymbol{y}}) \tag{3.30b}$$

显然，$\hat{\boldsymbol{x}}^{*}\cdot\hat{\boldsymbol{y}}=0,\ \hat{\boldsymbol{L}}^{*}\cdot\hat{\boldsymbol{R}}=0$。

3.5.3　斯托克斯参量与邦加球

前面几种分析光偏振态的方法只适用于描述单色平面波的完全偏振情形，若要同时能够描述准单色的平面波和非完全偏振光波的偏振特性，则可采用斯托克斯参量法或邦加球表示。光源的偏振态会在 10ns 的时间内改变，当偏振态的变化速度超过观察速度，即探测器的时间常数 $\tau_D \gg 1/\Delta\omega$ 时，$\Delta\omega$ 为窄带光源的频带，所显示的是偏振态的平均存在情况。在 τ_D 内经时间平均的斯托克斯参量定义为

$$\begin{cases}S_0=\left\langle E_{xm}^2+E_{ym}^2\right\rangle\\ S_1=\left\langle E_{xm}^2-E_{ym}^2\right\rangle\\ S_2=\left\langle 2E_{xm}E_{ym}\cos\Delta\varphi\right\rangle\\ S_3=\left\langle 2E_{xm}E_{ym}\sin\Delta\varphi\right\rangle\end{cases} \tag{3.31}$$

斯托克斯参量具有功率的量纲，它们满足 $S_1^2+S_2^2+S_3^2\leqslant S_0^2$，其中等号对应于完全偏振波。因此，可定义偏振度(degree of polarization，DOP)为

$$\mathrm{DOP}=\frac{\sqrt{S_1^2+S_2^2+S_3^2}}{S_0}\times 100\% \tag{3.32}$$

通常，将斯托克斯参量 (S_1,S_2,S_3) 相对于 S_0 进行归一化(即 $S_0=1$)，用相应的小写字母表示。因此，可用坐标点或斯托克斯矢量 $\boldsymbol{s}=(s_1,s_2,s_3)$ 表示光的偏振态，它被限制在单位球表面上(完全偏振波)或球体内(部分偏振波)，这样的球体又称为邦加球，如图 3.5 所示。邦加球特别适合描述光纤中光偏振态的演化。

对于复振幅比 $\chi=\mathrm{e}^{\mathrm{j}\Delta\varphi}\tan\psi$ 所表示的偏振态，相应的斯托克斯参量为

$$s_1 = \cos(2\psi), \qquad s_2 = \sin(2\psi)\cos\Delta\varphi, \qquad s_3 = \sin(2\psi)\sin\Delta\varphi \tag{3.33}$$

显然，$s_1^2 + s_2^2 + s_3^2 = 1$（完全偏振波）。斯托克斯参量与椭圆偏振态方位角$\phi$和椭圆率角$\theta$的关系为

$$\tan(2\phi) = s_2/s_1, \quad \sin(2\theta) = -s_3 \tag{3.34}$$

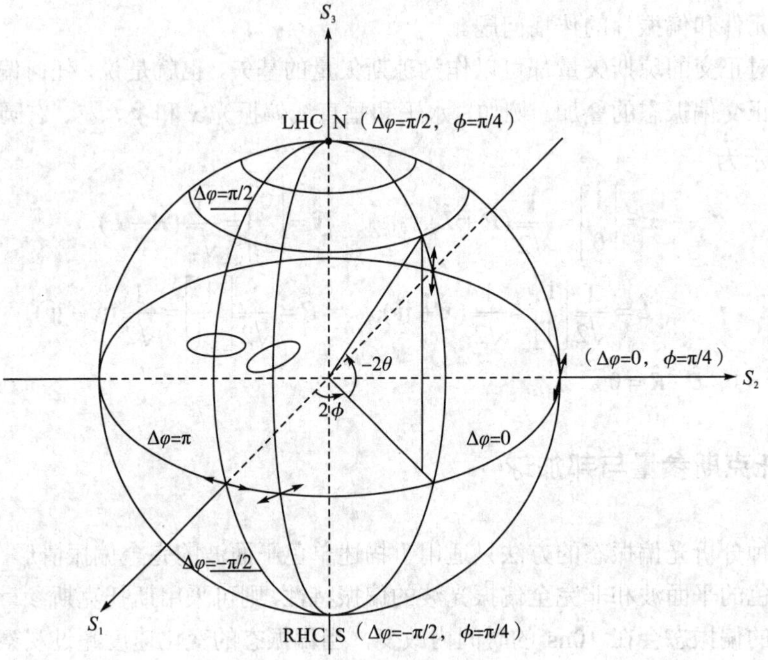

图 3.5　偏振态的邦加球表示

在邦加球上，同一条子午线或称经线（连接南北极的半圆）上的点有相同的方位角，同一纬线上的点有相同的椭圆率角，邦加球的赤道对应不同振动方向的线偏振光，北半球和南半球上的点分别对应于左旋椭圆偏振光和右旋椭圆偏振光。

可以证明，任意两个偏振态a和b的斯托克斯矢量与琼斯矢量之间满足关系：

$$\left|\boldsymbol{J}_a^* \cdot \boldsymbol{J}_b\right|^2 = \frac{1}{2}(1 + \boldsymbol{s}_a \cdot \boldsymbol{s}_b) \tag{3.35}$$

可见，邦加球上关于球心对称的两个偏振态$\boldsymbol{s}$和$\boldsymbol{s}' = -\boldsymbol{s}$相互正交，即$\boldsymbol{s} \cdot \boldsymbol{s}' = -1$。例如，$(s_1 = \pm 1, 0, 0)$分别表示水平和垂直极化的线偏振态，$(0, s_2 = \pm 1, 0)$分别表示振动方向为$\pm 45^\circ$的线偏振态，$(0, 0, s_3 = \pm 1)$分别表示左旋圆偏振态（left-hand circular，LHC）和右旋（right-hand circular，RHC）圆偏振态。

3.6　典型例题分析

例 3.1　将下列矢量场的复数形式和瞬时值形式进行转换。

(1) $\boldsymbol{E}(z,t)=\boldsymbol{e}_x E_{\mathrm{xm}}\cos(\omega t-kz+\phi_x)+\boldsymbol{e}_y E_{\mathrm{ym}}\sin(\omega t-kz+\phi_y)$；

(2) $\boldsymbol{E}(z)=\boldsymbol{e}_x \mathrm{j}E_{\mathrm{xm}}\cos(k_z z)$，其中 E_{xm} 和 k_z 为实常数。

解　(1) $\boldsymbol{E}(z,t)$ 为瞬时值形式，转换过程如下：

$$\begin{aligned}\boldsymbol{E}(z,t)&=\boldsymbol{e}_x E_{\mathrm{xm}}\cos(\omega t-kz+\phi_x)+\boldsymbol{e}_y E_{\mathrm{ym}}\sin(\omega t-kz+\phi_y)\\&=\mathrm{Re}\left[\boldsymbol{e}_x E_{\mathrm{xm}}\mathrm{e}^{\mathrm{j}(\omega t-kz+\phi_x)}+\boldsymbol{e}_y E_{\mathrm{ym}}\mathrm{e}^{\mathrm{j}(\omega t-kz+\phi_y-\pi/2)}\right]\\&=\mathrm{Re}\left[(\boldsymbol{e}_x E_{\mathrm{xm}}\mathrm{e}^{\mathrm{j}\phi_x}-\boldsymbol{e}_y \mathrm{j}E_{\mathrm{ym}}\mathrm{e}^{\mathrm{j}\phi_y})\mathrm{e}^{-\mathrm{j}kz}\mathrm{e}^{\mathrm{j}\omega t}\right]\end{aligned}$$

因此，复数形式为 $\boldsymbol{E}(z)=(\boldsymbol{e}_x E_{\mathrm{xm}}\mathrm{e}^{\mathrm{j}\phi_x}-\boldsymbol{e}_y \mathrm{j}E_{\mathrm{ym}}\mathrm{e}^{\mathrm{j}\phi_y})\mathrm{e}^{-\mathrm{j}kz}$

(2) $\boldsymbol{E}(z)$ 为复数形式，转换成瞬时值形式为

$$\begin{aligned}\boldsymbol{E}(z,t)&=\mathrm{Re}\left[\boldsymbol{E}(z)\mathrm{e}^{\mathrm{j}\omega t}\right]=\boldsymbol{e}_x \mathrm{j}E_{\mathrm{xm}}\cos(k_z z)\mathrm{j}\sin(\omega t)\\&=-\boldsymbol{e}_x E_{xm}\cos(k_z z)\sin(\omega t)\end{aligned}$$

例 3.2　判断均匀平面波的极化形式。

(1) $\boldsymbol{E}(z,t)=\boldsymbol{e}_x E_{\mathrm{m}}\sin(\omega t-kz-\pi/4)+\boldsymbol{e}_y E_{\mathrm{m}}\cos(\omega t-kz+\pi/4)$；

(2) $\boldsymbol{E}(z)=\boldsymbol{e}_x \mathrm{j}E_{\mathrm{m}}\,\mathrm{e}^{\mathrm{j}kz}-\boldsymbol{e}_y E_{\mathrm{m}}\,\mathrm{e}^{\mathrm{j}kz}$。

解　平面电磁波的极化形式可根据初位相、传播方向和振幅大小三个参量判断。

(1) $\boldsymbol{E}(z,t)$ 为电场强度的瞬时（实数）表示，可写成式(3.19)的标准形式：

$$\begin{aligned}\boldsymbol{E}(z,t)&=\boldsymbol{e}_x E_{\mathrm{m}}\sin(\omega t-kz-\pi/4)+\boldsymbol{e}_y E_{\mathrm{m}}\cos(\omega t-kz+\pi/4)\\&=\boldsymbol{e}_x E_{\mathrm{m}}\cos(\omega t-kz-3\pi/4)+\boldsymbol{e}_y E_{\mathrm{m}}\cos(\omega t-kz+\pi/4)\end{aligned}$$

则有 $\Delta\varphi=\varphi_y-\varphi_x=\pi$，为直线极化波，振动面与 x 轴的夹角（方位角）ϕ 满足 $\tan\phi=E_y/E_x=-1$，即 $\phi=-\pi/4$。

(2) $\boldsymbol{E}(z)$ 为电场强度的复振幅表示，写成式(3.20)的标准形式：

$$\boldsymbol{E}(z)=\boldsymbol{e}_x \mathrm{j}E_{\mathrm{m}}\,\mathrm{e}^{\mathrm{j}kz}-\boldsymbol{e}_y E_{\mathrm{m}}\,\mathrm{e}^{\mathrm{j}kz}=(\boldsymbol{e}_x E_{\mathrm{m}}\,\mathrm{e}^{\mathrm{j}\pi/2}+\boldsymbol{e}_y E_{\mathrm{m}}\,\mathrm{e}^{\mathrm{j}\pi})\mathrm{e}^{\mathrm{j}kz}$$

则有 $\Delta\varphi=\varphi_y-\varphi_x=\pi/2$，旋转方向偏向初位相滞后的 x 分量，传播方向沿 $-z$ 方向（拇指方向），应为右旋极化波；进一步地，振幅 $E_{\mathrm{xm}}=E_{\mathrm{ym}}=E_{\mathrm{m}}$，故为右旋圆极化波。

第 4 章　电磁波的损耗和色散

电磁波的损耗和色散现象与媒质特性密切相关。一方面，电磁波传播过程中，媒质不断被电极化、磁化或导电发热等，电磁波能量不断减小，出现损耗现象；另一方面，时变场中的 ε、μ、σ 也随频率变化，导致不同频率的电磁波分量有不同的传播常数，称为色散现象。当 ε 或 μ 的虚部为负时，表示电磁波存在损耗，因此欧姆损耗可用等效复电容率表示($\varepsilon_c = \varepsilon - \mathrm{j}\sigma / \omega$)，并可进一步简化导电媒质中电磁波的波动方程。对于良导体媒质，电磁波的衰减常数随电磁波频率、媒质磁导率和导电率的增加而增大($\alpha \approx \beta \approx \sqrt{\pi f \mu \sigma}$)，趋肤深度(或穿透深度)约为波长的 1/6，电场局限于导体表面附近区域。

在光纤通信中，光纤的损耗和色散会影响传输距离和数据速率。光纤损耗主要包括吸收损耗和散射损耗两部分，此外还有连接损耗、弯曲损耗和微弯损耗等。光纤的色散是指光纤中不同波长或模式的导波光传输时间延迟有差异的物理效应，单模光纤有材料色散、波导色散和偏振模色散，其中材料色散和波导色散统称为色度色散；除此之外，多模光纤中还存在模间色散。

4.1　电磁波的损耗特性

4.1.1　媒质损耗的分类

当场矢量用复数表示时，根据本构关系，时变场中的 ε、μ、σ 也随频率变化，且一般为复数。当 ε 或 μ 的虚部为负时，媒质中传播的电磁波幅度逐渐衰减，衰减大小与媒质的损耗特性和电磁场频率有关。当电介质受到极化时，存在电极化损耗，可用复电容率(复介电系数) $\varepsilon(\omega) = \varepsilon'(\omega) - \mathrm{j}\varepsilon''(\omega)$ 表示。当磁介质受到磁化时，存在磁化损耗，可用复磁导率 $\mu(\omega) = \mu'(\omega) - \mathrm{j}\mu''(\omega)$ 表示。当导电媒质的电导率有限时，存在欧姆损耗，$\sigma(\omega)$ 的影响可用等效复电容率 $\varepsilon_c = \varepsilon - \mathrm{j}\sigma / \omega$ 表示。工程上，上述三种媒质损耗特性可用相应的损耗角正切值表征，损耗角越大，能量损耗越大。具体讲，电介质的损耗角正切值为 $\tan\delta_e = \varepsilon''/\varepsilon'$，磁介质的损耗角正切值为 $\tan\delta_m = \mu''/\mu'$，导电媒质的损耗角正切值为 $\tan\delta_c = \sigma/(\omega\varepsilon)$。

根据时谐场满足的麦克斯韦方程：

$$\nabla \times \boldsymbol{H} = \boldsymbol{J} + \mathrm{j}\omega\boldsymbol{D} = \sigma\boldsymbol{E} + \mathrm{j}\omega\varepsilon\boldsymbol{E} = \mathrm{j}\omega\varepsilon_c\boldsymbol{E} \tag{4.1}$$

式中，$\varepsilon_c = \varepsilon - \mathrm{j}\sigma/\omega$，导电媒质的欧姆损耗以“负”虚部形式(与频率有关)反映到本构关系 $\boldsymbol{D} = \varepsilon_c\boldsymbol{E}$ 中。可见，对于同一导电媒质，在低频时可能是良导体(相当于增大导电率)，高频时可能变为绝缘体(相当于减小导电率，导体有效截面变小)，体现了导体传输线的高频截止特性。由式(4.1)可知，在形式上，导电媒质中电磁波的传播特性可按无源空间中的麦克斯韦方程处理，只需要将原来的电容率用等效复电容率代替。

4.1.2　平均坡印亭矢量定理

当电磁场量用复数表示时，损耗媒质中的平均电场或磁场能量密度分别为

$$w_{\mathrm{eav}}=\frac{1}{T}\int_0^T w_{\mathrm{e}}\mathrm{d}t=\frac{1}{4}\mathrm{Re}\left[\varepsilon_c\boldsymbol{E}\cdot\boldsymbol{E}^*\right]=\frac{1}{4}\varepsilon'|\boldsymbol{E}|^2 \tag{4.2}$$

$$w_{\mathrm{mav}}=\frac{1}{T}\int_0^T w_{\mathrm{m}}\mathrm{d}t=\frac{1}{4}\mathrm{Re}\left[\mu_c\boldsymbol{H}\cdot\boldsymbol{H}^*\right]=\frac{1}{4}\mu'|\boldsymbol{H}|^2 \tag{4.3}$$

极化损耗、磁化损耗、焦耳热损耗的功率密度平均值分别为

$$p_{\mathrm{eav}}=\frac{1}{2}\omega\varepsilon''|\boldsymbol{E}|^2,\quad p_{\mathrm{mav}}=\frac{1}{2}\omega\mu''|\boldsymbol{H}|^2,\quad p_{\mathrm{jav}}=\frac{1}{2}\sigma|\boldsymbol{E}|^2 \tag{4.4}$$

于是有

$$\begin{aligned}&-\oint_S\frac{1}{2}\left(\boldsymbol{E}\times\boldsymbol{H}^*\right)\cdot\mathrm{d}\boldsymbol{S}\\&=-\frac{1}{2}\int_V\nabla\cdot\left(\boldsymbol{E}\times\boldsymbol{H}^*\right)\mathrm{d}V\\&=\int_V(p_{\mathrm{eav}}+p_{\mathrm{mav}}+p_{\mathrm{jav}})\mathrm{d}V-\mathrm{j}2\omega\int_V(w_{\mathrm{eav}}-w_{\mathrm{mav}})\,\mathrm{d}V\end{aligned} \tag{4.5}$$

对式(4.5)取实部，可得平均坡印亭矢量定理：

$$-\oint_S\boldsymbol{S}_{\mathrm{av}}\cdot\mathrm{d}\boldsymbol{S}=\int_V(p_{\mathrm{eav}}+p_{\mathrm{mav}}+p_{\mathrm{jav}})\,\mathrm{d}V\Leftrightarrow p_{\mathrm{av}}+\nabla\cdot\boldsymbol{S}_{\mathrm{av}}=0 \tag{4.6}$$

式中，$p_{\mathrm{av}}=p_{\mathrm{eav}}+p_{\mathrm{mav}}+p_{\mathrm{jav}}$ 为总损耗功率密度，平均坡印亭矢量 $\boldsymbol{S}_{\mathrm{av}}=\frac{1}{T}\int_0^T\boldsymbol{S}(t)\mathrm{d}t$ $=\frac{1}{2}\mathrm{Re}\left[\boldsymbol{E}\times\boldsymbol{H}^*\right]=\mathrm{Re}\left[\mathcal{S}_{\mathrm{av}}\right]$，其中复矢量 $\mathcal{S}_{\mathrm{av}}=\frac{1}{2}\left[\boldsymbol{E}\times\boldsymbol{H}^*\right]$。平均坡印亭矢量定理的物理意义是，流入体积 V 内的平均功率(即平均坡印亭矢量的闭面通量)等于总的媒质平均损耗功率。

对式(4.5)取虚部，可得 $\oint_S\mathrm{Im}\left[\mathcal{S}_{\mathrm{av}}\right]\cdot\mathrm{d}\boldsymbol{S}=2\omega\int_V(w_{\mathrm{eav}}-w_{\mathrm{mav}})\,\mathrm{d}V$，$\mathrm{Im}\left[\mathcal{S}\right]$ 的闭面通量表示电场与磁场的平均功率之差，注意能量与功率之间的 2ω 倍数关系。

4.1.3　导电媒质中的均匀平面波

以导电媒质中的均匀平面波为例，分析电磁波在损耗媒质中的传播特性。在导电媒质中($\sigma\neq0$)，存在传导电流 $\boldsymbol{J}=\sigma\boldsymbol{E}$，导致欧姆损耗，但不存在自由电荷密度($\rho=0$)。此时，亥姆霍兹方程可表示为

$$\left(\nabla^2+k_c^2\right)\begin{bmatrix}\boldsymbol{E}\\\boldsymbol{H}\end{bmatrix}=0,\ \text{或}\ \left(\nabla^2-\gamma^2\right)\begin{bmatrix}\boldsymbol{E}\\\boldsymbol{H}\end{bmatrix}=0 \tag{4.7}$$

式中，$\gamma = \mathrm{j}k_c = \mathrm{j}\omega\sqrt{\mu\varepsilon_c} = \alpha + \mathrm{j}\beta$，$k_c = \omega\sqrt{\mu\varepsilon_c} = \beta - \mathrm{j}\alpha$。对于沿+z 方向传播的 TEM 波，亥姆霍兹方程式(4.7)的解为

$$\begin{cases} \boldsymbol{E}(z) = \boldsymbol{E}_\mathrm{m}\mathrm{e}^{-\mathrm{j}k_c z} = \boldsymbol{E}_\mathrm{m}\mathrm{e}^{-\gamma z} = \boldsymbol{E}_\mathrm{m}\mathrm{e}^{-\alpha z}\mathrm{e}^{-\mathrm{j}\beta z} \\ \boldsymbol{H}(z) = \dfrac{1}{\eta_c}\boldsymbol{e}_z \times \boldsymbol{E} = \dfrac{\mathrm{e}^{-\mathrm{j}\phi}}{|\eta_c|}\boldsymbol{e}_z \times \boldsymbol{E} \end{cases} \tag{4.8}$$

式中，$\boldsymbol{E}_\mathrm{m}$ 为常矢量，$\eta_c = \sqrt{\mu/\varepsilon_c} = |\eta_c|\mathrm{e}^{\mathrm{j}\phi}$ 为复阻抗。显然，在导电媒质中，磁场相位滞后于电场相位 ϕ 角，其中 $\phi = \arg[\eta_c] = \delta_c/2$，$\delta_c$ 为导电媒质的损耗角，有 $\tan\delta_c = \sigma/(\omega\varepsilon)$，$\sec\delta_c = 1/\cos\delta_c$，$\sec^2\delta_c = 1 + \tan^2\delta_c$。由式(4.8)可知，$\alpha$ 和 β 的物理意义分别为电场的衰减常数和相位传播常数。

导电媒质中均匀平面波的基本参数主要包括：

(1) 相位传播常数 $\beta = \omega\sqrt{\dfrac{\mu\varepsilon}{2}\left[\sqrt{1+\left(\dfrac{\sigma}{\omega\varepsilon}\right)^2}+1\right]} = k\sqrt{\dfrac{\sec\delta_c + 1}{2}}$。

(2) 衰减常数 $\alpha = \omega\sqrt{\dfrac{\mu\varepsilon}{2}\left[\sqrt{1+\left(\dfrac{\sigma}{\omega\varepsilon}\right)^2}-1\right]} = k\sqrt{\dfrac{\sec\delta_c - 1}{2}}$。

(3) 相位传播速度 $\upsilon_p = \dfrac{\omega}{\beta} = \dfrac{\omega}{k}\sqrt{\dfrac{2}{\sec\delta_c + 1}}$。

(4) 复阻抗 $\eta_c = \sqrt{\dfrac{\mu}{\varepsilon_c}} = \dfrac{\eta}{\sqrt{1-\mathrm{j}\sigma/\omega\varepsilon}} = \dfrac{\eta}{\sqrt{1-\mathrm{j}\tan\delta_c}} = \dfrac{\eta}{\sqrt{\sec\delta_c}}\mathrm{e}^{\mathrm{j}\delta_c/2} = |\eta_c|\mathrm{e}^{\mathrm{j}\phi}$。

(5) 平均电能密度和平均磁能密度分别为

$$w_\mathrm{eav} = \frac{1}{4}\mathrm{Re}[\varepsilon_c \boldsymbol{E}\cdot\boldsymbol{E}^*] = \frac{1}{4}\varepsilon E_\mathrm{m}^2\mathrm{e}^{-2\alpha z}$$

$$w_\mathrm{mav} = \frac{1}{4}\mathrm{Re}[\mu\boldsymbol{H}\cdot\boldsymbol{H}^*] = \frac{1}{4}\varepsilon E_\mathrm{m}^2\mathrm{e}^{-2\alpha z}\sec\delta_c \geqslant w_\mathrm{eav}$$

显然，只有当 $\sigma = 0$ 时，才有 $w_\mathrm{eav} = w_\mathrm{mav}$。

(6) 平均坡印亭矢量

$$\boldsymbol{S}_\mathrm{av} = \frac{1}{2}\mathrm{Re}[\boldsymbol{E}\times\boldsymbol{H}^*] = \boldsymbol{e}_z\frac{1}{2}\mathrm{Re}\left[|\boldsymbol{E}(z)|^2/\eta_c\right] = \boldsymbol{e}_z\frac{1}{2|\eta_c|}E_\mathrm{m}^2\mathrm{e}^{-2\alpha z}\cos\phi$$

对于弱导电媒质，$\tan\delta_c = \dfrac{\sigma}{\omega\varepsilon} << 1$，$\eta_c \approx \eta(1+\mathrm{j}\dfrac{\tan\delta_c}{2})$，则有 $\beta \approx \omega\sqrt{\mu\varepsilon} = k$，$\alpha \approx \beta\dfrac{\tan\delta_c}{2} = \dfrac{\eta\sigma}{2}$。

对于良导体媒质，$\tan\delta_c = \dfrac{\sigma}{\omega\varepsilon} >> 1$，$\eta_c \approx \dfrac{\eta\mathrm{e}^{\mathrm{j}\delta_c/2}}{\sqrt{\tan\delta_c}} = \eta\left(\dfrac{\sigma}{\omega\varepsilon}\right)^{-1/2}\mathrm{e}^{\mathrm{j}\pi/4} = (1+\mathrm{j})\sqrt{\dfrac{\pi f\mu}{\sigma}}$，则有 $\alpha \approx \beta \approx k\sqrt{\dfrac{\tan\delta_c}{2}} = \sqrt{\pi f\mu\sigma}$，即电磁波衰减常数随电磁波频率、媒质磁导率和导电率的增加而增大。当衰减因子 $\mathrm{e}^{-\alpha z} = \mathrm{e}^{-1}$ 时，电磁波所传播的距离定义为趋肤深度(或穿透深度)，即

$$z_0 = 1/\alpha \approx \frac{1}{\sqrt{\pi f \mu\sigma}} \approx \frac{1}{\beta} = \frac{\lambda}{2\pi} \tag{4.9}$$

穿透深度约为良导体中电磁波波长 λ 的 1/6，电场局限于导体表面附近区域，称为趋肤效应。不同于恒定电流均匀分布于导体横截面的情况，高频时电流仅存在于导体表面的薄层内，如图 4.1 所示。

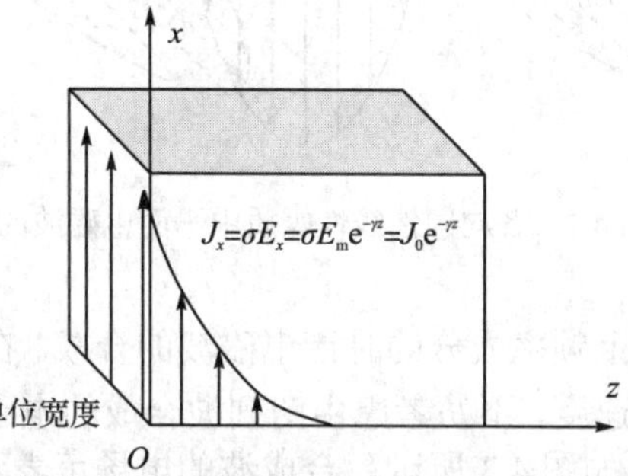

图 4.1　良导体的趋肤效应

导体内单位宽度的总电流(表面电流密度)为

$$J_S = \int_0^\infty J_x \mathrm{d}z = \int_0^\infty J_0 \mathrm{e}^{-\gamma z} \mathrm{d}z = \frac{J_0}{\gamma} \tag{4.10}$$

则导体表面的电场

$$E_0 = \frac{J_0}{\sigma} = \frac{J_S \gamma}{\sigma} = (1+\mathrm{j})\frac{J_S}{\sigma z_0} = J_S Z_S \tag{4.11}$$

式中，$\gamma \approx (1+\mathrm{j})\alpha$，表面阻抗 $Z_S = R_S + \mathrm{j}X_S = \eta_c$，$R_S = X_S = \alpha/\sigma$ 为表面电阻或电抗。于是，良导体中每单位宽度上的平均损耗功率为 $P_{\mathrm{av}} = \frac{1}{2}|J_S|^2 R_S$。

4.2　电磁波的色散特性

在无限大各向同性的线性媒质中，电磁波的等相位面是一个平面，因此称为平面波。对于沿+z 方向传播的平面波，电场和磁场矢量的振动方向相互垂直，如图 4.2 所示。正弦变化的单色平面波可以表示为

$$\begin{cases} \boldsymbol{E}(z,t) = \boldsymbol{e}_x E_0 \exp[\mathrm{j}(\omega t - \beta z)] \\ \boldsymbol{H}(z,t) = \boldsymbol{e}_y H_0 \exp[\mathrm{j}(\omega t - \beta z)] \end{cases} \tag{4.12}$$

式中，$\boldsymbol{e}_x E_0$ 和 $\boldsymbol{e}_y H_0$ 分别表示电场和磁场的振动方向和振幅信息；ω 和 β 分别为平面波的角频率和传播常数，$\beta = \omega\sqrt{\mu\varepsilon}$。对于横向尺寸有限的线性波导情形，需要同时考虑媒质材料和波导结构等因素的影响($\beta \neq \omega\sqrt{\mu\varepsilon}$)，相位传播常数可表示为 $\beta = n_{\mathrm{eff}} k_0$，其中 n_{eff} 和 k_0 分别为有效折射率和真空中波数。

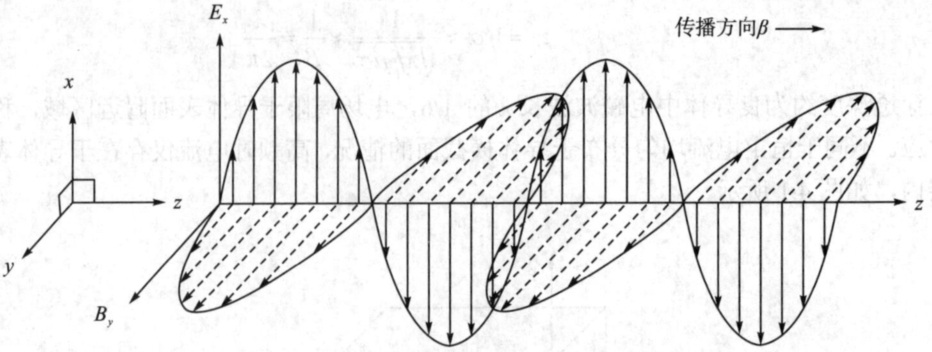

图 4.2 各向同性线性媒质中平面电磁波的传播

电磁脉冲可以看作多个频率成分的时谐电磁波的合成。在色散媒质中，不同频率的电磁波具有不同的相位传播速度。不妨考虑由两列波合成的电磁波，它们的频率和传播常数分别为$\omega \pm \delta\omega$和$\beta \pm \delta\beta$，如图 4.3 所示。合成波的电场可表示为

$$\begin{aligned} E_x(z,t) &= E_0\cos[(\omega-\delta\omega)t-(\beta-\delta\beta)z]+E_0\cos[(\omega+\delta\omega)t-(\beta+\delta\beta)z] \\ &= 2E_0\cos[(\delta\omega)t-(\delta\beta)z]\cos(\omega t-\beta z) \end{aligned} \tag{4.13}$$

显然，合成电场的包络以频率$\delta\omega$和传播常数$\delta\beta$余弦变化，将包络传播的速度称为群速，定义为$\upsilon_g = \mathrm{d}\omega/\mathrm{d}\beta$。

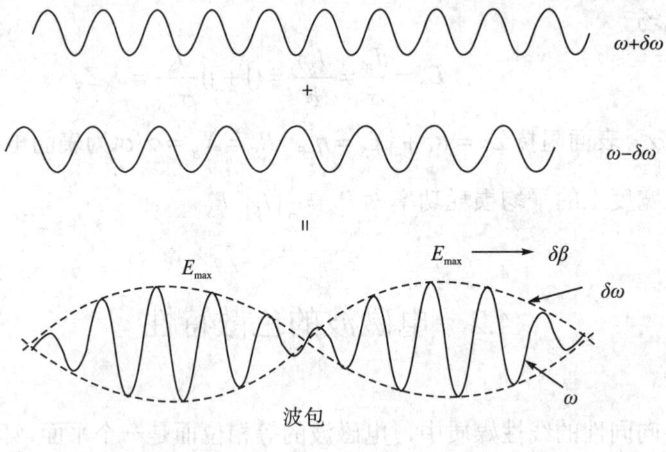

图 4.3 两列单色平面电磁波的合成

对于实际中的复杂情形，很少知道$\beta(\omega)$的准确函数形式，此时可在频率ω_0处展开为泰勒级数形式：

$$\begin{aligned} \beta(\omega) &= \beta(\omega_0)+\sum_{n=1}^{\infty}\frac{(\omega-\omega_0)^n}{n!}\beta^{(n)}(\omega_0) \\ &= \beta(\omega_0)+\beta^{(1)}(\omega-\omega_0)+\frac{1}{2!}\beta^{(2)}(\omega-\omega_0)^2+\frac{1}{3!}\beta^{(3)}(\omega-\omega_0)^3+\cdots \end{aligned} \tag{4.14}$$

式中，$\beta^{(n)}(\omega_0)=\left.\dfrac{\mathrm{d}^n\beta(\omega)}{\mathrm{d}\omega^n}\right|_{\omega=\omega_0}$ $(n=1,2,3,\cdots)$，其物理意义如下：① $\beta^{(1)}(\omega)=\dfrac{\mathrm{d}\beta}{\mathrm{d}\omega}=\dfrac{1}{\upsilon_g}=\dfrac{n_g}{c}$ 为群速的倒数，表示单位长度上电磁脉冲的传播时延，其中 υ_g 和 n_g 分别为群速和群折射率，c 为光速；② $\beta^{(2)}(\omega)$ 为群速色散(group velocity dispersion，GVD)参量，表示电磁波脉冲时延随频率的变化特性，即

$$\beta^{(2)}(\omega)=\frac{\mathrm{d}\beta^{(1)}}{\mathrm{d}\omega}=\frac{\mathrm{d}}{\mathrm{d}\omega}\left(\frac{1}{\upsilon_g}\right)=-\frac{1}{\upsilon_g^2}\frac{\mathrm{d}\upsilon_g}{\mathrm{d}\omega} \tag{4.15}$$

在群速色散介质中，不同波长的脉冲以不同的群速传播，导致脉冲的走离效应。它与色散系数 $D(\lambda)$ 的关系为

$$D(\lambda)=\frac{\mathrm{d}\beta^{(1)}}{\mathrm{d}\lambda}=-\frac{2\pi c}{\lambda^2}\beta^{(2)} \tag{4.16}$$

式中，λ 为真空中光波长。色散系数 $D(\lambda)$ 表示单位光谱线宽内传播单位长度的群时延差，单位为 ps/(nm·km)。

根据相速公式 $\upsilon_p=\omega/\beta$，可得群速与相速之间的关系为

$$\upsilon_g=\frac{\mathrm{d}\omega}{\mathrm{d}\beta}=\frac{\mathrm{d}\omega}{\dfrac{\upsilon_p\mathrm{d}\omega-\omega\mathrm{d}\upsilon_p}{\upsilon_p^2}}=\frac{\upsilon_p}{1-\dfrac{\omega}{\upsilon_p}\dfrac{\mathrm{d}\upsilon_p}{\mathrm{d}\omega}} \tag{4.17}$$

当 $\mathrm{d}\upsilon_p/\mathrm{d}\omega=0$ 时，如自由空间情形，相速不依赖于频率(无色散)，此时 $\upsilon_g=\upsilon_p$；当 $\mathrm{d}\upsilon_p/\mathrm{d}\omega<0$ 时，相速随着频率的增加而减小，即随着波长的增加而增大，称为正常色散，此时 $\upsilon_g<\upsilon_p$；当 $\mathrm{d}\upsilon_p/\mathrm{d}\omega>0$ 时，相速随着频率的增加而增大，即随着波长的增加而减小，称为反常色散，此时 $\upsilon_g>\upsilon_p$。

与相速色散类似，群速色散也可分为正常色散和反常色散。由式(4.15)可知，$\beta^{(2)}>0$ 对应于正常色散，表明电磁脉冲的高频分量比低频分量传播得慢(时延大)；$\beta^{(2)}<0$ 对应于反常色散，表明电磁脉冲的高频分量比低频分量传播得快(时延小)。在光纤通信领域，由于群速色散和非线性效应的平衡作用下可产生光孤子，因此，人们对反常色散进行了较多的关注。

4.3　光纤的损耗和色散

损耗和色散是光纤传输的两个最基本特性。光纤的损耗特性决定了光纤通信的三个通信窗口，很大程度上也影响着光纤传输系统的中继距离。光纤的色散影响着光纤的传输带宽，从而限制了系统的通信容量或数据速率。因此，光纤通信系统可分为损耗受限系统和色散受限系统。在长途光纤通信系统中，由于光纤本身存在损耗和色散，造成信号幅度衰减和波形失真，每隔一定距离(50~70 km)就要设置一个光中继器。传统的光中继器采用光-电-光的转换方式，即接收到的弱光信号经过光电(O/E)转换、3R(Re-amplifying，

Reshaping，Retiming）再生、开销处理、电光（E/O）转换后，恢复出之前的数字光信号。如今，EDFA 在一定程度上可以代替光-电-光中继器，但由于 EDFA 不具有整形和时钟恢复功能，在采用多个光放大器级联的长途光通信系统中，仍需要借助于光-电-光中继器来解决色散补偿和放大自发辐射噪声的积累问题。

4.3.1 光纤损耗谱曲线

光导波在光纤中传输时，其光功率会随着传输距离的增加逐渐减小，这种现象称为光纤的损耗。根据损耗机理的不同，光纤的损耗可分为两种：一是石英光纤的固有损耗，如石英材料的本征吸收和瑞利散射等，这些机理限制了光纤所能达到的最小损耗；二是由于材料和工艺所引起的非固有损耗，它可以通过提纯材料或改善工艺而减小甚至于消除，如杂质的吸收、波导的散射等。

从引起损耗的方式来看，光纤损耗主要包括吸收损耗和散射损耗两部分，此外还有连接损耗、弯曲损耗和微弯损耗等。对于石英光纤，光纤的吸收损耗由 SiO_2 材料的本征吸收和杂质吸收引起。本征吸收主要包括红外波段的分子振动吸收和紫外波段的电子跃迁吸收。杂质吸收是由光纤中含有的各种过渡金属离子和氢氧根（OH^-）离子造成的，它们在光场的激励下产生振动，吸收光能量。

散射损耗是指光纤中部分导波光受到散射作用而改变传输方向，致使到达接收端的光功率减小的现象。散射的损耗机理包括：①瑞利散射损耗，它由光纤材料折射率分布的随机不均匀性引起。瑞利散射损耗与波长的四次方成反比，即波长越短，损耗越大。②非线性散射损耗，它由强光场作用下诱发的受激拉曼散射和受激布里渊散射引起，使输入光信号的部分能量转移到新的频率成分上，从而形成损耗。③波导散射损耗，由光纤波导结构缺陷引起，与波长无关。光纤波导的结构缺陷主要由熔炼和拉丝工艺不完善造成，如光纤表面的随机畸变或粗糙、光纤中存在小气泡等。

连接损耗是由于光纤接续时端面不平整或光纤位置未对准等原因造成接头处出现的损耗，其大小与连接使用的工具和操作者技能有密切关系。弯曲损耗是由于光纤中部分传导模在弯曲部位成为辐射模而形成的损耗，它与弯曲半径成指数关系，弯曲半径越大弯曲损耗越小。微弯损耗是由于成缆时产生不均匀侧向压力，导致纤芯与包层的界面出现局部凹凸引起。

典型的单模光纤损耗谱曲线如图 4.4 所示，可以看出，瑞利散射损耗作为光纤的固有损耗之一，决定着光纤损耗的最低理论极限。由于瑞利散射反比于波长的四次方，因此，对于短波长的光，瑞利散射是主要的损耗。对长波长的光，红外吸收成为光纤损耗的主要因素。

光纤损耗使光场传输过程中幅度不断减小，从而限制系统的传输距离。习惯上，光纤的损耗系数 α_{dB}（单位为 dB/km）用单位光纤长度上光功率（dBm）损耗表示，即

$$\alpha_{dB}=\frac{10}{L}\lg\frac{P(0)}{P(L)}=\frac{P_{dBm}(0)-P_{dBm}(L)}{L} \tag{4.18}$$

式中，$P(0)$ 为输入光功率；$P(L)$ 为输出光功率；L 为光纤长度；P_{dBm} 是以 dBm 为单位的

光功率值，它定义为

$$P_{\text{dBm}} = 10\lg\frac{P}{1\text{m}W} \tag{4.19}$$

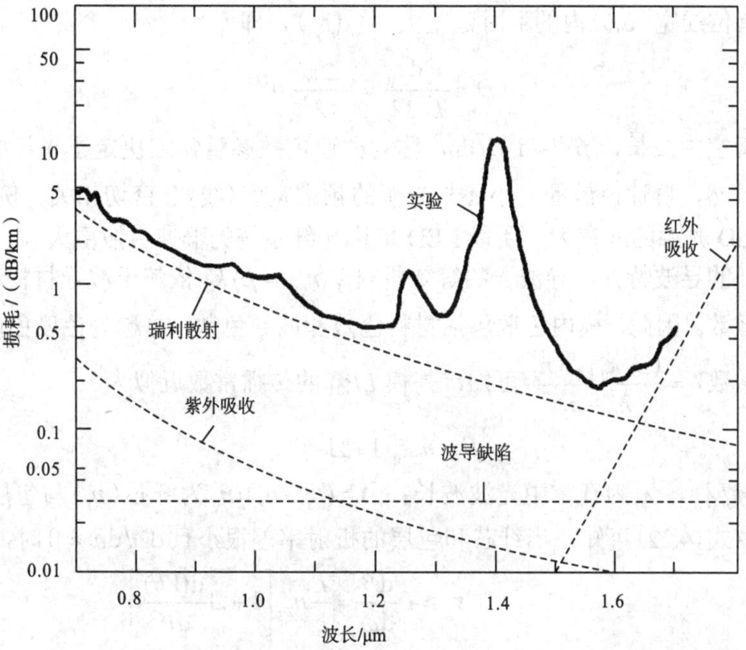

图 4.4　单模光纤的典型损耗谱曲线(纵轴为对数坐标刻度)

一般情况下，光纤中光导波的光功率 P 随距离 z 的变化可表示为

$$P(z) = P(0)\exp(-\alpha_{\text{p}} z) \tag{4.20}$$

式中，$\alpha_{\text{p}} = 2\alpha$ 为光功率衰减常数(单位为 km^{-1})，它是光场衰减常数 α 的两倍。由式(4.18)可知，光纤损耗系数 $\alpha_{\text{dB}} = 4.343\alpha_{\text{p}}$。

4.3.2　光纤的色散类型

光纤的色散是指光纤中不同波长或模式的导波光传输时间延迟有差异的物理效应。光脉冲是由多个频率分量或不同模式的光组成的，光脉冲包络传播的速度称为群速。因此，光纤色散的大小用群时延差表示，群时延差越大，色散越严重。光纤色散会导致不同频率(波长)或不同模式成分的光波传输同样距离的时间延迟不同，出现脉冲展宽或信号畸变等信号劣化现象。这样，色散也可以用–3dB 光带宽或脉冲展宽 $\Delta\tau$ 表示。

色散包括单个模式本身的色散(模内色散)和不同模式间的传播时延差(模间色散)，此外还有偏振模色散。对于多模光纤，既有模式色散，又有模内色散，以模式色散为主；而单模光纤有材料色散、波导色散以及偏振模色散，不存在模间色散。

1. 群速色散

模内色散是指在一个单一模式内发生的脉冲展宽现象，又称为群速色散。群速反比于光场传播常数 β 对角频率 ω 的一阶导数，即 $\upsilon_{\mathrm{g}}=1/\beta^{(1)}(\omega)$。色散系数 D 定义为单位光纤长度（L）上单位线宽（$\mathrm{d}\lambda$）内的群时延差大小（$\mathrm{d}\tau_{\mathrm{g}}$），即

$$D=\frac{1}{L}\frac{\mathrm{d}\tau_{\mathrm{g}}}{\mathrm{d}\lambda}=-\frac{2\pi c}{\lambda^2}\beta^{(2)} \tag{4.21}$$

式中，λ 为真空中波长，$\beta^{(2)}=\mathrm{d}^2\beta/\mathrm{d}\omega^2$ 称为群速色散参量，它决定了光纤中传播脉冲的展宽程度。显然，群速色散的大小还与光源的频谱宽度（线宽）密切相关。例如，LED 光源的线宽比 LD 光源的线宽大，所以 LED 单模光纤系统的群速色散更大。

根据光纤的导波特性，导波光的等效折射率 $n_{\mathrm{eff}}=\beta/k_0$ 依赖于波导材料和波导结构，它是波长的函数。因此，模内色散包括材料色散和波导色散，总称为色度色散。由光纤中归一化传播常数 $b=\dfrac{(\beta/k_0)^2-n_2^2}{n_1^2-n_2^2}$ 可知，基模 LP_{01} 的传播常数近似为

$$\beta\approx n_2k_0(1+\varDelta\cdot b) \tag{4.22}$$

式中，$k_0=2\pi/\lambda_0$，λ_0 为真空中光波波长；$\varDelta=(n_1-n_2)/n_1$ 为纤芯（n_1）与包层（n_2）的相对折射率差。由式(4.22)可知，当纤芯和包层的折射率差很小且 $\mathrm{d}\varDelta/\mathrm{d}\omega\approx0$ 时，群时延为

$$\tau_{\mathrm{g}}\approx L\frac{\mathrm{d}\beta}{\mathrm{d}\omega}=\frac{L}{c}n_{2\mathrm{g}}\left[1+\varDelta\frac{\mathrm{d}(Vb)}{\mathrm{d}V}\right] \tag{4.23a}$$

式中，包层材料的群折射率 $n_{2\mathrm{g}}=n_2+\omega\mathrm{d}n_2/\mathrm{d}\omega$，$V=k_0a\sqrt{n_1^2-n_2^2}$ 称为归一化频率。由式(4.21)可知，

$$D=\frac{1}{L}\frac{\mathrm{d}\tau_g}{\mathrm{d}\lambda}=-\frac{2\pi}{\lambda^2}\left\{\frac{\mathrm{d}n_{2\mathrm{g}}}{\mathrm{d}\omega}\left[1+\varDelta\frac{\mathrm{d}(Vb)}{\mathrm{d}V}\right]+\frac{n_{2\mathrm{g}}^2\varDelta}{\omega n_2}\frac{V\mathrm{d}^2(Vb)}{\mathrm{d}V^2}\right\} \tag{4.23b}$$

式(4.23b)中大括号展开的第一项是由光纤折射率随波长变化引起的材料色散系数 $D_{\mathrm{m}}(\lambda)=-\dfrac{\lambda}{c}\dfrac{\mathrm{d}^2n}{\mathrm{d}\lambda^2}$，它取决于光纤材料折射率的波长依赖特性。对于谱线宽度为 $\Delta\lambda$ 的光导波，经过长度为 L 的光纤传输后，由材料色散引起的时延差为 $\Delta\tau_{\mathrm{m}}=\Delta\lambda\cdot D_{\mathrm{m}}L$。式(4.23b)中其他两项与波导结构参数相关，对波导色散系数有贡献。当材料色散和波导色散相互抵消时，总色散为零，对应的波长称为零色散波长，如图 4.5 所示。对于普通的单模光纤，零色散波长在 1.31 μm 附近。

2. 模间色散

模间色散是指多模光纤中不同模式之间的群时延差，又称模式色散。只有多模光纤才存在模式色散，可用光纤中的最高和最低模式之间的群时延差来表示，它主要取决于光纤的折射率分布。对于高斯光脉冲 $P(t)\propto\exp\left(-t^2/2\sigma^2\right)$，其中 σ 为均方根（root mean square，RMS）脉冲宽度，则光脉冲的半幅全宽（FWHM）为 $\sigma_{\mathrm{FWHM}}=2.355\sigma$，傅里叶变换后的–3dB 带宽为 $\varDelta f_{-3\mathrm{dB}}=187/\sigma\approx440/\sigma_{\mathrm{FWHM}}$，式中 $\varDelta f_{-3\mathrm{dB}}$ 和 σ（或 σ_{FWHM}）分别以 MHz 和 ns 为单位。

于是，模间色散引起的均方根脉冲展宽为

$$\Delta\sigma=\sqrt{\sigma_{\text{out}}^2-\sigma_{\text{in}}^2}\approx\begin{cases}\dfrac{Ln_{1\text{g}}\Delta}{2\sqrt{3}c} & (\text{SIF})\\ \dfrac{Ln_{1\text{g}}\Delta^2}{4\sqrt{3}c} & (\text{GIF})\end{cases} \tag{4.24}$$

式中，纤芯材料的群折射率 $n_{1\text{g}}=n_1-\lambda\cdot(\text{d}n_1/\text{d}\lambda)$。显然，与阶跃型(SIF)多模光纤相比，渐变型(GIF)多模光纤的模式色散较小。

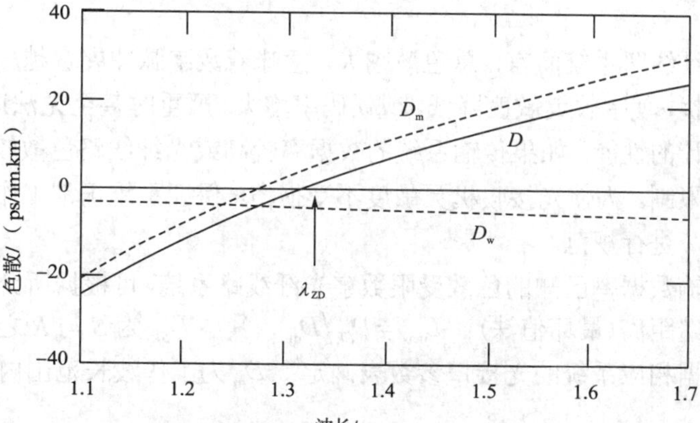

图 4.5　单模光纤的色散特性曲线

3. 偏振模色散

偏振模色散(polarization mode dispersion，PMD)是指同一模式内不同偏振方向的导波光之间的群时延差。当单模光纤工作在零色散波长时，偏振模色散的影响变得不可忽略。理想单模光纤中，总是存在两个偏振面相互垂直的简并偏振模，它们的传播常数相等($\beta_x=\beta_y$)，如图 4.6 所示。实际中，光纤形状的不完善或应力不均匀等因素，会造成光纤折射率分布各向异性，使两个偏振模具有不同的传播常数($\beta_x\neq\beta_y$)。光纤中两个正交偏振态的导波光折射率不同的现象称为双折射。双折射大小可用两个偏振模传播常数的差值 $\Delta\beta=\beta_y-\beta_x$ 或归一化双折射 $B=\Delta\beta/\overline{\beta}$ 表示，其中 $\overline{\beta}=(\beta_x+\beta_y)/2$ 为平均传播常数。当两个正交偏振模的相位差达到 2π 时所对应的光纤长度，称为拍长，即 $L_{\text{B}}=2\pi/\Delta\beta$。

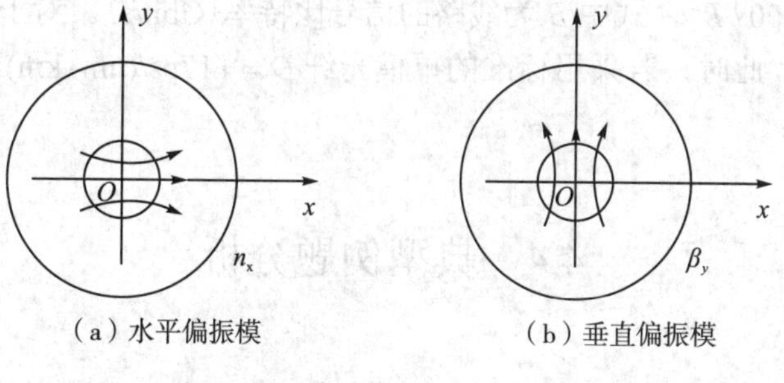

（a）水平偏振模　　（b）垂直偏振模

图 4.6　单模光纤中主模式 HE_{11} 的两个正交偏振态

4. 色散的脉冲展宽

光纤的总色散可以用脉冲展宽表示，即

$$\Delta\sigma_{\mathrm{T}}=\sqrt{(\Delta\sigma_{\mathrm{C}})^2+(\Delta\sigma_{\mathrm{M}})^2+(\Delta\sigma_{\mathrm{P}})^2} \tag{4.25}$$

式中，$\Delta\sigma_{\mathrm{C}}=D_{\mathrm{C}}\Delta\lambda\cdot L$，$\Delta\sigma_{\mathrm{M}}=D_{\mathrm{M}}\cdot L$，$\Delta\sigma_{\mathrm{P}}=D_{\mathrm{P}}\sqrt{L}$ 分别为色度色散、模式色散和偏振模色散引起的均方根脉冲展宽。

5. 色散受限系统

对于数字光纤线路系统而言，总色散越大，意味着数字脉冲展宽越严重，在接收端可能会发生码间干扰，使接收灵敏度降低，或误码率增大。严重时甚至无法通过均衡来补偿，使系统达不到设计的性能。如果传输系统的数据率较高或光纤线路色散较大，中继距离会受色散(带宽)的限制。为使光接收机灵敏度不受损伤，保证系统正常工作，必须对光纤线路总色散(总带宽)进行规范。

对于一个传输数据率已知的色散受限数字光纤线路系统，可根据所允许的线路总色散值来计算最大中继距离(最坏值法)：$L_{\max}=D_{SR}/D_{\mathrm{m}}$，其中 D_{SR} 为 S 与 R 之间所允许的最大色散值，可以根据相应系统的光接口参数表确定；D_{m} 为工作波长范围内光纤色散系数的最大值。

工程上，可根据光源的光谱特性估算系统的总色散极限。

(1) 对于宽谱光源系统，为保证色散导致的代价(码间干扰)足够小，工程近似计算的总色散极限($D\cdot L$)为

$$D\cdot L(\mathrm{ps/nm})=10^6\varepsilon/(B\cdot\sigma_\lambda) \tag{4.26}$$

式中，B 为线路的信号比特率(Mbit/s)；σ_λ 为光源的均方根谱宽(nm)；ε 为相对于比特周期的脉冲展宽因子。多纵模激光器(MLM-LD)取 $\varepsilon=0.115$，LED 光源取 $\varepsilon=0.306$。

(2) 对于单纵模光源系统，色散代价主要是由啁啾所致，若采用高斯脉冲且脉冲展宽不超过发送脉冲宽度的 10%，工程近似计算的总色散极限为

$$D\cdot L(\mathrm{ps/nm})=71400/(\alpha\lambda^2B^2) \tag{4.27}$$

式中，B 为线路的信号比特率(Tbit/s)；λ 为光波长(nm)；α 为啁啾系数。普通量子阱激光器，$\alpha=3$；电吸收调制器，$\alpha=0.5$。

(3) 对于无啁啾的外调制器产生的 NRZ 信号，色散极限近似为 $D\cdot L(\mathrm{ps/nm})\approx104000/B^2$，式中 B 为线路的信号比特率(Gbit/s)。对于 10 Gbit/s 的系统，$D\cdot L=1040\mathrm{ps/nm}$；此时，若采用标准的单模光纤 $D=+17\mathrm{ps/(nm\cdot km)}$，色散限制的最大传输距离 $L\approx61\ \mathrm{km}$。

4.4 典型例题分析

例 4.1 在损耗受限 SDH 光纤通信系统中，有一种工作在某速率的光收发模块，发射

光功率的典型值为 P_t=0dBm，接收光功率范围从 $P_{rmin}=-28$ dBm(最差灵敏度)至 $P_{rmax}=-9$dBm(最小过载点)，光通道代价为 P_p=2dB。假设光纤的损耗系数为 α_f=0.25dB/km，熔接点的平均损耗折合到每公里为 α_s=0.1dB/km，光缆线路富余度为 α_m=0.1dB/km。忽略设备余量(M_e=0dB)和收发端每个连接器损耗(A_c= 0dB)，试计算合适的中继距离范围。

解　地理上的中继距离(再生段距离)可分别按损耗受限系统和色散受限系统两种情况进行设计，它们分别由参考点 S 和 R 之间的光通道损耗和光通道总色散决定，实际设计系统时选择两者中较小的值作为最大再生距离。ITU-T 通过引入参考点对各种光纤通信系统的设备接口和通道特性都进行了规范，如图 4.7 所示。

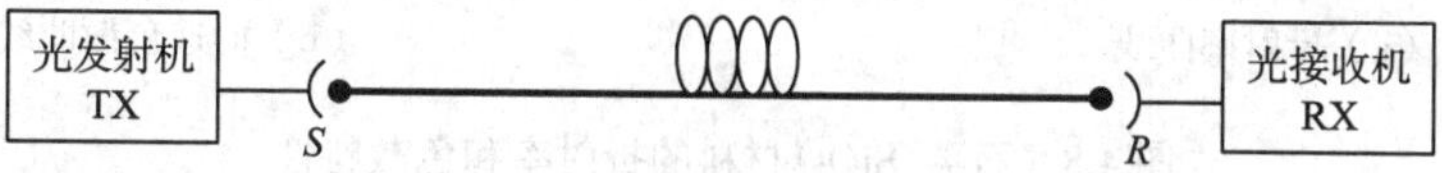

图 4.7　无光放大器时 SDH 系统参考点的定义

灵敏度定义为达到 $\mathrm{BER}=1\times10^{-9}$ 时所需的平均最小接收光功率值。光通道代价反映的是光信号在通道内传输过程中波形畸变造成的接收机灵敏度降低，用相对于背对背的接收机灵敏度恶化量表示，包括色散代价和反射代价。最小过载点表示光接收机正常工作所允许的最大接收光功率值。设备富余度(或设备余量)是由于环境变化和器件老化而引起的发射光功率和接收灵敏度下降以及设备内光纤连接器性能劣化。

根据接收机灵敏度，按最坏情况考虑来确定允许传输的最大中继距离：

$$P_{r1}=(P_t-M_e)-(\alpha_f+\alpha_s+\alpha_m)L-2A_c \geqslant P_{rmin}+P_p$$

$$L \leqslant \frac{(P_t-M_e)-2A_c-(P_{rmin}+P_p)}{\alpha_f+\alpha_s+\alpha_m}=\frac{26}{0.45}=57.8\ (\mathrm{km})$$

根据接收机最小过载点，按最好情况考虑来确定最小中继距离：

$$P_{r2}=P_t-(\alpha_f+\alpha_s+\alpha_m)L-2A_c \leqslant P_{rmax}$$

$$L \geqslant \frac{P_t-2A_c-P_{rmax}}{\alpha_f+\alpha_s+\alpha_m}=\frac{9}{0.45}=20\ (\mathrm{km})$$

因此，合适的中继距离范围为 20~57.8km。

例 4.2　石英(SiO_2)材料在光通信窗口具有很低的传播损耗，石英的材料折射率可以表示为 $n(\lambda)=\sum\limits_{m=-3}^{2}c_m(\lambda^2-a)^m$，其中波长 λ 的单位为μm，$a=0.035$，展开系数为

$$c_{-3}=1.8\times10^{-6},\ c_{-2}=-7.79\times10^{-5},\ c_{-1}=3.0270\times10^{-3}$$

$$c_0=1.4507459,\ c_1=-3.1295\times10^{-3},\ c_2=-3.81\times10^{-5}$$

画出材料折射率和色散系数随波长的变化曲线。

解　由折射率 $n(\lambda)$ 的表达式，采用 MATLAB 编程方法可画出折射率和色散系数随波长的变化曲线，如图 4.8 所示。其中，材料色散系数定义为 $D_m(\lambda)=-\frac{\lambda}{c}\frac{\mathrm{d}^2n}{\mathrm{d}\lambda^2}$，石英材料的零色散点对应的波长约为 $\lambda=1.275\mu\mathrm{m}$。

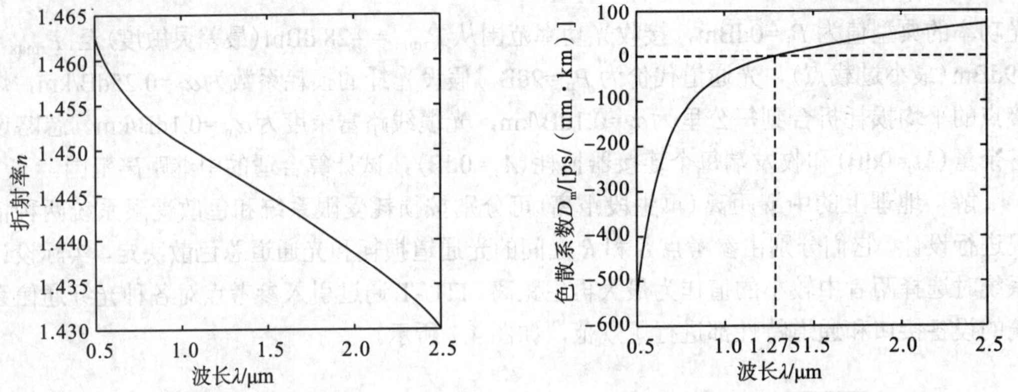

（a）折射率曲线　　　　（b）群速色散曲线

图 4.8　石英(SiO_2)材料的折射率和色散特性

相应的 MATLAB 计算程序如下：

```
clear all
N_max=500;
lambda=linspace(0.5, 2.5, N_max);
C_3=1.8E-6;
C_2=-7.79E-5;
C_1=3.0270E-3;
C0=1.4507459;
C1=-3.1295E-3;
C2=-3.81E-5;
a=0.035;
x=lambda.^2-a;
n=C_3*x.^(-3)+C_2*x.^(-2)+C_1*x.^(-1)+C0+C1*x+C2*x.^2;
Dn=2*lambda.*(-3*C_3*x.^(-4)-2*C_2*x.^(-3)-1*C_1*x.^(-2)+C1+2*C2*
x);
DDn=(2*lambda).^2.*(12*C_3*x.^(-5)+6*C_2*x.^(-4)+2*C_1*x.^(-3)+2*
C2)+...
2*(-3*C_3*x.^(-4)-2*C_2*x.^(-3)-1*C_1*x.^(-2)+C1+2*C2*x);
c=3E8;
D=-1E12./(c.*lambda).*(lambda.^2).*DDn; %ps/(nm.km)
h1=figure;
plot(lambda, n);
h2=figure;
plot(lambda, D);
```

例 4.3　以 140Mbit/s 的光纤系统为例，光源采用多纵模激光器（$\varepsilon = 0.115$），其均方根谱宽 σ_λ=2.5nm，光纤色散系数 $D = +17\text{ps/(nm}\cdot\text{km)}$，计算色散限制的中继距离。

解　设线路码型为 5B6B 码，线路码速率 B=140×(6/5)=168Mbit/s，将数据代入色散受限系统的中继距离计算公式(4.26)，可得

$$L_{\max} = \frac{10^6\varepsilon}{B\sigma_\lambda D} = \frac{0.115\times10^6}{168\times2.5\times17} \approx 16.1\ (\text{km})$$

因此，该色散受限系统的中继距离为 16.1km。

第5章　电磁波的反射与透射

空间中媒质特性的不连续性会导致电磁波的反射。当均匀平面电磁波斜入射到媒质分界面时，任意极化波总可以分解为平行和垂直于入射面的两个正交的线极化波，称为平行极化波(p 波)和垂直极化波(s 波)。为了便于分析，规定两种极化情形的参考振动方向为：p 波和 s 波的电场矢量 $\boldsymbol{E}_{\mathrm{p}}$ 和 $\boldsymbol{E}_{\mathrm{s}}$ 的振动参考正方向与波矢 $\boldsymbol{k}$ 方向符合右手螺旋关系，对应的磁化强度的参考方向符合坡印亭矢量的方向关系。自由空间中平面波的能流方向与波矢方向一致。

根据能量守恒定律(频率相等)和动量守恒定律(相位匹配)可得到反射定律和折射定律，利用"电场强度切向分量连续"的边界条件可推导出垂直极化波和平行极化波的反射系数和透射系数公式(菲涅尔公式)，进而可以分析发生半波损失、全反射和全透射的条件，也可以分析垂直入射到各种媒质分界面的情形。

由电各向异性介质中均匀平面波的波动方程可知，对于一个给定的传播方向 $\boldsymbol{e}_k$，折射率 n 有两个不相等的实根，它们对应于两个相互垂直的线振光波 $\boldsymbol{D}$ 矢量。当一束单色光入射到各向异性介质(晶体)表面时，尽管入射光、反射光和折射光的波矢 $\boldsymbol{k}_{\mathrm{i}}$、$\boldsymbol{k}_{\mathrm{r}}$、$\boldsymbol{k}_{\mathrm{t}}$ 与界面法线共面，但晶体中通常会具有两个不同折射率的能流光线(有可能不在入射面内)，它们对应不同的折射角(或反射角)，这种现象称为晶体的双折射。

5.1　反射与透射的一般规律

5.1.1　反射定律与折射定律

考虑均匀平面电磁波由媒质 $1(\mu_1,\varepsilon_1)$ 斜入射到媒质 $2(\mu_2,\varepsilon_2)$ 的情形。入射波、反射波和透射波的波矢 $\boldsymbol{k}_{\mathrm{i}}$、$\boldsymbol{k}_{\mathrm{r}}$、$\boldsymbol{k}_{\mathrm{t}}$ 与界面法向的夹角分别称为入射角 θ_{i}、反射角 θ_{r} 和透射角 θ_{t}，它们的波矢量与分界面法向矢量构成的平面分别称为入射面、反射面和透射面。由于任意极化波总可以分解为两个正交的线极化波(或者视为两者的合成)，对于电场矢量与入射平面成任意角度的入射波，都可以分解为垂直于入射面的电场分量(称为垂直极化波或 s 波)和平行于入射平面的电场分量(称为平行极化波或 p 波)。根据电磁场边值关系，在界面上发生反射和折射过程中，p 和 s 振动是独立的，即入射波为平行极化波时，反射波和透射波只有平行极化分量，不可能产生垂直极化分量，反之亦然。因此，可以分别对 p 波和 s 波加以分析。注意：在时变场情形下，E_t 与 B_n 的边界条件等价，H_t 与 D_n 的边界条件等价。

为了便于分析，规定 p 波和 s 波的电场矢量 $\boldsymbol{E}_{\mathrm{p}}$ 和 $\boldsymbol{E}_{\mathrm{s}}$ 的振动正方向与波矢 $\boldsymbol{k}$ 方向符合

右手螺旋关系，$(\mathrm{p},\mathrm{s},k)$ 相当于 (x,y,z) 坐标轴，如图 5.1 所示。注意到 $\boldsymbol{E}\times\boldsymbol{H}=\boldsymbol{S}$，若将垂直于入射面的方向取为 $\boldsymbol{e}_y$，对于垂直极化波情形，$\boldsymbol{E}_{\mathrm{s}}(\boldsymbol{e}_{\mathrm{y}})\times\boldsymbol{H}_{\mathrm{p}}=\boldsymbol{S}$，$\boldsymbol{H}_{\mathrm{p}}=\boldsymbol{e}_{\mathrm{k}}\times\boldsymbol{E}_{\mathrm{s}}/\eta$；对于平行极化波情形，$\boldsymbol{E}_{\mathrm{p}}\times\boldsymbol{H}_{\mathrm{s}}(\boldsymbol{e}_{\mathrm{y}})=\boldsymbol{S}$，$\boldsymbol{E}_{\mathrm{p}}=\eta\boldsymbol{H}_{\mathrm{s}}\times\boldsymbol{e}_{\mathrm{k}}$。这样，按照上述参考方向的规定和电磁场量之间的关系，可写出两种极化波的电磁场量一般表达式。

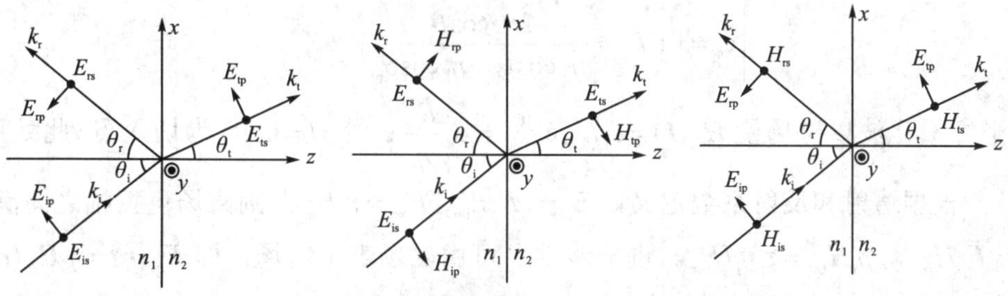

（a）电场S、P分量的正方向　（b）垂直极化时场量的正方向　（c）平行极化时场量的正方向

图 5.1　电磁场量的参考正方向规定

将入射波、反射波和透射波分别用下标 $l=\mathrm{i},\mathrm{r},\mathrm{t}$ 表示，其电场矢量可表示为

$$\boldsymbol{E}_l(\boldsymbol{r},t)=\boldsymbol{E}_{lm}\mathrm{e}^{\mathrm{j}(\omega_l t-\boldsymbol{k}_l\cdot\boldsymbol{r})},\qquad l=\mathrm{i},\mathrm{r},\mathrm{t} \tag{5.1}$$

式中，$\boldsymbol{E}_{lm}$ 为电场的复振幅矢量(含初相位信息)。在界面上任意点 $\boldsymbol{r}=\boldsymbol{r}_0$ 处，根据电场切向分量(τ)连续的条件：

$$E_{\mathrm{im}}^{(\tau)}\mathrm{e}^{\mathrm{j}(\omega_{\mathrm{i}}t-\boldsymbol{k}_{\mathrm{i}}\cdot\boldsymbol{r}_0)}+E_{\mathrm{rm}}^{(\tau)}\mathrm{e}^{\mathrm{j}(\omega_{\mathrm{r}}t-\boldsymbol{k}_{\mathrm{r}}\cdot\boldsymbol{r}_0)}=E_{\mathrm{tm}}^{(\tau)}\mathrm{e}^{\mathrm{j}(\omega_{\mathrm{t}}t-\boldsymbol{k}_{\mathrm{t}}\cdot\boldsymbol{r}_0)} \tag{5.2}$$

可知

(1) 频率关系：$\omega_{\mathrm{i}}=\omega_{\mathrm{r}}=\omega_{\mathrm{t}}$，频率相等，即能量守恒；

(2) 相位关系：$k_{\mathrm{i}}\sin\theta_{\mathrm{i}}=k_{\mathrm{r}}\sin\theta_{\mathrm{r}}=k_{\mathrm{t}}\sin\theta_{\mathrm{t}}$，称为相位匹配条件，即动量守恒，意味着三波共面。根据传播常数与媒质折射率之间的关系，有 $k_{\mathrm{i}}=k_{\mathrm{r}}=n_1k_0$ 和 $k_{\mathrm{t}}=n_2k_0$，其中 $k_0=2\pi/\lambda_0$ 为真空中波数。于是，可得 Snell 反射定律和折射定律

$$\theta_{\mathrm{i}}=\theta_{\mathrm{r}} \tag{5.3}$$

$$n_1\sin\theta_{\mathrm{i}}=n_2\sin\theta_{\mathrm{t}}\Leftrightarrow\frac{\sin\theta_{\mathrm{t}}}{\sin\theta_{\mathrm{i}}}=\frac{k_{\mathrm{i}}}{k_{\mathrm{t}}}=\frac{n_1}{n_2} \tag{5.4}$$

(3) 幅度关系：$E_{\mathrm{im}}^{(\tau)}+E_{\mathrm{rm}}^{(\tau)}=E_{\mathrm{tm}}^{(\tau)}$，电场之间的复振幅(含初相位信息)关系将由菲涅尔公式给出。

5.1.2　斜入射情形的菲涅尔公式

定义反射系数 $\Gamma_m=E_{\mathrm{r}m}/E_{\mathrm{i}m}$，透射系数 $\tau_m=E_{\mathrm{t}m}/E_{\mathrm{i}m}$，其中下标 m 赋予了更多含义，一方面表示复振幅，另一方面表示极化分量 $(m=\mathrm{s},\mathrm{p})$。对于入射波、反射波和透射波都是体波的情形，根据磁场与电场之间的关系，以及 $\boldsymbol{E}$ 和 $\boldsymbol{H}$ 切向分量连续的边界条件(意味着界面没有面电流)，可得垂直极化波($\boldsymbol{E}_{\mathrm{s}},\boldsymbol{H}_{\mathrm{p}}$)和平行极化波($\boldsymbol{E}_{\mathrm{p}},\boldsymbol{H}_{\mathrm{s}}$)的菲涅尔公式。

垂直极化波以电场量 $\boldsymbol{E}_{l\mathrm{s}}(\boldsymbol{r})=\boldsymbol{e}_yE_{lm}\mathrm{e}^{-\mathrm{j}\boldsymbol{k}_l\cdot\boldsymbol{r}}$ $(l=\mathrm{i},\mathrm{r},\mathrm{t})$ 为切入点，根据透射和反射系数的定

义，它们的复振幅之间满足如下关系：$E_{rm}=\Gamma_{s}E_{im}$，$E_{tm}=\tau_{s}E_{im}$；进一步地，可由电场表示磁场，即 $\boldsymbol{H}_{lp}(\boldsymbol{r})=\frac{1}{\eta_l}\boldsymbol{e}_{kl}\times\boldsymbol{E}_{ls}(\boldsymbol{r})=(\boldsymbol{e}_{kl}\times\boldsymbol{e}_{y})\frac{E_{lm}}{\eta_l}\mathrm{e}^{-\mathrm{j}\boldsymbol{k}_l\cdot\boldsymbol{r}}$，则有菲涅尔公式

$$\begin{cases}\Gamma_{s}=\dfrac{\eta_2\cos\theta_{i}-\eta_1\cos\theta_{t}}{\eta_2\cos\theta_{i}+\eta_1\cos\theta_{t}}\\ \tau_{s}=1+\Gamma_{s}=\dfrac{2\eta_2\cos\theta_{i}}{\eta_2\cos\theta_{i}+\eta_1\cos\theta_{t}}\end{cases}\tag{5.5}$$

平行极化波以磁场量 $\boldsymbol{H}_{ls}(\boldsymbol{r})=\boldsymbol{e}_{y}H_{lm}\mathrm{e}^{-\mathrm{j}\boldsymbol{k}_l\cdot\boldsymbol{r}}=\boldsymbol{e}_{y}\frac{E_{lm}}{\eta_l}\mathrm{e}^{-\mathrm{j}\boldsymbol{k}_l\cdot\boldsymbol{r}}$ $(l=\mathrm{i,r,t})$ 为切入点（此处用 E_{lm} 表达），根据透射和反射系数定义，$E_{rm}=\Gamma_{p}E_{im}$，$E_{tm}=\tau_{p}E_{im}$，则磁场量振幅之间满足：$H_{rm}=\Gamma_{p}H_{im}$，$\eta_{t}H_{tm}=\tau_{p}\eta_{i}H_{im}$。进一步地，可由磁场表示电场，即 $\boldsymbol{E}_{lp}(\boldsymbol{r})=\eta_l\boldsymbol{H}_{ls}(\boldsymbol{r})\times\boldsymbol{e}_{kl}$ $=(\boldsymbol{e}_{y}\times\boldsymbol{e}_{kl})E_{lm}\mathrm{e}^{-\mathrm{j}\boldsymbol{k}_l\cdot\boldsymbol{r}}$，则有菲涅尔公式

$$\begin{cases}\Gamma_{p}=\dfrac{\eta_1\cos\theta_{i}-\eta_2\cos\theta_{t}}{\eta_1\cos\theta_{i}+\eta_2\cos\theta_{t}}\\ \tau_{p}=\dfrac{\eta_2}{\eta_1}(1+\Gamma_{p})=\dfrac{2\eta_2\cos\theta_{i}}{\eta_1\cos\theta_{i}+\eta_2\cos\theta_{t}}\end{cases}\tag{5.6}$$

显然，根据反射系数与透射系数之间的关系可知，$\Gamma+\tau\neq1$。需要指出的是：①垂直入射时，平行极化波与垂直极化波的反射系数表达式相反，这是因为两者的正方向选取不同造成的，本质上是一致的。②对于导电媒质，当两导电媒质的电导率为有限值时 $\boldsymbol{J}_S=0$，Γ 和 τ 的表达式与理想介质分界面上的反射系数和透射系数公式类似，只是导电媒质的波阻抗为复数，即 $\eta_c=\sqrt{\mu/\varepsilon_c}=\eta\Big/\sqrt{1-\mathrm{j}\sigma/\omega\varepsilon}$。

对于非磁性媒质（$\mu_1=\mu_2=\mu_0$）情形，式(5.5)和式(5.6)可进一步简化为

$$\begin{cases}\Gamma_{s}=\dfrac{\cos\theta_{i}-\sqrt{\varepsilon_2/\varepsilon_1-\sin^2\theta_{i}}}{\cos\theta_{i}+\sqrt{\varepsilon_2/\varepsilon_1-\sin^2\theta_{i}}}=-\dfrac{\sin(\theta_{i}-\theta_{t})}{\sin(\theta_{i}+\theta_{t})}\\ \tau_{s}=\dfrac{2\cos\theta_{i}}{\cos\theta_{i}+\sqrt{\varepsilon_2/\varepsilon_1-\sin^2\theta_{i}}}=\dfrac{2\cos\theta_{i}\sin\theta_{t}}{\sin(\theta_{i}+\theta_{t})}\end{cases}\tag{5.7}$$

$$\begin{cases}\Gamma_{p}=\dfrac{(\varepsilon_2/\varepsilon_1)\cos\theta_{i}-\sqrt{\varepsilon_2/\varepsilon_1-\sin^2\theta_{i}}}{(\varepsilon_2/\varepsilon_1)\cos\theta_{i}+\sqrt{\varepsilon_2/\varepsilon_1-\sin^2\theta_{i}}}=\dfrac{\tan(\theta_{i}-\theta_{t})}{\tan(\theta_{i}+\theta_{t})}\\ \tau_{p}=\dfrac{2\sqrt{\varepsilon_2/\varepsilon_1}\cos\theta_{i}}{(\varepsilon_2/\varepsilon_1)\cos\theta_{i}+\sqrt{\varepsilon_2/\varepsilon_1-\sin^2\theta_{i}}}=\dfrac{2\cos\theta_{i}\sin\theta_{t}}{\sin(\theta_{i}+\theta_{t})\cos(\theta_{i}-\theta_{t})}\end{cases}\tag{5.8}$$

5.1.3 半波损失、全反射和全透射

1. 半波损失

对于 $\varepsilon_1<\varepsilon_2$ 的非磁性介质情形，Γ_m 和 τ_m 均为实数，其正、负意味着反射波或透射波

的电场与入射波同相、反相。Γ_m 和 τ_m 随入射角 θ_i 的变化如图 5.2(a)所示，可以看出，透射波与入射波电场同相位（$\tau_m \geqslant 0$），垂直极化时反射波与入射波电场反相位（$\Gamma_s < 0$）。如图 5.2(b)所示，当电磁波由光疏介质正入射到光密介质（$\varepsilon_1 < \varepsilon_2$）界面时，反射波（$\Gamma_s < 0,\ \Gamma_p > 0$）相对于入射波会产生 π 相位突变，这种现象称为半波损失，它在干涉中有重要意义。

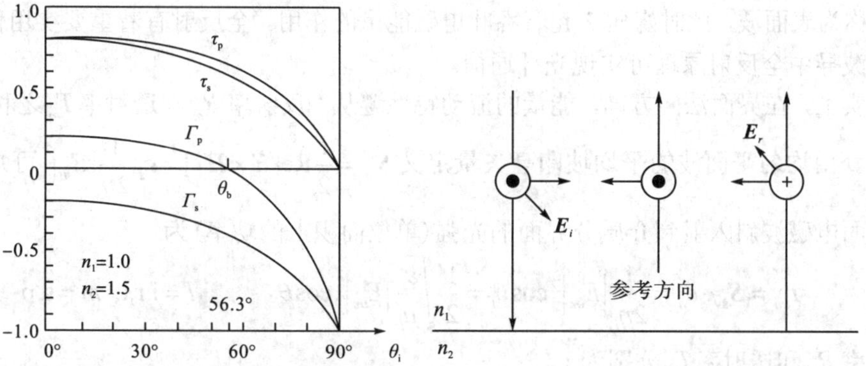

（a）$\varepsilon_1 < \varepsilon_2$ 时反射与透射系数随入射角的变化　　（b）正入射时产生π相位突变（$n_1 < n_2$）

图 5.2　电磁波由光疏介质入射到光密介质的情形

2.全反射

对于 $\varepsilon_1 > \varepsilon_2$ 的非磁性介质情形，当 $\theta_i \leqslant \theta_c = \arcsin(k_2/k_1) = \arcsin\sqrt{\varepsilon_2/\varepsilon_1}$ 时，Γ_m 和 τ_m 仍为实数。当电磁波正入射时，有 $\Gamma_s > 0,\ \Gamma_p < 0$，反射波没有半波损失，如图 5.3 所示。当 $\theta_i \geqslant \theta_c$ 时，$\Gamma_m = e^{-j2\delta_m}$，$|\Gamma_m| = 1$ 意味着发生了全反射，θ_c 称为全反射临界角（当 $\theta_i = \theta_c$ 时，$\Gamma_m = 1$）。此时，反射波相对于入射波有 $-2\delta_m$ 的相移，其中 $\delta_m = \arctan\dfrac{\sqrt{\sin^2\theta_i - \varepsilon_2/\varepsilon_1}}{(\varepsilon_2/\varepsilon_1)^{\delta_{m,p}}\cos\theta_i}$，当 $m = \mathrm{p}$（TM 波）时，$\delta_{m,p} = 1$；当 $m = \mathrm{s}$（TE 波）时，$\delta_{m,p} = 0$。因此，电磁波在理想介质界面上发生全反射的条件是由光密介质入射到光疏介质（$\varepsilon_1 > \varepsilon_2$），且

$$\theta_i \geqslant \theta_c = \arcsin\sqrt{\varepsilon_2/\varepsilon_1} \tag{5.9}$$

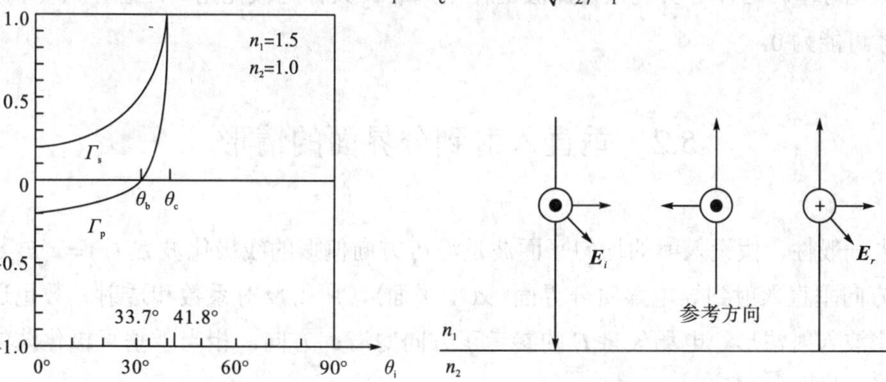

（a）$\varepsilon_1 > \varepsilon_2$ 时反射与透射系数随入射角的变化　　（b）正入射时无相位突变（$n_1 > n_2$）

图 5.3　电磁波由光密介质入射到光疏介质的情形

全反射时，τ_s和τ_p都不等于 0，在图 5.1 所示的坐标系中透射波电场强度可表示为

$$\boldsymbol{E}_t = \boldsymbol{E}_{tm} e^{-jk_t \cdot r} = \boldsymbol{E}_{tm} e^{-j(k_{tz}z + k_{tx}x)} = \boldsymbol{E}_{tm} e^{-j(k_t z\cos\theta_t + k_t x\sin\theta_t)} = \boldsymbol{E}_{tm} e^{-\alpha z} e^{-jk_{tx}x} \tag{5.10}$$

式中，光场衰减常数$\alpha = jk_{tz} = jk_t\cos\theta_t = k_t\sqrt{\sin^2\theta_t - 1} = k_t\sqrt{(\varepsilon_1/\varepsilon_2)\sin^2\theta_i - 1} = k_i\sqrt{\sin^2\theta_i - \varepsilon_2/\varepsilon_1}$，推导中利用了折射定律$\sin\theta_t = \sqrt{\varepsilon_1/\varepsilon_2}\sin\theta_i$。式(5.10)表明，媒质 2 中仍存在透射波，但不是通常意义上的透射波，它主要存在于分界面附近第 2 种媒质侧的薄层内，并沿界面方向传播，称为表面波，此时媒质 2 起着吞吐电磁能量的作用。全反射有着重要实用价值，根据介质波导中全反射原理可实现光纤通信。

事实上，在界面法向方向，能量的流动特性遵从“反射率R_m与透射率T_m之和等于 1”的关系。由均匀平面波的平均坡印亭矢量定义$\boldsymbol{S}_{av} = \frac{1}{2}\mathrm{Re}[\boldsymbol{E}\times\boldsymbol{H}^*] = \boldsymbol{e}_z\frac{1}{2\eta}|\boldsymbol{E}_m|^2$可知，一束均匀平面电磁波斜入射到介质分界面的光强(单位面积上的功率)为

$$I_{lm} = \boldsymbol{S}_{av}\cdot\boldsymbol{e}_n = \frac{1}{2\eta_l}|E_{lm}|^2\cos\theta_l = \frac{1}{2}\sqrt{\frac{\varepsilon_l}{\mu_l}}|E_{lm}|^2\cos\theta_l, \qquad l = \mathrm{i,r,t};\ m = \mathrm{s,p} \tag{5.11}$$

则反射率R_m和透射率T_m分别为

$$R_m = \frac{I_{rm}}{I_{im}} = |\Gamma_m|^2, \qquad T_m = \frac{I_{tm}}{I_{im}} = \frac{n_2\cos\theta_t}{n_1\cos\theta_i}|\tau_m|^2, \qquad m = \mathrm{s,p} \tag{5.12}$$

此时，有$R_m + T_m = 1$。显然，反射率等于反射系数模的平方，也就是说，反射率与反射系数有直接的物理对应关系。因此，可用反射系数讨论均匀平面波的全反射或全透射特性。

3. 全透射

不管ε_1、ε_2的相对大小如何，当$\Gamma_p = 0$时，平行极化波功率全部透射到媒质 2，称为全透射，对应的入射角称为布儒斯特角(θ_b)，即

$$\theta_i = \theta_b = \arctan\sqrt{\varepsilon_2/\varepsilon_1} \tag{5.13}$$

可以证明，$\theta_t = 90^\circ - \theta_b$(或$\theta_b + \theta_t = 90^\circ$)，即透射波矢与反射波矢相互垂直。对于任意极化的电磁波，若以θ_b入射到两种非磁性媒质分界面上，则反射波中只有垂直极化分量而没有水平极化分量，这样可实现极化滤波的作用，故θ_b又称为极化角。注意，只有 p 波的反射系数才可能为 0。

5.2 垂直入射到分界面的情形

不失一般性，假设入射的均匀平面波是沿$\boldsymbol{e}_x$方向偏振的线极化波$\boldsymbol{E}_i(z) = \boldsymbol{e}_x E_{im} e^{-\gamma_1 z}$，并沿$\boldsymbol{e}_z$方向垂直入射到导电媒质分界面($xOy$平面)，所得反射系数和透射系数也适用于其他极化波入射情形。电场矢量$\boldsymbol{E}$的参考正方向均沿$\boldsymbol{e}_x$方向，相当于垂直极化波的垂直入射情形，如图 5.4 所示。

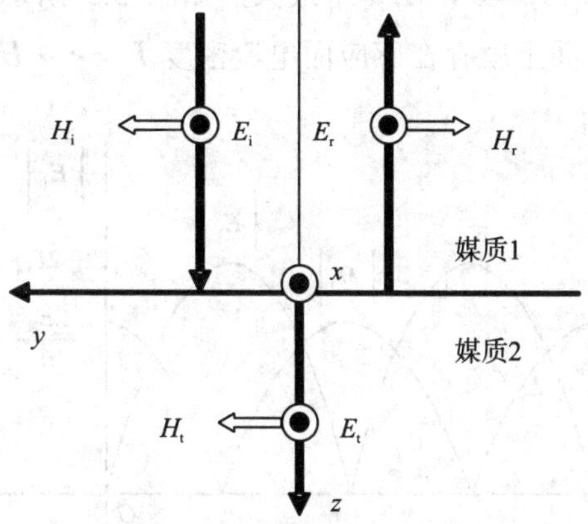

图 5.4　垂直入射到分界面的情形

5.2.1　导电媒质分界面

对于导电媒质，当两导电媒质的电导率为有限值时，$\boldsymbol{J}_S=0$，$\varGamma$ 和 τ 的表达式与理想介质分界面上垂直极化波的反射系数和透射系数公式类似，只是导电媒质的波阻抗为复数，即 $\eta_c=\sqrt{\mu/\varepsilon_c}=\eta/\sqrt{1-j\sigma/\omega\varepsilon}$ 。则有

$$\varGamma_s=\frac{E_{rm}}{E_{im}}=\frac{\eta_{2c}-\eta_{1c}}{\eta_{2c}+\eta_{1c}},\qquad \tau_s=1+\varGamma_s=\frac{E_{tm}}{E_{im}}=\frac{2\eta_{2c}}{\eta_{2c}+\eta_{1c}} \tag{5.14}$$

一般情况下，$\varGamma$ 和 τ 为复数，表示反射波、透射波与入射波之间存在相位差。

5.2.2　理想导体分界面

当媒质 1 为理想介质($\sigma_1=0$)，媒质 2 为理想导体($\sigma_2=\infty$，$\eta_{2c}=0$)时，理想导体内部电磁场为 0($\tau=0$)；电场切线分量连续，即 $E_{rm}+E_{im}=0$，故有 $\varGamma=-1$。入射波与反射波的合成波电场和磁场分别为

$$\begin{aligned}&\boldsymbol{E}_1(z)=\boldsymbol{E}_i(z)+\boldsymbol{E}_r(z)=\boldsymbol{e}_xE_{im}(e^{-j\beta_1 z}-e^{j\beta_1 z})=-\boldsymbol{e}_x2jE_{im}\sin(\beta_1 z)\\&\Leftrightarrow \boldsymbol{E}_1(z,t)=\mathrm{Re}\left[\boldsymbol{E}_1(z)e^{j\omega t}\right]=\boldsymbol{e}_x2E_{im}\sin(\beta_1 z)\sin(\omega t)\end{aligned} \tag{5.15}$$

$$\begin{aligned}&\boldsymbol{H}_1(z)=\boldsymbol{H}_i(z)+\boldsymbol{H}_r(z)=\boldsymbol{e}_y\frac{1}{\eta_1}E_{im}(e^{-j\beta_1 z}+e^{j\beta_1 z})=\boldsymbol{e}_y\frac{2E_{im}}{\eta_1}\cos(\beta_1 z)\\&\Leftrightarrow \boldsymbol{H}_1(z,t)=\mathrm{Re}\left[\boldsymbol{H}_1(z)e^{j\omega t}\right]=\boldsymbol{e}_y\frac{2E_{im}}{\eta_1}\cos(\beta_1 z)\cos(\omega t)\end{aligned} \tag{5.16}$$

由式(5.15)和式(5.16)可知，合成波的空间分布不随时间变化，只在原位置振动，称为驻波。对于电场，当 $\beta_1 z=m\pi$ 时，$|\boldsymbol{E}_1(z)|\propto|\sin(\beta_1 z)|=0$（振幅最小），称为波节点（$z=m\lambda_1/2$）；当 $\beta_1 z=(2m-1)\pi/2$ 时，$|\boldsymbol{E}_1(z)|\propto|\sin(\beta_1 z)|=1$（振幅最大），称为波腹点[$z=(2m-1)\lambda_1/4$]。磁场的波节点恰好是电场的波腹点，磁场的波腹点恰好是电场的波节

点。在理想导体表面，$|\boldsymbol{E}_1(0)|=0$，$|\boldsymbol{H}_1(0)|$最大，如图 5.5 所示。在理想导体表面只要存在磁场强度切向分量，界面上就存在感应面电流密度$\boldsymbol{J}_s=\boldsymbol{e}_n\times\boldsymbol{H}_1$。

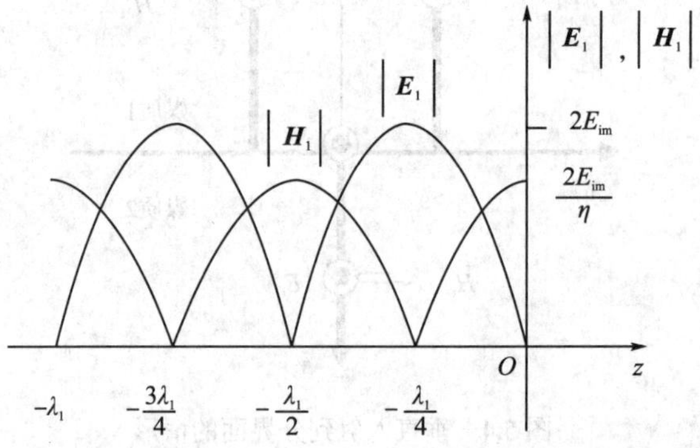

图 5.5 垂直入射到理想导体分界面的情形

5.2.3 理想介质分界面

对于两种理想介质分界面上的垂直入射情形，由式(5.14)可知，理想介质 1 入射到理想介质 2 的反射系数和透射系数分别为

$$\Gamma=\frac{\eta_2-\eta_1}{\eta_2+\eta_1},\qquad \tau=\frac{2\eta_2}{\eta_2+\eta_1} \tag{5.17}$$

显然，当$\eta_2<\eta_1\ (\varepsilon_1<\varepsilon_2)$时，$\Gamma<0$，反射波与入射波反相，即相位差$\pi$，有半波损失；当$\eta_2>\eta_1\ (\varepsilon_1>\varepsilon_2)$时，$\Gamma>0$，反射波与入射波同相位。

介质 1 中，合成电磁波的场量为

$$\begin{aligned}\boldsymbol{E}_1(z)&=\boldsymbol{E}_\mathrm{i}(z)+\boldsymbol{E}_\mathrm{r}(z)\\&=\boldsymbol{e}_xE_\mathrm{im}(\mathrm{e}^{-\mathrm{j}\beta_1z}+\Gamma\mathrm{e}^{\mathrm{j}\beta_1z})=\boldsymbol{e}_xE_\mathrm{im}\left[(1+\Gamma)\mathrm{e}^{-\mathrm{j}\beta_1z}+\mathrm{j}2\Gamma\sin(\beta_1z)\right]\end{aligned} \tag{5.18}$$

$$\begin{aligned}\boldsymbol{H}_1(z)&=\boldsymbol{H}_\mathrm{i}(z)+\boldsymbol{H}_\mathrm{r}(z)\\&=\boldsymbol{e}_y\frac{E_\mathrm{im}}{\eta_1}(\mathrm{e}^{-\mathrm{j}\beta_1z}-\Gamma\mathrm{e}^{\mathrm{j}\beta_1z})=\boldsymbol{e}_y\frac{E_\mathrm{im}}{\eta_1}\left[(1+\Gamma)\mathrm{e}^{-\mathrm{j}\beta_1z}-2\Gamma\cos(\beta_1z)\right]\end{aligned} \tag{5.19}$$

合成波的电场和磁场振幅分别为

$$|\boldsymbol{E}_1(z)|=E_\mathrm{im}\left|\mathrm{e}^{-\mathrm{j}\beta_1z}+\Gamma\mathrm{e}^{\mathrm{j}\beta_1z}\right|=E_\mathrm{im}\sqrt{1+\Gamma^2+2\Gamma\cos(2\beta_1z)} \tag{5.20}$$

$$|\boldsymbol{H}_1(z)|=\frac{E_\mathrm{im}}{\eta_1}\sqrt{1+\Gamma^2-2\Gamma\cos(2\beta_1z)} \tag{5.21}$$

在界面上($z=0$)，当$\Gamma>0$或$\Gamma<0$时，$|\boldsymbol{E}_1(z)|$分别取最大值或最小值。例如，对于入射到理想导体的情形，$\Gamma=-1<0$，电场幅度为 0(最小)。比较$|\boldsymbol{E}_1(z)|$和$|\boldsymbol{H}_1(z)|$的表达式可知，电场和磁场的最大值和最小值出现的位置正好互换。

定义驻波比(驻波系数)为电场强度振幅的最大值与最小值之比：

$$S = \frac{|E_1|_{\max}}{|E_1|_{\min}} = \frac{1+|\Gamma|}{1-|\Gamma|} \tag{5.22}$$

驻波比也可用分贝表示 $S_{\mathrm{dB}} = 20\log_{10} S$ ，反射系数也可以用驻波系数表示 $|\Gamma| = (S-1)/(S+1)$。当 $\Gamma=0$ 时，$S=1$(0dB)，对应于行波；当 $\Gamma=\pm1$ 时，$S=\infty$ ，对应于纯驻波；当 $0<|\Gamma|<1$时，$1< S <\infty$ ，为行波和驻波的混合波。可见，S 越大，驻波分量越大，行波分量越小。

两种理想介质中的平均坡印亭矢量分别为

$$\boldsymbol{S}_{1\mathrm{av}} = \frac{1}{2}\mathrm{Re}\left[\boldsymbol{e}_x E_1 \times \boldsymbol{e}_y H_1^*\right] = \boldsymbol{e}_z \frac{E_{\mathrm{im}}^2}{2\eta_1}(1-\Gamma^2) \tag{5.23}$$

$$\boldsymbol{S}_{2\mathrm{av}} = \frac{1}{2}\mathrm{Re}\left[\boldsymbol{e}_x E_2 \times \boldsymbol{e}_y H_2^*\right] = \boldsymbol{e}_z \frac{E_{\mathrm{im}}^2}{2\eta_2}\tau^2 \tag{5.24}$$

将式(5.17)代入式(5.23)和式(5.24)可得 $\boldsymbol{S}_{1\mathrm{av}} = \boldsymbol{S}_{2\mathrm{av}}$ ，即透射波平均能流密度等于入射波平均能流密度减去反射波平均能流密度，符合能量守恒定律。

5.2.4　三层介质分界面

对于三层无损耗媒质情形，如单层光学薄膜等，通常由空气(n_1)、薄膜(n_2)和基底(n_3)组成，如图 5.6 所示。两个相互平行的界面之间发生多次反射，同时也会多次透射出去，形成多光束干涉。定义两个界面上的反射系数和透射系数分别为

$$\Gamma_1 = \frac{E_{1\mathrm{rm}}}{E_{1\mathrm{im}}},\quad \tau_1 = \frac{E_{2\mathrm{im}}}{E_{1\mathrm{im}}};\quad \Gamma_2 = \frac{E_{2\mathrm{rm}}}{E_{2\mathrm{im}}},\quad \tau_2 = \frac{E_{3\mathrm{tm}}}{E_{2\mathrm{im}}} \tag{5.25}$$

注意，τ_1的定义与两层媒质情形不同。我们可以用这些参数来表示媒质中多波干涉形成的合成波场量，然后根据界面处“电场强度和磁场强度的切向分量连续”的边界条件确定场量之间的关系。

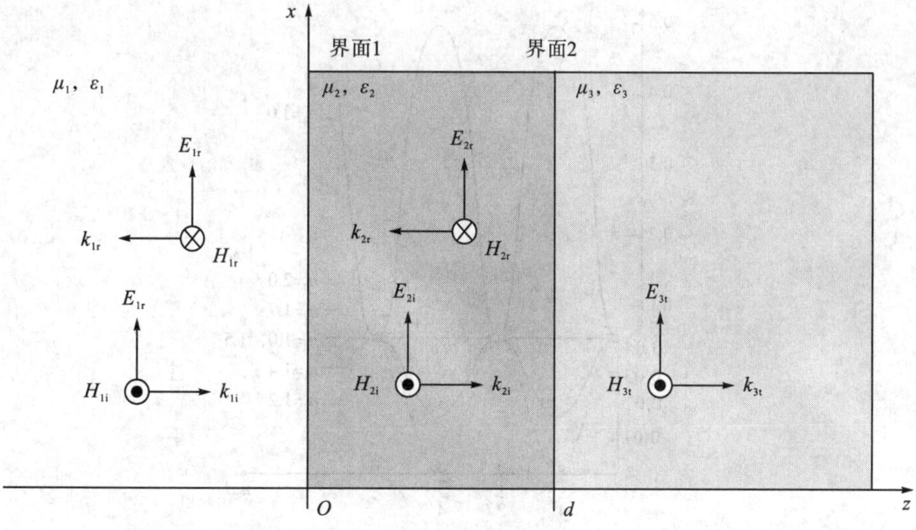

图 5.6　三层媒质界面上的垂直入射情形

在媒质 2 和媒质 3 的边界面上，可按两层媒质情形处理，即

$$\begin{cases}1+\Gamma_2=\tau_2\\ \dfrac{1}{\eta_2}(1-\Gamma_2)=\dfrac{1}{\eta_3}\tau_2\end{cases}\Rightarrow\begin{cases}\Gamma_2=\dfrac{\eta_3-\eta_2}{\eta_3+\eta_2}\\ \tau_2=1+\Gamma_2=\dfrac{2\eta_3}{\eta_3+\eta_2}\end{cases}\tag{5.26}$$

在媒质 1 和媒质 2 的边界面上，需要考虑媒质 2 和媒质 3 的边界面反射作用，则有

$$\begin{cases}1+\Gamma_1=\tau_1(\mathrm{e}^{\mathrm{j}\beta_2 d}+\Gamma_2\mathrm{e}^{-\mathrm{j}\beta_2 d})\triangleq\tau_1^{\mathrm{eff}}\\ \dfrac{1}{\eta_1}(1-\Gamma_1)=\dfrac{\tau_1}{\eta_2}(\mathrm{e}^{\mathrm{j}\beta_2 d}-\Gamma_2\mathrm{e}^{-\mathrm{j}\beta_2 d})\triangleq\dfrac{\tau_1^{\mathrm{eff}}}{\eta_2^{\mathrm{eff}}}\end{cases}\Rightarrow\begin{cases}\Gamma_1=\dfrac{\eta_2^{\mathrm{eff}}-\eta_1}{\eta_2^{\mathrm{eff}}+\eta_1}\\ \tau_1=\dfrac{1+\Gamma_1}{\mathrm{e}^{\mathrm{j}\beta_2 d}+\Gamma_2\mathrm{e}^{-\mathrm{j}\beta_2 d}}\end{cases}\tag{5.27}$$

式中，d 为媒质 2 的厚度；从 z=0 边界面上反射系数的等效性来看，媒质 2 和媒质 3 的组合结构的等效波阻抗为

$$\eta_2^{\mathrm{eff}}=\eta_2\frac{\mathrm{e}^{\mathrm{j}\beta_2 d}+\Gamma_2\mathrm{e}^{-\mathrm{j}\beta_2 d}}{\mathrm{e}^{\mathrm{j}\beta_2 d}-\Gamma_2\mathrm{e}^{-\mathrm{j}\beta_2 d}}=\eta_2\frac{\eta_3+\mathrm{j}\eta_2\tan(\beta_2 d)}{\eta_2+\mathrm{j}\eta_3\tan(\beta_2 d)}=\frac{E_2(0)}{H_2(0)}\tag{5.28}$$

从反射系数的角度，引入等效波阻抗，可简化分析。对于更多层媒质的垂直入射情形，可采用类似方法来分析。

当 $\beta_2 d=(2m-1)\pi/2$，即 $d=(2m-1)\lambda_2/4$ 时，$\tan(\beta_2 d)\to\infty$，$\eta_2^{\mathrm{eff}}=\eta_2^2/\eta_3$，则

$$\Gamma_1=\frac{\eta_2^2-\eta_1\eta_3}{\eta_2^2+\eta_1\eta_3}\tag{5.29}$$

此时的反射率取极大值(增反，$n_2>n_3>n_1$)或极小值(增透，$n_1<n_2<n_3$)。例如，对于空气（$n_1=1.0$）/介质膜(n_2)/基片($n_3=1.5$)多层结构，反射率 R 随膜层光学厚度 $n_2 d$ 的变化曲线如图 5.7 所示。进一步地，若 $\eta_2=\sqrt{\eta_1\eta_3}$，则 $\Gamma_1=0$，可达到完全增透效果(消除反射)，如相机镜头上的反射敷层。因此，为达到完全增透(消除反射)效果，敷层的厚度和波阻抗需要同时满足 $n_2 d=(2m-1)\lambda_0/4$ 和 $\eta_2=\sqrt{\eta_1\eta_3}$，其中 λ_0 为真空中波长。

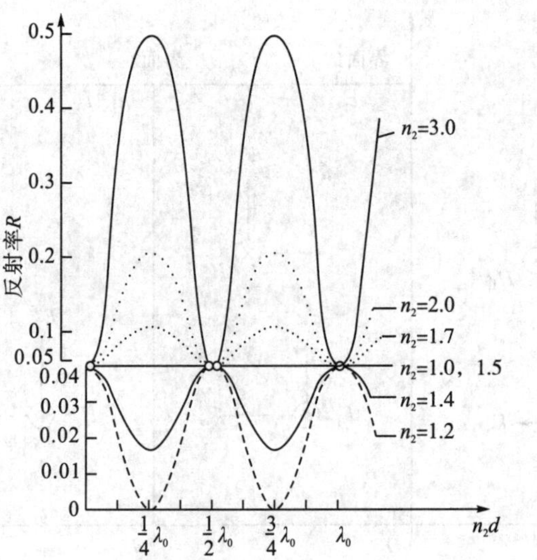

图 5.7　三层介质结构的反射率

当 $\beta_2 d = 2m\cdot\pi/2$，即 $d = m\lambda_2/2$ 时，$\tan(\beta_2 d)=0$，$\eta_2^{\text{eff}} = \eta_3$，则

$$\varGamma_1 = \frac{\eta_3-\eta_1}{\eta_3+\eta_1}, \qquad \tau_1\tau_2 = \frac{E_{3\text{tm}}}{E_{1\text{im}}} = -(1+\varGamma_1) = -\frac{2\eta_3}{\eta_3+\eta_1} \tag{5.30}$$

可见，厚度为 $d = m\lambda_2/2$ 的半波长媒质窗对电磁波的反射毫无影响，透射系数也好像媒质 2 不存在一样(但有 π 相移)。进一步地，若 $\eta_1=\eta_3$，则 $\varGamma_1 = 0$ (没有反射)。利用此原理，可设计雷达天线罩，既不影响电磁波传播，又使雷达免受恶劣环境影响。

5.3　晶体的双折射

5.3.1　折射率椭球

介质中不存在传导电流，焦耳损耗功率密度 $p_T = 0$，电磁能量守恒定律的微分表达式为 $\partial w/\partial t + \nabla\cdot\boldsymbol{S} = 0$，其中 $w = w_{\text{m}} + w_{\text{e}}$ 为电磁能量密度。据此可以证明，对于均匀、非导电的电各向异性介质(磁各向同性)，其介电张量具有对称性，即 $\varepsilon_{ij} = \varepsilon_{ji}\ (i,j = x,y,z)$，这样 9 个分量只有 6 个是独立的。此时，电能密度可以表示为二次型椭球方程：

$$\begin{aligned} w_e &= \frac{1}{2}\varepsilon_0 \sum_{i,j} E_i \varepsilon_{rij} E_j \\ &= \frac{1}{2}\varepsilon_0\left(\varepsilon_{rxx}E_x^2 + \varepsilon_{ryy}E_y^2 + \varepsilon_{rzz}E_z^2 + 2\varepsilon_{rxy}E_xE_y + 2\varepsilon_{ryz}E_yE_z + 2\varepsilon_{rzx}E_zE_x\right) \end{aligned} \tag{5.31}$$

式中，ε_{rij} 为相对介电张量的分量。将坐标系旋转得到与椭球主轴方向一致的坐标系，称为主坐标系，则式(5.31)进一步简化为

$$w_e = \frac{1}{2}\varepsilon_0\left(\varepsilon_{rx}E_x^2 + \varepsilon_{ry}E_y^2 + \varepsilon_{rz}E_z^2\right) = \frac{1}{2\varepsilon_0}\left(\frac{D_x^2}{n_x^2} + \frac{D_y^2}{n_y^2} + \frac{D_z^2}{n_z^2}\right) \tag{5.32}$$

式中，$\varepsilon_{rx} = n_x^2, \varepsilon_{ry} = n_y^2, \varepsilon_{rz} = n_z^2$ 为主介电常数；n_x、n_y、n_z 称为主折射率。若令 $x = \dfrac{D_x}{\sqrt{2\varepsilon_0 w_{\text{e}}}}$，$y = \dfrac{D_y}{\sqrt{2\varepsilon_0 w_e}}, z = \dfrac{D_z}{\sqrt{2\varepsilon_0 w_e}}$，则式(5.32)可以表示为如下椭球方程：

$$\frac{x^2}{n_x^2} + \frac{y^2}{n_y^2} + \frac{z^2}{n_z^2} = 1 \tag{5.33}$$

称为折射率椭球，又称光率体，它由晶体的光学性质(主折射率)唯一确定。

5.3.2　双折射现象

在均匀的、非磁性的、无源(传导电流密度 $J=0$ 和自由电荷密度 $\rho=0$)媒质中，均匀平面波的电磁场矢量 $[\boldsymbol{H},\boldsymbol{E},\boldsymbol{B},\boldsymbol{D}]$ 的时间和空间依赖关系可用传播因子 $\mathrm{e}^{\mathrm{j}(\omega t-\boldsymbol{k}\cdot\boldsymbol{r})}$ 表示，此时复数形式的麦克斯韦方程组中 ∇ 和 $\partial/\partial t$ 可分别用 $-\mathrm{j}\boldsymbol{k}$ 和 $\mathrm{j}\omega$ 代替。于是，均匀平面波传播

特性可用下列麦克斯韦方程组描述：

$$
\begin{cases}
\boldsymbol{k}\times\boldsymbol{H}=-\omega\boldsymbol{D}\\
\boldsymbol{k}\times\boldsymbol{E}=\omega\mu_0\boldsymbol{H}\\
\boldsymbol{k}\cdot\boldsymbol{H}=0\\
\boldsymbol{k}\cdot\boldsymbol{D}=0
\end{cases}
\tag{5.34}
$$

可以看出，$\boldsymbol{D}$、$\boldsymbol{E}$、$\boldsymbol{k}$、$\boldsymbol{S}$ 在同一平面内，它们都垂直于 $\boldsymbol{H}$，如图 5.8 所示。两组三重正交矢（$\boldsymbol{D}$、$\boldsymbol{H}$、$\boldsymbol{k}$）和（$\boldsymbol{E}$、$\boldsymbol{H}$、$\boldsymbol{S}$）分别构成右手螺旋正交关系，它们会绕 $\boldsymbol{H}$ 相对旋转一个角度。同时，均匀平面波的波动方程可以表示为

$$
\begin{aligned}
\boldsymbol{D}&=-\frac{\boldsymbol{k}\times\boldsymbol{H}}{\omega}=-\frac{\boldsymbol{k}\times(\boldsymbol{k}\times\boldsymbol{E})}{\omega^2\mu_0}\\
&=\frac{1}{\omega^2\mu_0}\left[k^2\boldsymbol{E}-\boldsymbol{k}(\boldsymbol{k}\cdot\boldsymbol{E})\right]=\varepsilon_0 n_{\mathrm{eff}}^2\left[\boldsymbol{E}-\boldsymbol{e}_k(\boldsymbol{e}_k\cdot\boldsymbol{E})\right]
\end{aligned}
\tag{5.35}
$$

式中，$\boldsymbol{e}_k$ 为波矢 $\boldsymbol{k}$ 的单位矢量，$k=n_{\mathrm{eff}}\omega/c$，$n_{\mathrm{eff}}$ 为有效折射率。

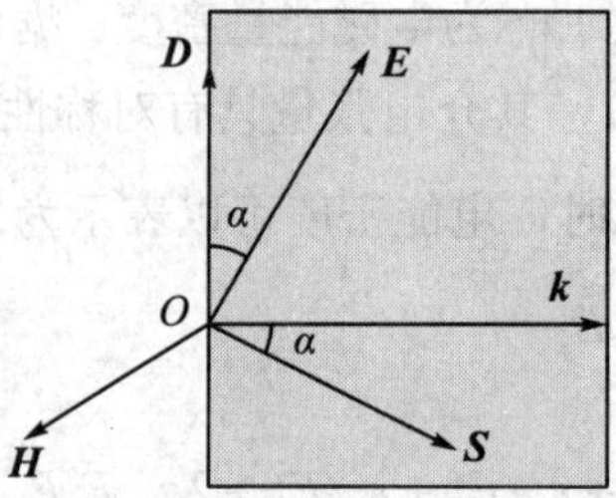

图 5.8 各向异性晶体中均匀平面波的电磁场量关系

在各向异性介质中，对于一个给定的传播方向 $\boldsymbol{e}_k$，有效折射率 n_{eff} 有两个不相等的实根，它们对应于两个相互垂直的线振光波 $\boldsymbol{D}$ 矢量。根据折射率椭球，可分析给定光传播方向所对应的两个特定线振光的折射率和 $\boldsymbol{D}$ 矢量的振动方向，如图 5.9 所示。具体方法是：经过折射率椭球的原点作一个平面，所得截面为椭圆，该截面的法向平行于光波传播方向，椭圆的长轴、短轴方向即为两个允许存在的光波 $\boldsymbol{D}$ 矢量方向，长轴、短轴的长度分别等于这两个光波的折射率。一束单色光入射到各向异性介质（晶体）表面时，在晶体内部可能会产生两束线振的同频折射光，它们的振动方向相互垂直，这种现象称为晶体的双折射。

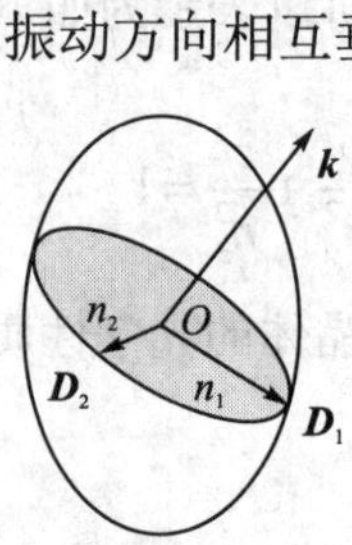

图 5.9 折射率椭球

在主坐标系中，根据主介电常数的不同特征，可将晶体分为各向同性晶体（$\varepsilon_x=\varepsilon_y=\varepsilon_z$，如立方晶系）、单轴晶体（$\varepsilon_x=\varepsilon_y\neq\varepsilon_z$，如三方、四方、六方晶系）和双轴晶体（$\varepsilon_x<\varepsilon_y<\varepsilon_z$，

如正交、单斜、三斜晶系)三大类，它们分别有无数个光轴、一个光轴和两个光轴。所谓光轴(c 轴)，是指这样的特殊方向，当光沿该方向传播时不发生双折射，即经过折射率椭球中心且垂直于光轴的截面为一个圆。在晶体内部的每一点都可以确定出一条光轴。

对于单轴晶体，主折射率分别为 $n_x = n_y = n_{\rm o}$ 和 $n_z = n_{\rm e}$，当 $n_{\rm e} > n_{\rm o}$ 时称为正单轴晶体，如冰、水晶、硫化锌等；当 $n_{\rm e} < n_{\rm o}$ 时称为负单轴晶体，如铌酸锂、方解石、磷酸二氢钾(potassium dihydrogen phosphate，KDP)等。单轴晶体中，对于任意给定的波矢 $\boldsymbol{k}$，可以有两个不同的折射率，它们对应着两种特定振动方向的光波，它们的 $\boldsymbol{D}$ (或 $\boldsymbol{E}$)矢量彼此垂直。一种是寻常光(o 光)，其折射率与波矢方向无关，即 $n' = n_{\rm o}$，类似于各向同性介质情形，$\boldsymbol{D}$ 与 $\boldsymbol{E}$ 矢量平行，$\boldsymbol{k}$ 与光线($\boldsymbol{S}_{\rm o}$)方向一致；另一种是非寻常光(e 光)，其折射率 $n'' = n_{\rm o}n_{\rm e}\Big/\sqrt{n_{\rm o}^2\sin^2\theta + n_{\rm e}^2\cos^2\theta}$，依赖于 $\boldsymbol{k}$ 与光轴(z 轴)的夹角 θ，一般情形下 $\boldsymbol{D}$ 与 $\boldsymbol{E}$ 矢量不平行，$\boldsymbol{k}$ 与光线($\boldsymbol{S}_{\rm e}$)方向也不重合。

双轴晶体有两个光轴，它们关于 z 轴对称，并处于 xOz 坐标平面内，光轴与 z 轴的夹角 β 可由式(5.36)确定：

$$\tan\beta = \frac{n_z}{n_x}\sqrt{\frac{n_y^2 - n_x^2}{n_z^2 - n_y^2}} \tag{5.36}$$

当 $\beta < 45^\circ$ 时，为正双轴晶体；当 $\beta > 45^\circ$ 时，为负双轴晶体。

根据“界面上电场强度的切向分量连续”的边界条件可知，在晶体界面上入射光、反射光和折射光的波矢 $\boldsymbol{k}_{\rm i}$、$\boldsymbol{k}_{\rm r}$、$\boldsymbol{k}_{\rm t}$ 与界面法线共面。由于各向异性晶体中的双折射现象，晶体中通常会有两个不同折射率的光线(有可能不在入射面内)，它们对应不同的折射角(或反射角)。在形式上，晶体界面上光的反射定律和折射定律与各向同性介质情形相同，即

$$\begin{cases} k_{\rm i}\sin\theta_{\rm i} = k_{\rm r}^{(1)}\sin\theta_{\rm r}^{(1)} = k_{\rm r}^{(2)}\sin\theta_{\rm r}^{(2)} \\ k_{\rm i}\sin\theta_{\rm i} = k_{\rm t}^{(1)}\sin\theta_{\rm t}^{(1)} = k_{\rm t}^{(2)}\sin\theta_{\rm t}^{(2)} \end{cases} \tag{5.37}$$

式中，$\theta_{\rm i}$、$\theta_{\rm r}$、$\theta_{\rm t}$ 分别为波矢 $\boldsymbol{k}_{\rm i}$、$\boldsymbol{k}_{\rm r}$、$\boldsymbol{k}_{\rm t}$ 与界面法线的夹角。事实上，即使在正入射时($\theta_{\rm i} = 0$)，仍可能产生双折射，除非波矢沿光轴方向。因此，平面波在晶体表面的反射和折射更为复杂。

5.3.3 各向异性传播特性

不考虑介质损耗时，晶体的相对介电张量通常具有如下形式：

$$\boldsymbol{\varepsilon}_r = \begin{bmatrix} \varepsilon_{r11} & \varepsilon_{r12} & \varepsilon_{r13} \\ \varepsilon_{r12}^* & \varepsilon_{r22} & \varepsilon_{r23} \\ \varepsilon_{r13}^* & \varepsilon_{r23}^* & \varepsilon_{r33} \end{bmatrix} \tag{5.38}$$

利用本构关系 $\boldsymbol{D} = \varepsilon_0\boldsymbol{\varepsilon}_r\cdot\boldsymbol{E}$，由式(5.35)可得

$$n_{\rm eff}^2\left[\boldsymbol{E} - \boldsymbol{e}_k(\boldsymbol{e}_k\cdot\boldsymbol{E})\right] - \boldsymbol{\varepsilon}_r\cdot\boldsymbol{E} = 0 \tag{5.39a}$$

写成矩阵形式为

$$\begin{bmatrix} n_{\text{eff}}^2(1-\alpha^2)-\varepsilon_{r11} & -n_{\text{eff}}^2\alpha\beta-\varepsilon_{r12} & -n_{\text{eff}}^2\alpha\gamma-\varepsilon_{r13} \\ -n_{\text{eff}}^2\alpha\beta-\varepsilon_{r12}^* & n_{\text{eff}}^2(1-\beta^2)-\varepsilon_{r22} & -n_{\text{eff}}^2\beta\gamma-\varepsilon_{r23} \\ -n_{\text{eff}}^2\alpha\gamma-\varepsilon_{r13}^* & -n_{\text{eff}}^2\beta\gamma-\varepsilon_{r23}^* & n_{\text{eff}}^2(1-\gamma^2)-\varepsilon_{r33} \end{bmatrix}\begin{bmatrix} E_x \\ E_y \\ E_z \end{bmatrix}=0 \tag{5.39b}$$

式中，α、β、γ 表示波矢 $\boldsymbol{k}$ 相对于坐标轴的方向余弦。$\boldsymbol{E}$ 具有非零解的条件是式(5.39b)的系数行列式为 0，由此可得

$$\begin{aligned} &\left[n_{\text{eff}}^2(1-\alpha^2)-\varepsilon_{r11}\right]\left[n_{\text{eff}}^2(1-\beta^2)-\varepsilon_{r22}\right]\left[n_{\text{eff}}^2(1-\gamma^2)-\varepsilon_{r33}\right] \\ &-\left|n_{\text{eff}}^2\beta\gamma+\varepsilon_{r23}\right|^2\left[n_{\text{eff}}^2(1-\alpha^2)-\varepsilon_{r11}\right]-\left|n_{\text{eff}}^2\alpha\beta+\varepsilon_{r12}\right|^2\left[n_{\text{eff}}^2(1-\gamma^2)-\varepsilon_{r33}\right] \\ &-\left|n_{\text{eff}}^2\alpha\gamma+\varepsilon_{r13}\right|^2\left[n_{\text{eff}}^2(1-\beta^2)-\varepsilon_{r22}\right] \\ &-2\text{Re}\left[\left(n_{\text{eff}}^2\alpha\beta+\varepsilon_{r12}\right)\left(n_{\text{eff}}^2\alpha\gamma+\varepsilon_{r13}^*\right)\left(n_{\text{eff}}^2\beta\gamma+\varepsilon_{r23}\right)\right]=0 \end{aligned} \tag{5.40}$$

在立方对称晶体或各向同性介质中，$\varepsilon_{r11}=\varepsilon_{r22}=\varepsilon_{r33}=\varepsilon_r$；进一步地，考虑 $\varepsilon_{r12}\neq 0,\ \varepsilon_{r13}=\varepsilon_{r23}=0$ 的情形，并分析导波光在如下两个方向的传播特性。

假设导波光沿 $+z$ 方向传播，则 $\alpha=\beta=0,\ \gamma=1$。由式(5.40)可得 $n_{\text{eff}}^2=\varepsilon_r\pm|\varepsilon_{r12}|$，再代入式(5.39b)可知 $E_y/E_x=\pm\varepsilon_{r12}^*/|\varepsilon_{r12}|=\mathrm{e}^{\mathrm{j}\delta}$，分别对应两个本征模。当 $\delta=0,\pi$ 时，对应于线偏振光；当 $0<\delta<\pi$ 时，对应于左旋椭圆偏振光；当 $-\pi<\delta<0$ 时，对应于右旋椭圆偏振光。特殊地，当 $\varepsilon_{r12}=\mathrm{j}\kappa_m\ (\kappa_m>0)$ 时，$E_y/E_x=\mp\mathrm{j}\ (\delta=\mp\pi/2)$，表明右旋圆偏振光和左旋圆偏振光对应的有效折射率分别为 $n_{\text{eff}}=\sqrt{\varepsilon_r\pm|\kappa_m|}$，可用于解释磁光法拉第效应和磁圆双折射现象，对应于沿光传播方向(纵向)磁化的情形。

假设导波光沿 $+x$ 方向传播，则 $\alpha=1,\ \beta=\gamma=0$。由式(5.39b)可得两个本征模，一个本征模的有效折射率为 $n_{\text{eff}}=\sqrt{\varepsilon_r-|\varepsilon_{r12}|^2/\varepsilon_r}$，对应的场解为 $E_y=-\varepsilon_r\varepsilon_{r12}^*E_x/|\varepsilon_{r12}|^2$；另一个本征模的有效折射率为 $n_{\text{eff}}=\sqrt{\varepsilon_r}$，$E_z$ 为任意值。这种情形可用于解释磁线振双折射现象，习惯上也称为科顿-穆顿(Cotton-Mouton)效应或瓦格特(Voigt)效应，对应于垂直光传播方向(横向)磁化的情形。

5.4 典型例题分析

例 5.1 利用式(5.5)和式(5.6)，讨论均匀平面波对理想导体平面斜入射时的反射特性，如图 5.10 所示。

解 (1)对于垂直极化波对理想导体表面的斜入射情形，$\sigma_2=\infty$，$\varepsilon_{2c}=\varepsilon_2-j\dfrac{\sigma_2}{\omega}=\infty$，$\eta_2=0$。利用菲涅尔公式［式(5.5)］可得 $\Gamma_{\text{s}}=-1,\ \tau_{\text{s}}=0$。严格讲，根据电场切向分量连续的边界条件，可得 $1+\Gamma_{\text{s}}=\tau_{\text{s}}$；由 $\tau_{\text{s}}=0$ 便知 $\Gamma_{\text{s}}=-1$。

此时，媒质 1 中的合成波为

$$\boldsymbol{E}_1=\boldsymbol{E}_\mathrm{i}+\boldsymbol{E}_\mathrm{r}=\boldsymbol{e}_yE_m(\mathrm{e}^{-\mathrm{j}\boldsymbol{k}_\mathrm{i}\cdot\boldsymbol{r}}-\mathrm{e}^{-\mathrm{j}\boldsymbol{k}_\mathrm{r}\cdot\boldsymbol{r}})=\boldsymbol{e}_yE_m(\mathrm{e}^{-\mathrm{j}kz\cos\theta_\mathrm{i}}-\mathrm{e}^{\mathrm{j}kz\cos\theta_\mathrm{r}})\mathrm{e}^{-\mathrm{j}kx\sin\theta_\mathrm{i}}$$
$$=-\boldsymbol{e}_yE_m2\mathrm{j}\sin(kz\cos\theta_\mathrm{i})\mathrm{e}^{-\mathrm{j}kx\sin\theta_\mathrm{i}}$$

$$\boldsymbol{H}_1=\boldsymbol{H}_\mathrm{i}+\boldsymbol{H}_\mathrm{r}=-\left[\boldsymbol{e}_x\cos\theta_\mathrm{i}\cos(kz\cos\theta_\mathrm{i})+\boldsymbol{e}_z\mathrm{j}\sin\theta_\mathrm{i}\sin(kz\cos\theta_i)\right]\frac{2E_m}{\eta_1}\mathrm{e}^{-\mathrm{j}kx\sin\theta_\mathrm{i}}$$

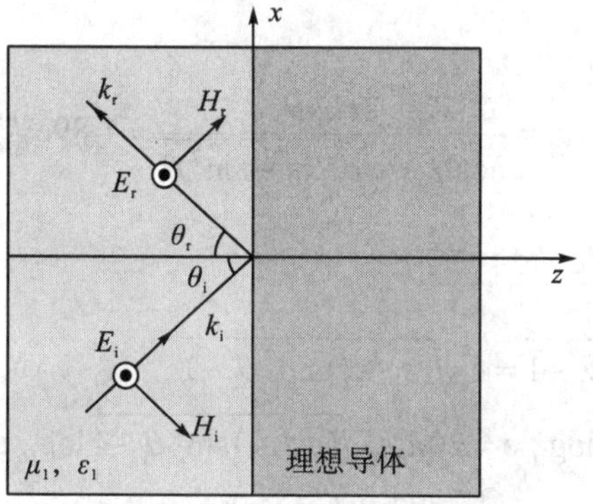

（a）垂直极化波的斜入射

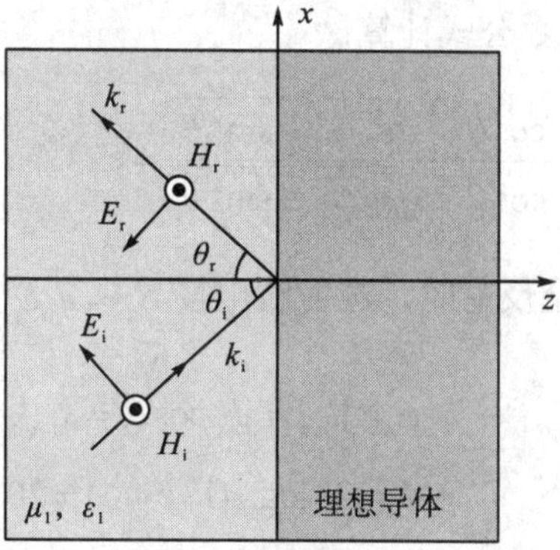

（b）平行极化波的斜入射

图 5.10　均匀平面波对理想导体平面的斜入射

可以看出，合成波电场强度 $\boldsymbol{E}_1(x,z,t)=\boldsymbol{e}_yE_m2\sin(kz\cos\theta_\mathrm{i})\sin(\omega t-kx\sin\theta_\mathrm{i})$ 是非均匀平面波，其振幅沿垂直于导体表面方向(z)呈驻波分布，当 $kz\cos\theta_\mathrm{i}=m\pi$ 时电场为 0。合成波沿平行于分界面的方向(x)传播，其相速为 $v_{px}=\dfrac{\omega}{k_{\mathrm{i}x}}=\dfrac{\omega}{k\sin\theta_\mathrm{i}}=\dfrac{v_p}{\sin\theta_\mathrm{i}}$。合成波有 E_y、H_x、H_z 分量，在传播方向(x)不存在电场分量（$E_x=0$），但存在磁场分量，称为 TE 波，其波阻抗为 $Z_\mathrm{TE}=E_y/H_z=\eta_1/\sin\theta_\mathrm{i}$，与自由空间的波阻抗相比 TE 波的波阻抗增强了。

(2) 对于平行极化波对理想导体表面的斜入射情形，利用菲涅尔公式，$\varGamma_\mathrm{p}=1,\ \tau_\mathrm{p}=0$。严格讲，根据电场切向分量连续的边界条件，可得 $(1-\varGamma_\mathrm{p})\cos\theta_\mathrm{i}=\tau_\mathrm{p}\cos\theta_\mathrm{i}$；由 $\tau_\mathrm{p}=0$ 便知 $\varGamma_\mathrm{p}=1$。此时，媒质 1 中的合成波为

$$\boldsymbol{H}_1=\boldsymbol{H}_\mathrm{i}+\boldsymbol{H}_\mathrm{r}=\boldsymbol{e}_y\frac{2E_m}{\eta_1}\cos(kz\cos\theta_\mathrm{i})\mathrm{e}^{-\mathrm{j}kx\sin\theta_\mathrm{i}}$$

$$\boldsymbol{E}_1=\boldsymbol{E}_\mathrm{i}+\boldsymbol{E}_\mathrm{r}=-\left[\boldsymbol{e}_x\mathrm{j}\cos\theta_\mathrm{i}\sin(kz\cos\theta_\mathrm{i})+\boldsymbol{e}_z\sin\theta_\mathrm{i}\cos(kz\cos\theta_\mathrm{i})\right]2E_m\mathrm{e}^{-\mathrm{j}kx\sin\theta_\mathrm{i}}$$

可以看出，合成波磁场强度 $\boldsymbol{H}_1(x,z,t)=\boldsymbol{e}_y\dfrac{2E_m}{\eta_1}\cos(kz\cos\theta_\mathrm{i})\cos(\omega t-kx\sin\theta_\mathrm{i})$ 是非均匀平面波，其振幅沿垂直于导体表面方向(z)呈驻波分布，当 $kz\cos\theta_\mathrm{i}=m\pi$ 时磁场最大。合成波平行于分界面方向(x)传播，其相速为 $v_{px}=\dfrac{\omega}{k_{\mathrm{i}x}}=\dfrac{\omega}{k\sin\theta_\mathrm{i}}=\dfrac{v_p}{\sin\theta_\mathrm{i}}$。合成波有 H_y、E_x、E_z 分量，在传播方向(x)不存在磁场分量（$H_x=0$），但存在电场分量，称为 TM 波，其波阻抗为 $Z_\mathrm{TM}=-E_z/H_y=\eta_1\sin\theta_\mathrm{i}$，与自由空间的波阻抗相比 TM 波的波阻抗减小了。

例 5.2 垂直极化的均匀平面波从淡水下以入射角$\theta_{\mathrm{i}}=20^{\circ}$投向淡水（$\varepsilon_r=81$，$\mu_r=1$，$\sigma=0$）与空气的分界面上，试求：(1)全反射临界角；(2)反射系数及透射系数；(3)空气中离开界面一个波长距离处透射波的损耗。

解： (1)全反射的临界角$\theta_{\mathrm{c}}=\arcsin\sqrt{\varepsilon_2/\varepsilon_1}=\arcsin\sqrt{1/\varepsilon_r}=6.38^{\circ}$；

(2)由于$\theta_{\mathrm{i}}>\theta_{\mathrm{c}}$，所以$\theta_{\mathrm{i}}=20^{\circ}$入射时会发生全反射，仍可由非磁性介质中的反射系数和透射系数公式计算：

$$\Gamma_{\mathrm{s}}=\frac{\cos\theta_{\mathrm{i}}-\sqrt{\varepsilon_2/\varepsilon_1-\sin^2\theta_{\mathrm{i}}}}{\cos\theta_{\mathrm{i}}+\sqrt{\varepsilon_2/\varepsilon_1-\sin^2\theta_{\mathrm{i}}}}=\mathrm{e}^{-\mathrm{j}38.04^{\circ}},\qquad \tau_{\mathrm{s}}=\frac{2\cos\theta_{\mathrm{i}}}{\cos\theta_{\mathrm{i}}+\sqrt{\varepsilon_2/\varepsilon_1-\sin^2\theta_{\mathrm{i}}}}=1.89\mathrm{e}^{-\mathrm{j}19.02^{\circ}}$$

(3)全反射时，透射波电场$\boldsymbol{E}_{\mathrm{t}}=\boldsymbol{e}_y E_{\mathrm{t}m}\mathrm{e}^{-\alpha z}\mathrm{e}^{-\mathrm{j}k_{\mathrm{tx}}x}$，式中

$$\alpha=\mathrm{j}k_{\mathrm{tz}}=\mathrm{j}k_{\mathrm{t}}\cos\theta_{\mathrm{t}}=k_{\mathrm{t}}\sqrt{\sin^2\theta_{\mathrm{t}}-1}=k_{\mathrm{t}}\sqrt{(\varepsilon_1/\varepsilon_2)\sin^2\theta_{\mathrm{i}}-1}$$

$$L=20\log_{10}(1/\mathrm{e}^{-\alpha\lambda_0})=20\alpha\lambda_0\log_{10}\mathrm{e}=20\lambda_0 k_{\mathrm{t}}\sqrt{(\varepsilon_1/\varepsilon_2)\sin^2\theta_{\mathrm{i}}-1}\log_{10}\mathrm{e}$$

$$=40\pi\sqrt{(\varepsilon_1/\varepsilon_2)\sin^2\theta_{\mathrm{i}}-1}\log_{10}\mathrm{e}=158.8\ (\mathrm{dB})$$

上式推导过程中利用了折射定理$\sin\theta_{\mathrm{t}}=\sqrt{\varepsilon_1/\varepsilon_2}\sin\theta_{\mathrm{i}}$。

例 5.3 一个圆极化的均匀平面波$\boldsymbol{E}_i(z,t)=E_m(\boldsymbol{e}_x+\boldsymbol{e}_y\mathrm{j})\mathrm{e}^{\mathrm{j}(\omega t-\beta z)}$自空气垂直入射到半无限大的无耗介质表面上，空气中合成波的驻波比为3，介质内透射波的波长是空气中波长的1/6，且介质表面上为合成波电场的最小点。试求：(1)介质的相对磁导率和相对介电常数；(2)反射波与透射波的电场及其极化状态。

解 (1)由式(5.22)可知，$|\Gamma|=\dfrac{S-1}{S+1}=\dfrac{1}{2}$。由于界面上合成波电场强度最小，则$\Gamma<0$，根据垂直入射时反射系数公式可知，$\Gamma=\dfrac{\eta_2-\eta_1}{\eta_2+\eta_1}=-\dfrac{1}{2}$，则有$\dfrac{\eta_2}{\eta_1}=\dfrac{\eta_2}{\eta_0}=\sqrt{\dfrac{\mu_{r2}}{\varepsilon_{r2}}}=\dfrac{1}{3}$。再由$\dfrac{\lambda_2}{\lambda_1}=\dfrac{\lambda_2}{\lambda_0}=\dfrac{1}{\sqrt{\mu_{r2}\varepsilon_{r2}}}=\dfrac{1}{6}$，可求得$\mu_{r2}=2,\varepsilon_{r2}=18$。

(2)根据垂直入射时透射系数公式可知，$\tau=\dfrac{2\eta_2}{\eta_2+\eta_1}=\dfrac{1}{2}$。根据反射系数和透射系数定义，反射波和透射波的电场分别为

$$\boldsymbol{E}_{\mathrm{r}}(z,t)=\Gamma E_m(\boldsymbol{e}_x+\boldsymbol{e}_y\mathrm{j})\mathrm{e}^{\mathrm{j}(\omega t+\beta z)}=-0.5E_m(\boldsymbol{e}_x+\boldsymbol{e}_y\mathrm{j})\mathrm{e}^{\mathrm{j}(\omega t+\beta z)}$$

$$\boldsymbol{E}_{\mathrm{t}}(z,t)=\tau E_m(\boldsymbol{e}_x+\boldsymbol{e}_y\mathrm{j})\mathrm{e}^{\mathrm{j}(\omega t-\beta z)}=0.5E_m(\boldsymbol{e}_x+\boldsymbol{e}_y\mathrm{j})\mathrm{e}^{\mathrm{j}(\omega t-\beta z)}$$

可见，对于由空气垂直入射到理想介质分界面的情形，反射和透射系数不改变入射波电场两个分量之间的相位关系。由于入射波为左旋圆极化波，所以反射波变为右旋圆极化波(传播方向相反)，透射波仍为左旋圆极化波。

第6章　导波系统的电磁场分析

横截面特性(如形状、尺寸、材料性质等)在光传播方向(纵向)不发生变化的波导结构，称为均匀导波系统。均匀导波系统中，电磁场量具有 $\boldsymbol{F}(x,y,z)=\boldsymbol{f}(x,y)\mathrm{e}^{-\gamma z}$ 分离变量形式，其横向分量通常可用两个纵向分量(E_z,H_z)表达，称为纵向场分析方法。因此，关键是求出导波系统的纵向分量 $E_z(x,y)$ 和 $H_z(x,y)$ 以及传播常数 γ ，其中 $E_z(x,y)$ 和 $H_z(x,y)$ 满足横向传播常数为 $k_C=\sqrt{\gamma^2+k^2}$ 的亥姆霍兹方程，导波存在的条件是 $k=\omega\sqrt{\mu\varepsilon}>k_C$ 。根据纵向分量(E_z,H_z)是否存在，可将导行电磁波分为TEM波、TM波、TE波等波型，不同的导波系统结构，可支持的波型也不同。例如，单导体波导可支持TE波和TM波，但不支持TEM波；同轴金属波导可支持TE波、TM波、TEM波三种波型；光纤介质波导中可支持TE波、TM波和混合波，但不支持TEM波。

矩形金属波导支持 TM_{mn} (m、n 均不为0)和 TE_{mn} (m、n 不同时为0)两种波型，它们具有相同的截止波数 $k_{Cmn}=\sqrt{(m\pi/a)^2+(n\pi/b)^2}$ 。三层平板介质波导(x 方向受限，y 方向为无限大)支持TM波(只有 H_y、E_x、E_z 分量)和TE波(只有 $\boldsymbol{E}_y$、$\boldsymbol{H}_x$、$\boldsymbol{H}_z$ 分量)，它是等效折射率分析方法的基础。矩形介质波导可采用马卡梯里近似方法分析，按电场量沿 x 方向偏振分布(E_{mn}^x 模，$E_y=0$)和沿 y 方向偏振分布(E_{mn}^y 模，$H_y=0$)两种模式处理，可分别用横向分布 $E_{xm}(x,y)$ 和 $H_{xm}(x,y)$ 表示其他电磁场分量。等效折射率方法是将脊形波导分别按 x 方向受限和 y 方向受限的三层平板介质波导处理，通过计算波导结构的等效折射率来获知导波的传播特性。

6.1　均匀导波系统

6.1.1　导波系统分类

导波系统是指引导电磁波沿一定方向传播的装置(或称波导)，被引导的电磁波称为导行波(导波)。若波导的横截面特性(如形状、尺寸、材料性质等)沿纵向(z方向)均匀，则称为均匀导波系统，此时波导内电场与磁场的横向分布只与 x 和 y 有关，与坐标 z 无关。导波系统中电磁波的传输问题属于电磁场边值问题，即通过求解给定边界条件下电磁波的波动方程，可得到矩形波导、圆波导、同轴线、谐振腔、光纤等导波系统中电磁场分布和电磁波的传播特性。

根据导波系统结构的不同，常见的波导有传输线、金属波导管、介质波导等类型。

(1) 传输线。传输线由两根或更多平行导体构成，通常工作在 TEM 波或准横电磁波的主模模式下，故又称 TEM 波传输线，如平行双线、同轴线等，如图 6.1 所示。对于双导体(或多导体)导波系统，当传播的电磁波频率不太高时，可以用等效传输线法来分析电磁波传播特性，即分别用“电路”中的电压和电流等效波导中的电场和磁场。

（a）平行双线

（b）同轴线

图 6.1 传输线

(2) 金属波导管。金属波导管由单根封闭的柱形导体空管构成(单导体)，电磁波在管内传播，简称波导管，如矩形波导、圆柱形波导等，如图 6.2 所示。对于理想导波系统，它由理想导体($\sigma=\infty$)构成波导壁、内部填充有各向同性的理想介质($\sigma=0$，无损耗)，利用理想导体表面的边界条件(电场强度的切向分量和磁感应强度的法向分量均为 0)和理想介质的本构关系，可求解理想导波系统中电磁场的分布。在理想介质一侧，电场强度和磁场强度分别垂直和平行于理想导体表面。

（a）矩形波导

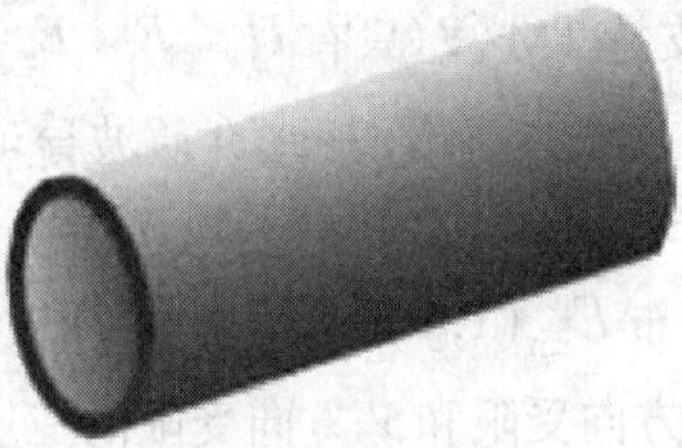

（b）圆柱形波导

图 6.2 金属波导管

(3) 介质波导。介质波导由单根介质层或敷介质层的导体构成，电磁波在介质内和沿外表面传播。光导波系统，简称光波导，通常由芯层和包层介质组成。从垂直于传播方向的横截面来看，当芯层宽度远大于芯层厚度时可视为在厚度方向受限制，而在宽度方向场量分布均匀的平板波导，属于二维波导结构(波导在宽度方向一维无限均匀)，如三层平板介质波导。若场量在横向上分布均匀，则属于一维波导结构(波导在横向二维无限均匀)，如一维光子晶体等。实际中，很多光波导结构在芯层厚度和宽度方向上均受到限制，属于三维波导结构，如各种条形波导、光纤等。

6.1.2 导行电磁波的波形

在直角坐标系中，场矢量 $\boldsymbol{F}=[\boldsymbol{E},\boldsymbol{H}]$ 在无源区域满足的亥姆霍兹方程为

$$\nabla^2 F_i + k^2 F_i = 0 \tag{6.1}$$

式中，$i = t(x,y), z$ 分别表示横向分量和纵向分量，$\nabla^2 = \nabla_t^2 + \partial^2/\partial z^2$，$k = \omega\sqrt{\mu\varepsilon}$。对于均匀导波系统，横向和纵向的空间坐标变量可以分离，将电磁场量表示为 $F_i(\boldsymbol{r}_t, z) = f_i(\boldsymbol{r}_t) g_i(z)$，并代入式(6.1)，则有

$$\begin{cases} g_i(z)\nabla_t^2 f_i(\boldsymbol{r}_t) + f_i(\boldsymbol{r}_t)\dfrac{\partial^2 g_i(z)}{\partial z^2} + k^2 f_i(\boldsymbol{r}_t) g_i(z) = 0 \\ \dfrac{1}{f_i(\boldsymbol{r}_t)}\nabla_t^2 f_i(\boldsymbol{r}_t) + \dfrac{1}{g_i(z)}\dfrac{\partial^2 g_i(z)}{\partial z^2} + k^2 = 0 \end{cases} \tag{6.2}$$

若令 $\dfrac{1}{g_i(z)}\dfrac{\partial^2 g_i(z)}{\partial z^2} = \gamma^2$，则 $g_i(z) = g_{im}\mathrm{e}^{\pm\gamma z}$，$g_{im}$ 为待定系数。当 $\gamma = \mathrm{j}\beta$ 为虚数时，对应于导行波，其中 $\mathrm{e}^{-\gamma z}$ 表示沿+z 方向传播。与此同时，还可以得到电磁场量的横向分布满足的方程：

$$\nabla_t^2 f_i(\boldsymbol{r}_t) + (\gamma^2 + k^2) f_i(\boldsymbol{r}_t) = \left[\nabla_t^2 + k_C^2\right] f_i(\boldsymbol{r}_t) = 0 \tag{6.3}$$

式中，$k_C = \sqrt{\gamma^2 + k^2}$ 为横向波数。利用边界条件，可确定每一个 γ 值所对应的 $f_i(\boldsymbol{r}_t)$。

因此，均匀导波系统中电磁场量可以表示为 $\boldsymbol{F}(x,y,z) = \boldsymbol{f}(x,y)\mathrm{e}^{-\gamma z}$ 形式。具体讲，在均匀、理想导波系统中，时谐电磁波的电磁场量可表示为如下复矢量形式：

$$\begin{cases} \boldsymbol{E}(x,y,z) = \boldsymbol{E}(x,y)\mathrm{e}^{-\gamma z} \\ \boldsymbol{H}(x,y,z) = \boldsymbol{H}(x,y)\mathrm{e}^{-\gamma z} \end{cases} \tag{6.4}$$

式中，传播常数 γ 以及电磁场量的横向分布 $\boldsymbol{E}(x,y)$ 和 $\boldsymbol{H}(x,y)$ 由导波系统的边界条件确定。

在直角坐标系中，时谐电磁场满足麦克斯韦方程：

$$\nabla \times \boldsymbol{E} = \begin{vmatrix} \boldsymbol{e}_x & \boldsymbol{e}_y & \boldsymbol{e}_z \\ \dfrac{\partial}{\partial x} & \dfrac{\partial}{\partial y} & \dfrac{\partial}{\partial z} \\ E_x & E_y & E_z \end{vmatrix} = -\mathrm{j}\omega\mu\boldsymbol{H} \Rightarrow \begin{cases} -\mathrm{j}\omega\mu H_x = \dfrac{\partial E_z}{\partial y} - \dfrac{\partial E_y}{\partial z} \\ -\mathrm{j}\omega\mu H_y = \dfrac{\partial E_x}{\partial z} - \dfrac{\partial E_z}{\partial x} \\ -\mathrm{j}\omega\mu H_z = \dfrac{\partial E_y}{\partial x} - \dfrac{\partial E_x}{\partial y} \end{cases} \tag{6.5}$$

$$\nabla \times \boldsymbol{H} = \begin{vmatrix} \boldsymbol{e}_x & \boldsymbol{e}_y & \boldsymbol{e}_z \\ \dfrac{\partial}{\partial x} & \dfrac{\partial}{\partial y} & \dfrac{\partial}{\partial z} \\ H_x & H_y & H_z \end{vmatrix} = \mathrm{j}\omega\varepsilon\boldsymbol{E} \Rightarrow \begin{cases} \mathrm{j}\omega\varepsilon E_x = \dfrac{\partial H_z}{\partial y} - \dfrac{\partial H_y}{\partial z} \\ \mathrm{j}\omega\varepsilon E_y = \dfrac{\partial H_x}{\partial z} - \dfrac{\partial H_z}{\partial x} \\ \mathrm{j}\omega\varepsilon E_z = \dfrac{\partial H_y}{\partial x} - \dfrac{\partial H_x}{\partial y} \end{cases} \tag{6.6}$$

下面以 H_x 的推导为例，说明均匀导波系统中电磁场的横向分量可以用两个纵向分量(E_z, H_z)表示。由式(6.4)可知，$\partial E_{x,y}/\partial z = -\gamma E_{x,y}$，$\partial H_{x,y}/\partial z = -\gamma H_{x,y}$，则有

$$-\mathrm{j}\omega\mu H_x = \frac{\partial E_z}{\partial y} + \gamma E_y$$

$$\Rightarrow H_x = \frac{1}{-\mathrm{j}\omega\mu}\left[\frac{\partial E_z}{\partial y} + \gamma\left(\frac{-\gamma H_x - \dfrac{\partial H_z}{\partial x}}{\mathrm{j}\omega\varepsilon}\right)\right] = \frac{1}{k^2}\left(\mathrm{j}\omega\varepsilon\frac{\partial E_z}{\partial y} - \gamma^2 H_x - \gamma\frac{\partial H_z}{\partial x}\right) \tag{6.7}$$

$$\Rightarrow H_x = \frac{1}{\gamma^2 + k^2}\left(\mathrm{j}\omega\mu\frac{\partial E_z}{\partial y} - \gamma\frac{\partial H_z}{\partial x}\right) = -\frac{1}{k_C^2}\left(\gamma\frac{\partial H_z}{\partial x} - \mathrm{j}\omega\varepsilon\frac{\partial E_z}{\partial y}\right)$$

式中，$k=\omega\sqrt{\mu\varepsilon}$，$k_C^2=\gamma^2+k^2$。对于导行波情形，要求$\gamma^2=k_C^2-k^2<0$，即$k>k_C$。因此，$k_C$又称为截止波数，它由波导的形状、尺寸和传播波型决定。

同样地，其他横向场分量也可用两个纵向分量(E_z,H_z)来表达。因此，均匀导波系统中，所有横向场分量(E_x,E_y,H_x,H_y)均可用两个纵向分量(E_z,H_z)表示为

$$\begin{cases} H_x = -\dfrac{1}{k_C^2}\left(\gamma\dfrac{\partial H_z}{\partial x} - \mathrm{j}\omega\varepsilon\dfrac{\partial E_z}{\partial y}\right) \\ H_y = -\dfrac{1}{k_C^2}\left(\gamma\dfrac{\partial H_z}{\partial y} + \mathrm{j}\omega\varepsilon\dfrac{\partial E_z}{\partial x}\right) \\ E_x = -\dfrac{1}{k_C^2}\left(\gamma\dfrac{\partial E_z}{\partial x} + \mathrm{j}\omega\mu\dfrac{\partial H_z}{\partial y}\right) \\ E_y = -\dfrac{1}{k_C^2}\left(\gamma\dfrac{\partial E_z}{\partial y} - \mathrm{j}\omega\mu\dfrac{\partial H_z}{\partial x}\right) \end{cases} \tag{6.8}$$

而纵向场分量(E_z,H_z)可由如下横向分布方程确定：

$$\nabla_t^2\begin{bmatrix} E_z(\boldsymbol{r}_t) \\ H_z(\boldsymbol{r}_t) \end{bmatrix} + k_C^2\begin{bmatrix} E_z(\boldsymbol{r}_t) \\ H_z(\boldsymbol{r}_t) \end{bmatrix} = 0 \tag{6.9}$$

该方程可将γ与纵向场的横向空间分布联系起来。根据边界条件可得到传播常数γ满足的特征方程，进而可分析导行波的传播特性，这种分析方法称为纵向场分析法。类似地，也可以在圆柱坐标系中分析光纤中导波光的传播特性。

均匀波导中，导行电磁波的传播特性依赖于具体的波导结构，所支持的导波类型和模式表示方法也有所不同。根据电场强度和磁场强度的纵向分量存在与否，可将导行电磁波分为如下波型。①TEM 波：$H_z=E_z=0$。由于 TEM 波没有纵向场分量，故不能直接用纵向场分析法，可用二维静态场分析法或传输线方程进行分析。②TM 波：$H_z=0,\ E_z\neq 0$，故又称为 E 波。③TE 波：$E_z=0,\ H_z\neq 0$，故又称为 H 波。④混合波：$E_z\neq 0,\ H_z\neq 0$，可视为 TM 波和 TE 波的叠加。需要指出的是，导波系统支持什么波型，取决于具体的波导结构。例如，空心金属波导等单导体波导可支持 TE 波和 TM 波，但不支持 TEM 波，因为不存在产生横向磁场的纵向传导或位移电流源；同轴波导可支持 TE 波、TM 波、TEM 波三种波型；光纤介质波导中可支持 TE 波、TM 波和混合波，但不支持 TEM 波。

对于 TEM 波，$H_z=E_z=0$，由麦克斯韦标量方程可知：

$$k_C^2 = \gamma_{\mathrm{TEM}}^2 + k^2 = 0 \ \Rightarrow \gamma_{\mathrm{TEM}} = \mathrm{j}k = \mathrm{j}\omega\sqrt{\mu\varepsilon} \tag{6.10}$$

同轴线、双线传输线、微带线可以传输 TEM 波，它们可称为 TEM 传输线。均匀导波系统中，TEM 波的传播特性与无界空间中均匀平面波的传播特性相同：相速 $\upsilon_p=\omega/\beta=1/\sqrt{\mu\varepsilon}$，波阻抗 $Z_{\text{TEM}}=E_x/H_y=\gamma/(\text{j}\omega\varepsilon)=\sqrt{\mu/\varepsilon}=\eta$，电场与磁场之间关系为 $\boldsymbol{H}=(\boldsymbol{e}_z\times\boldsymbol{E})/Z_{\text{TEM}}$。

TM 波和 TE 波的电磁场量如表 6.1 所示，利用电磁参量的对偶关系：

$$\boldsymbol{E}\to\boldsymbol{H},\quad \boldsymbol{H}\to-\boldsymbol{E},\quad \varepsilon\to\mu,\quad \mu\to\varepsilon \tag{6.11}$$

可由 TM 波的横向场与纵向场关系式得到 TE 波的相应公式，反之亦然。

表 6.1　TM 波和 TE 波的电磁场量公式

波型	TM 波 $H_z=0,\ E_z\neq0$	TE 波 $E_z=0,\ H_z\neq0$
横向场与纵向场之间的关系	$E_x=-\frac{\gamma}{k_C^2}\frac{\partial E_z}{\partial x}$ $E_y=-\frac{\gamma}{k_C^2}\frac{\partial E_z}{\partial y}$ $H_x=\frac{\text{j}\omega\varepsilon}{k_C^2}\frac{\partial E_z}{\partial y}$ $H_y=-\frac{\text{j}\omega\varepsilon}{k_C^2}\frac{\partial E_z}{\partial x}$	$E_x=-\frac{\text{j}\omega\mu}{k_C^2}\frac{\partial H_z}{\partial y}$ $E_y=\frac{\text{j}\omega\mu}{k_C^2}\frac{\partial H_z}{\partial x}$ $H_x=-\frac{\gamma}{k_C^2}\frac{\partial H_z}{\partial x}$ $H_y=-\frac{\gamma}{k_C^2}\frac{\partial H_z}{\partial y}$
波阻抗	$Z_{\text{TM}}=\frac{E_x}{H_y}=-\frac{E_y}{H_x}=\frac{\gamma}{\text{j}\omega\varepsilon}$	$Z_{\text{TE}}=\frac{E_x}{H_y}=-\frac{E_y}{H_x}=\frac{\text{j}\omega\mu}{\gamma}$
电场与磁场的关系	$\boldsymbol{H}=(\boldsymbol{e}_z\times\boldsymbol{E})/Z_{\text{TM}}$	$\boldsymbol{E}=Z_{\text{TE}}(\boldsymbol{H}\times\boldsymbol{e}_z)$

6.2　矩形金属波导管

6.2.1　电磁场的模式分布

作为例子，下面采用纵向场分析方法分析矩形金属波导管中电磁波的分布，如图 6.3 所示，a 和 b 为矩形波导横截面的宽度(长边)和高度(短边)。首先，根据波动方程确定均匀导波系统中纵向场分量的横向分布表达式，注意横向波数与纵向波数(传播常数)之间的关系；然后，利用边界条件得到传播常数满足的特征方程，进而确定纵向场的具体形式；最后，利用横向场分量与纵向场分量之间的关系式，表示出所有的场分量。

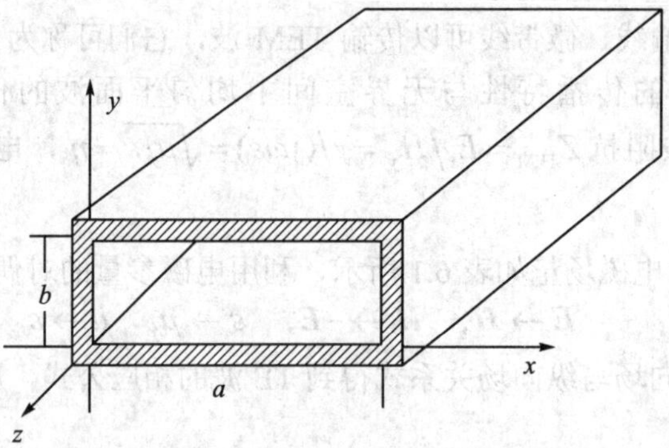

图 6.3 理想的矩形金属波导管

对于均匀矩形波导中的 TM 波（$H_z=0,\ E_z\neq 0$），有 $E_Z(x,y,z)=E_Z(x,y)\mathrm{e}^{-\gamma z}$，其中 $E_z(x,y)$ 满足如下波动方程：

$$\left[\frac{\partial^2}{\partial x^2}+\frac{\partial^2}{\partial y^2}+k_C^2\right]E_z(x,y)=0 \tag{6.12}$$

采用分离变量法，$E_z(x,y)=f(x)g(y)$，则

$$-\frac{1}{f(x)}\frac{\mathrm{d}^2 f(x)}{\mathrm{d}x^2}-\frac{1}{g(y)}\frac{\mathrm{d}^2 g(y)}{\mathrm{d}y^2}=k_C^2 \tag{6.13}$$

令 $-\frac{1}{f(x)}\frac{\mathrm{d}^2 f(x)}{\mathrm{d}x^2}=k_x^2,\ -\frac{1}{g(y)}\frac{\mathrm{d}^2 g(y)}{\mathrm{d}y^2}=k_y^2$，则有 $k_x^2+k_y^2=k_C^2=\gamma^2+k^2$，且

$$\begin{cases}\dfrac{\mathrm{d}^2 f(x)}{\mathrm{d}x^2}+k_x^2 f(x)=0\\ \dfrac{\mathrm{d}^2 g(y)}{\mathrm{d}y^2}+k_y^2 g(y)=0\end{cases}\Rightarrow\begin{cases}f(x)=A\sin(k_x x)+B\cos(k_x x)\\ g(y)=C\sin(k_y y)+D\cos(k_y y)\end{cases} \tag{6.14}$$

式中，A、B、C、D 为待定系数；k_x,k_y 为横向波数。

在理想导体内表面上，利用矩形波导在 x 和 y 方向“电场强度切向分量连续”的边界条件：

$$E_z\big|_{x=0}=0,\quad E_z\big|_{x=a}=0;\quad E_z\big|_{y=0}=0, E_z\big|_{y=b}=0 \tag{6.15}$$

可知 $k_x=\frac{m\pi}{a}$ 和 $k_y=\frac{n\pi}{b}$，即

$$k_C=\sqrt{\gamma^2+k^2}=\sqrt{k_x^2+k_y^2}=\sqrt{(m\pi/a)^2+(n\pi/b)^2} \tag{6.16}$$

并有

$$E_z(x,y)=E_{\mathrm{m}}\sin(\frac{m\pi}{a}x)\sin(\frac{n\pi}{b}y),\qquad m,n=0,1,2,3\cdots \tag{6.17}$$

式中，m 和 n 称为波型指数(模式标号)，分别对应于 x、y 方向上驻波的半波长数目，即 $m=2a/\lambda_x, n=2b/\lambda_y$。式(6.17)也可根据均匀平面波斜入射到理想导体的电磁场分布特点直接写出。

根据场的横向分量与纵向分量之间的关系，可以给出矩形波导中 TM 波的所有场分量：

$$\begin{cases} E_z(x,y,z)=E_m\sin\left(\dfrac{m\pi}{a}x\right)\sin\left(\dfrac{n\pi}{b}y\right)\mathrm{e}^{-\gamma z} \\ H_z(x,y,z)=0 \\ E_x(x,y,z)=\dfrac{-\gamma}{k_C^2}\left(\dfrac{m\pi}{a}\right)E_m\cos\left(\dfrac{m\pi}{a}x\right)\sin\left(\dfrac{n\pi}{b}y\right)\mathrm{e}^{-\gamma z} \\ E_y(x,y,z)=\dfrac{-\gamma}{k_C^2}\left(\dfrac{n\pi}{b}\right)E_m\sin\left(\dfrac{m\pi}{a}x\right)\cos\left(\dfrac{n\pi}{b}y\right)\mathrm{e}^{-\gamma z} \\ H_x(x,y,z)=\dfrac{\mathrm{j}\omega\varepsilon}{k_C^2}\left(\dfrac{n\pi}{b}\right)E_m\sin\left(\dfrac{m\pi}{a}x\right)\cos\left(\dfrac{n\pi}{b}y\right)\mathrm{e}^{-\gamma z} \\ H_y(x,y,z)=-\dfrac{\mathrm{j}\omega\varepsilon}{k_C^2}\left(\dfrac{m\pi}{a}\right)E_m\cos\left(\dfrac{m\pi}{a}x\right)\sin\left(\dfrac{n\pi}{b}y\right)\mathrm{e}^{-\gamma z} \end{cases} \tag{6.18}$$

由式(6.18)可知，m、n 的不同组合，对应一种可能的场分布和传播常数，因此导波模式用 TM_{mn} 表示；但需要注意，对于 TM 波，m、n 均不能取 0，即不存在 n=0 或 m=0 的 TM 模式，否则 $E_z=0$。

同理，对于矩形波导中的 TE 波（$H_z\neq 0,\ E_z=0$），根据 H_z 满足的波动方程 $\nabla^2 H_z+k^2H_z=0$，以及理想导体表面“电场强度切向分量连续”的边界条件：

$$\begin{cases} E_x=-\dfrac{\mathrm{j}\omega\mu}{k_C^2}\dfrac{\partial H_z}{\partial y}=0\ \ (y=0, y=b) \\ E_y=\dfrac{\mathrm{j}\omega\mu}{k_C^2}\dfrac{\partial H_z}{\partial x}=0\ \ (x=0, x=a) \end{cases} \tag{6.19}$$

可确定 TE 波的纵向场分量为

$$H_z(x,y)=H_m\cos(\frac{m\pi}{a}x)\cos(\frac{n\pi}{b}y),\qquad m, n=0,1,2,3\cdots \tag{6.20}$$

矩形波导中 TE 波的所有场分量如下：

$$\begin{cases} H_z(x,y,z)=H_m\cos\left(\dfrac{m\pi}{a}x\right)\cos\left(\dfrac{n\pi}{b}y\right)\mathrm{e}^{-\gamma z} \\ E_z(x,y,z)=0 \\ E_x(x,y,z)=\dfrac{\mathrm{j}\omega\mu}{k_C^2}\left(\dfrac{n\pi}{b}\right)H_m\cos\left(\dfrac{m\pi}{a}x\right)\sin\left(\dfrac{n\pi}{b}y\right)\mathrm{e}^{-\gamma z} \\ E_y(x,y,z)=-\dfrac{\mathrm{j}\omega\mu}{k_C^2}\left(\dfrac{m\pi}{a}\right)H_m\sin\left(\dfrac{m\pi}{a}x\right)\cos\left(\dfrac{n\pi}{b}y\right)\mathrm{e}^{-\gamma z} \\ H_x(x,y,z)=\dfrac{\gamma}{k_C^2}\left(\dfrac{m\pi}{a}\right)H_m\sin\left(\dfrac{m\pi}{a}x\right)\cos\left(\dfrac{n\pi}{b}y\right)\mathrm{e}^{-\gamma z} \\ H_y(x,y,z)=\dfrac{\gamma}{k_C^2}\left(\dfrac{n\pi}{b}\right)H_m\cos(\dfrac{m\pi}{a}x)\sin(\dfrac{n\pi}{b}y)e^{-\gamma z} \end{cases} \tag{6.21}$$

式中，m、n 不能同时为 0，否则场的所有横向分量为 0。因此，可有模式 TE_{01}、TE_{10} 等。注意，对 TM 波，不存在 TM_{0n}、TM_{m0}。对于相同的 m、n 组合，TM_{mn} 和 TE_{mn} 模有相同

的截止波数k_C，仍由式(6.16)给出，也就是说，两者是模式简并的，只从传播常数γ上难以区分两种模式。

6.2.2 导波传播特性

矩形波导中 TM 波和 TE 波的传播特性与$\gamma=\sqrt{k_C^2-k^2}$的取值范围有关，其中$k_C=\sqrt{(m\pi/a)^2+(n\pi/b)^2}$。当$k\leqslant k_C$时，$\gamma$为实数，场量沿传播方向衰减，不能形成导波。$k=k_C$为临界情况，$k_C$称为截止波数，对应的截止频率$f_C$或截止波长$\lambda_C$分别为

$$f_C=\frac{\omega_C}{2\pi}=\frac{k_C}{2\pi\sqrt{\mu\varepsilon}}=\frac{1}{2\pi\sqrt{\mu\varepsilon}}\sqrt{\left(\frac{m\pi}{a}\right)^2+\left(\frac{n\pi}{b}\right)^2}=\upsilon\sqrt{\left(\frac{m}{2a}\right)^2+\left(\frac{n}{2b}\right)^2} \tag{6.22}$$

$$\lambda_C=\frac{2\pi}{k_C}=\frac{2\pi}{\sqrt{\left(\frac{m\pi}{a}\right)^2+\left(\frac{n\pi}{b}\right)^2}}=\frac{1}{\sqrt{\left(\frac{m}{2a}\right)^2+\left(\frac{n}{2b}\right)^2}} \tag{6.23}$$

当$k>k_C$，即电磁波频率$f>f_C$，或者工作波长$\lambda<\lambda_C$时，$\gamma=\mathrm{j}\beta$为虚数，可形成沿z方向传播的导波，主要特性参数如下。

(1) 相位常数。

$$\beta=\sqrt{k^2-k_C^2}=\sqrt{\omega^2\mu\varepsilon-\left[\left(\frac{m\pi}{a}\right)^2+\left(\frac{n\pi}{b}\right)^2\right]}=k\sqrt{1-\left(\frac{f_C}{f}\right)^2}=\delta k=n_{\text{eff}}k_0 \tag{6.24}$$

式中，n_{eff}为波导的等效折射率，$\delta=\sqrt{1-(f_C/f)^2}<1$。

(2) 导波波长。

$$\lambda_g=\frac{2\pi}{\beta}=\frac{2\pi}{\delta k}=\frac{\lambda}{\delta}>\lambda \tag{6.25}$$

式中，$\lambda=2\pi/k$为无界空间中电磁波波长。

(3) 相速。

$$\upsilon_p=\frac{\omega}{\beta}=\frac{\omega}{\delta k}=\frac{\upsilon}{\delta}>\upsilon \tag{6.26}$$

式中，$\upsilon=1/\sqrt{\mu\varepsilon}$为无界空间中电磁波的相速。

(4) TM 模波阻抗(阻抗减弱)。

$$Z_{\text{TM}}=\frac{E_x}{H_y}=\frac{\gamma}{\mathrm{j}\omega\varepsilon}=\frac{\beta}{\omega\varepsilon}=\eta\sqrt{1-\left(\frac{f_C}{f}\right)^2}=\delta\eta \tag{6.27}$$

式中，$\eta=Z_{\text{TEM}}=\sqrt{\mu/\varepsilon}$为无界空间中的波阻抗。

(5) TE 模波阻抗(阻抗加强)。

$$Z_{\text{TE}}=\frac{E_x}{H_y}=\frac{\mathrm{j}\omega\mu}{\gamma}=\frac{\omega\mu}{\beta}=\eta\Big/\sqrt{1-\left(\frac{f_C}{f}\right)^2}=\frac{\eta}{\delta} \tag{6.28}$$

6.2.3 模式的截止特性

在矩形波导中，只有当电磁波工作波长 $\lambda < \lambda_C$（或者 $f > f_C$，或者 $k > k_C$）时，波导中才可以传播相应的 TM_{mn} 模和 TM_{mn} TE_{mn} 模的电磁波，其中 m、n 的组合应满足：

$$\left(\frac{m}{2a/\lambda}\right)^2 + \left(\frac{n}{2b/\lambda}\right)^2 < 1 \tag{6.29}$$

其截止波数均为

$$k_{Cmn} = \sqrt{(m\pi/a)^2 + (n\pi/b)^2} \tag{6.30}$$

从而限制了矩形波导可支持的模式数目。

对于给定的矩形波导（$a > b$），TE_{10} 模的截止波数 k_C 最小，对应的截止波长最大(或截止频率最小)，称为主模。主模 TE_{10} 的截止波数 $k_{C10} = \pi/a$，截止波长 $\lambda_{C10} = 2a$，截止频率 $f_{C10} = (2a\sqrt{\mu\varepsilon})^{-1}$，相位常数 $\beta_{10} = \sqrt{k^2 - k_{C10}^2} = \sqrt{\omega^2\mu\varepsilon - (\pi/a)^2}$。最靠近主模 TE_{10} 的高次模是 TE_{20}（$\lambda_{C20} = a$）和 TE_{01}（$\lambda_{C01} = 2b$），其模式分布如图 6.4 所示(设 $a > 2b$)，可分为截止区、单模区和多模区三个区域。因此，矩形波导中单模传输的条件是 $\mathrm{Max}(a, 2b) < \lambda < 2a$。矩形波导尺寸的选择要满足传输线的基本要求，如工作波长处实现单模传输、功率容量大、损耗小等。根据经验一般取 $a = 0.7\lambda$（工作频率至少有 30% 的安全因子），$b = (0.4 \sim 0.5)a$。

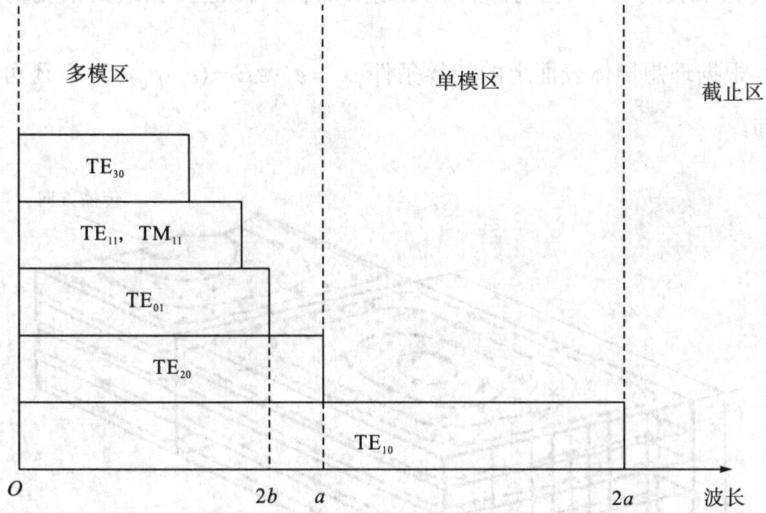

图 6.4 形波导中的模式分布

类似于垂直极化波斜入射到理想导体表面的情形，主模 TE_{10} 的场分布为

$$\begin{cases}H_z(x,y,z)=H_{\mathrm m}\cos(\pi x/a)\mathrm e^{\mathrm j(\omega t-\beta z)}\\E_y(x,y,z)=-\dfrac{\mathrm j\omega\mu a}{\pi}H_{\mathrm m}\sin(\pi x/a)\mathrm e^{\mathrm j(\omega t-\beta z)}\\H_x(x,y,z)=\dfrac{\mathrm j\beta a}{\pi}H_{\mathrm m}\sin(\pi x/a)\mathrm e^{\mathrm j(\omega t-\beta z)}\\E_x=E_z=H_y=0\end{cases}\tag{6.31}$$

用实数场表示为

$$\begin{cases}H_z(x,y,z;t)=H_{\mathrm m}\cos(\pi x/a)\cos(\omega t-\beta z)\\E_y(x,y,z;t)=\dfrac{\omega\mu a}{\pi}H_{\mathrm m}\sin(\pi x/a)\sin(\omega t-\beta z)\\H_x(x,y,z;t)=-\dfrac{\beta a}{\pi}H_{\mathrm m}\sin(\pi x/a)\sin(\omega t-\beta z)\\E_x=E_z=H_y=0\end{cases}\tag{6.32}$$

TE_{10}波电磁场的立体分布如图 6.5 所示。当波导中存在电磁波时，由于磁场的感应，在波导内壁上会产生感应面电流(管壁传导电流)。由理想导体表面上的边界条件$\boldsymbol{J}_S=\boldsymbol{e}_n\times\boldsymbol{H}$可知，导体表面的电流分布取决于传播波型的磁场分布。研究波导管壁电流分布的意义在于指导波导的开槽、拼接、耦合等。一方面，测量波导中电磁波传播特性时需要在波导壁上开槽，尽可能不改变电磁场分布(不破坏管壁电流)；另一方面，波导金属拼接时，尽可能保证管壁电流畅通，防止电磁波反射。此时需要沿电流方向开槽或拼接缝，如在波导宽边中央处纵向开槽。另一种相反的情况是，当波导与外界耦合或将波导开口作为天线使用(产生辐射)时，耦合缝(或开槽)应选择在最大限度切断管壁电流的位置。

类似地，根据理想导体表面上的边界条件$\rho_S=\boldsymbol{e}_n\cdot\varepsilon\boldsymbol{E}=(\boldsymbol{e}_n\cdot\boldsymbol{e}_y)\varepsilon E_y$，还可以分析表面电荷密度分布。

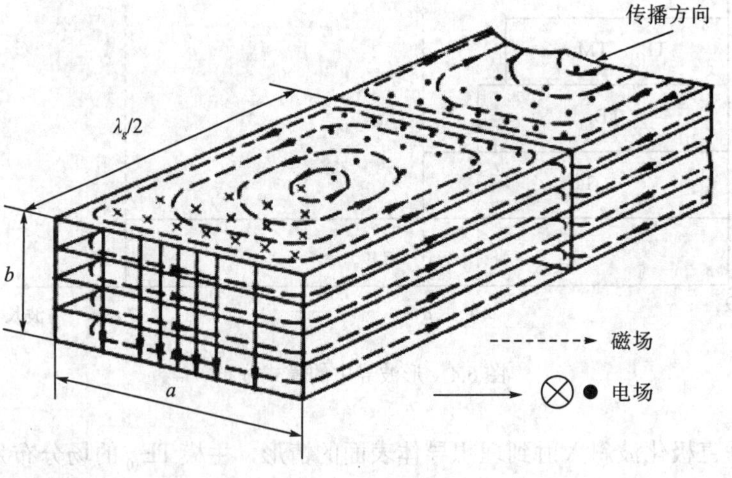

图 6.5 TE_{10}波电磁场的立体分布

6.2.4　矩形波导的传输功率

根据平均坡印亭矢量，波导的传输功率为

$$\begin{aligned}P&=\int_S \boldsymbol{S}_{\text{av}}\cdot \mathrm{d}\boldsymbol{S}=\frac{1}{2}\mathrm{Re}\int_S[\boldsymbol{E}\times\boldsymbol{H}^*]\cdot\mathrm{d}\boldsymbol{S}=\frac{1}{2}\mathrm{Re}\int_S[\boldsymbol{E}_t\times\boldsymbol{H}_t^*]\cdot\boldsymbol{e}_z\mathrm{d}x\mathrm{d}y\\&=\frac{1}{2Z}\int_0^a\int_0^b|\boldsymbol{E}_t|^2\,\mathrm{d}x\mathrm{d}y=\frac{Z}{2}\int_0^a\int_0^b|\boldsymbol{H}_t|^2\,\mathrm{d}x\mathrm{d}y\end{aligned}\tag{6.33}$$

对于矩形波导中的 TE_{10} 波，相应的传输功率为

$$P=\frac{1}{2Z_{\text{TE}}}\int_0^a\int_0^b\left|\frac{\omega\mu a}{\pi}H_{\text{m}}\sin(\pi x/a)\right|^2\mathrm{d}x\mathrm{d}y=\frac{ab}{4Z_{\text{TE}}}E_{\text{m}}^2\tag{6.34}$$

式中，$Z_{\text{TE}}=\eta/\delta$，$\delta=\sqrt{1-\left(f_C/f\right)^2}=\sqrt{1-\left(\lambda/\lambda_C\right)^2}$；$E_{\text{m}}=\omega\mu aH_{\text{m}}/\pi$ 为波导宽边中心处电场强度的振幅值。

若取空气的击穿场强为 30 kV/cm，则空气填充的矩形波导的功率容量为

$$P_{\text{br}}=\frac{ab}{480\pi}E_{\text{m}}^2\sqrt{1-\lambda^2/(2a)^2}=0.6ab\sqrt{1-\lambda^2/(2a)^2}\tag{6.35}$$

式中，a 和 b 的单位为 cm，P_{br} 的单位为 MW。可见，波导尺寸越大，工作波长越小(频率越高)，功率容量就越大。通常，空气填充的矩形波导容许的功率容量一般取 $P=\left(1/5\sim1/3\right)P_{\text{br}}$。

6.3　平板介质波导

在半导体激光器、探测器以及光波导器件中，较为常见的光波导结构是埋沟波导和脊形波导，如图 6.6 所示。复杂结构的条形波导可通过某种近似方法等效为平板波导或矩形波导进行分析。下面分别用解析方法和马卡梯里近似分析三层平板波导和矩形介质波导中光导波的传播特性；在此基础上，以脊形波导为例说明等效折射率方法的实施步骤。

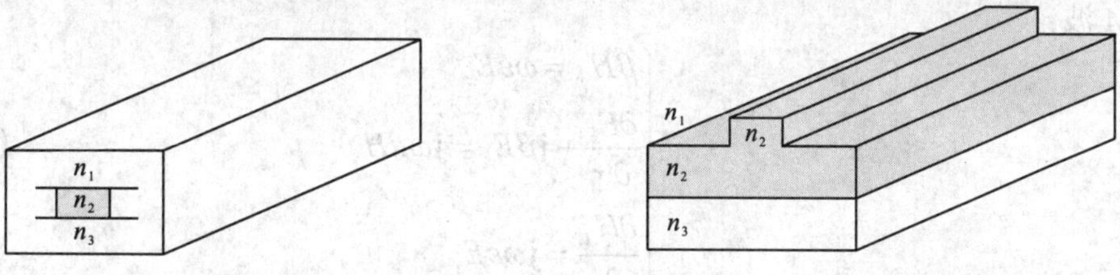

（a）埋沟波导　　（b）脊形波导

图 6.6　埋沟波导和脊形波导的结构

为简单起见，考虑三层平板介质波导结构，如单层光学薄膜等，通常 n_1 为空气、n_2 为薄膜、n_3 为基底，如图 6.7 所示。设光导波沿 $+z$ 方向传播，波导芯层(中间层)厚度为 d，

它在 x 方向受限，y 方向为无限大，对应于二维波导结构情形，则 $\boldsymbol{E}$ 和 $\boldsymbol{H}$ 的场解形式与坐标 y 无关$(\partial/\partial y=0)$，即

$$\boldsymbol{E}(x,z,t)=\boldsymbol{E}_m(x)\exp[\mathrm{j}(\omega t-\beta z)] \tag{6.36a}$$

$$\boldsymbol{H}(x,z,t)=\boldsymbol{H}_m(x)\exp[\mathrm{j}(\omega t-\beta z)] \tag{6.36b}$$

式中，传播常数 $\beta=n_{\mathrm{eff}}k_0$，$n_{\mathrm{eff}}$ 和 k_0 分别为有效折射率和真空中光波数；$\boldsymbol{E}_m(x)$ 和 $\boldsymbol{H}_m(x)$ 为电磁场量的横向分布函数。

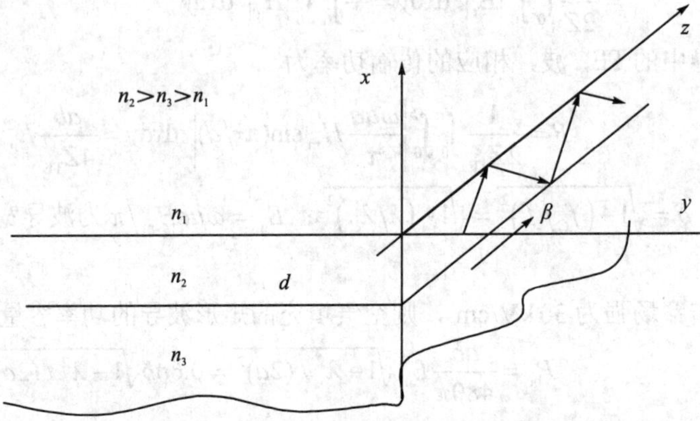

图 6.7　三层平板介质波导

由前面分析可知，平板介质波导中只支持 TE 波和 TM 波两种波型，它们的场分量满足如下方程。

TE 波：

$$\begin{cases}\beta E_y=-\omega\mu H_x\\[4pt] \dfrac{\partial H_z}{\partial x}+\mathrm{j}\beta H_x=-\mathrm{j}\omega\varepsilon E_y\\[4pt] \dfrac{\partial E_y}{\partial x}=-\mathrm{j}\omega\mu H_z\end{cases} \tag{6.37a}$$

TM 波：

$$\begin{cases}\beta H_y=\omega\varepsilon E_x\\[4pt] \dfrac{\partial E_z}{\partial x}+\mathrm{j}\beta E_x=\mathrm{j}\omega\mu H_y\\[4pt] \dfrac{\partial H_y}{\partial x}=\mathrm{j}\omega\varepsilon E_z\end{cases} \tag{6.37b}$$

6.3.1　TE 波的色散方程和场解

对于 TE 波，只有 E_y,H_x,H_z 分量，并可表示为如下形式：

$$\begin{cases} E_y(x,z,t) = E_{ym}(x)\exp[\mathrm{j}(\omega_{\mathrm{TE}}t - \beta_{\mathrm{TE}}z)] \\ H_x(x,z,t) = H_{xm}(x)\exp[\mathrm{j}(\omega_{\mathrm{TE}}t - \beta_{\mathrm{TE}}z)] \\ H_z(x,z,t) = H_{zm}(x)\exp[\mathrm{j}(\omega_{\mathrm{TE}}t - \beta_{\mathrm{TE}}z)] \end{cases} \tag{6.38}$$

由式(6.37a)可知，$H_{zm}(x) = \dfrac{\mathrm{j}}{\omega_{\mathrm{TE}}\mu}\dfrac{\partial E_{ym}(x)}{\partial x}$，$H_{xm}(x) = -\dfrac{\beta_{\mathrm{TE}}}{\omega_{\mathrm{TE}}\mu}E_{ym}(x)$；进一步地，TE 波的波动方程为

$$\frac{\partial^2}{\partial x^2}E_{ymi}(x) + \gamma_i^2 E_{ymi}(x) = 0\,, \tag{6.39}$$

式中，$\gamma_i^2 = n_i^2 k_0^2 - \beta_{\mathrm{TE}}^2$，$n_i$ 为相应介质层（$i = 1,2,3$）的折射率。式(6.39)的一般形式解为

$$E_{ymi}(x) = A_i \exp(-\mathrm{j}\gamma_i x) + B_i \exp(\mathrm{j}\gamma_i x)\,, \tag{6.40}$$

式中，A_i、$B_i (i = 1,2,3)$ 为待定系数，可根据边界条件确定。

对于导行波，芯层中 γ_2 应取实数，而 γ_1 和 γ_3 应取纯虚数，即层 1 和层 3 中为倏逝波。令 $\gamma_3 = \mathrm{j}p$，$\gamma_2 = h$ 和 $\gamma_1 = \mathrm{j}q$，其中 p、h、q 均为正数。若将波导芯层中的光场用三角函数表示，式(6.40)可重写为

$$\begin{cases} E_{ym3}(x) = A_3 \mathrm{e}^{px} + B_3 \mathrm{e}^{-px} \\ E_{ym2}(x) = A\cos(hx) + B\sin(hx) \\ E_{ym1}(x) = A_1 \mathrm{e}^{-qx} + B_1 \mathrm{e}^{qx} \end{cases} \tag{6.41}$$

当 $x \to \pm\infty$ 时，光场幅度不可能为无穷大，因此 $B_1 = B_3 = 0$。其余系数可根据“电场强度和磁场强度的切向分量连续”的边界条件确定。在 z=0 界面上，有 $E_{ym2}(0) = E_{ym1}(0)$，得 $A_1 = A$；在 $x = -d$ 界面上，有 $E_{ym3}(-d) = E_{ym2}(-d)$，得 $A_3 = [A\cos(hd) - B\sin(hd)]\mathrm{e}^{pd}$。在界面 x=0 和 $x = -d$ 处，由边值条件 $H_{zm2}(0) = H_{zm1}(0)$，$H_{zm3}(-d) = H_{zm2}(-d)$ 可得关于系数 A 和 B 的方程组：

$$\begin{cases} qA + hB = 0 \\ [h\sin(hd) - p\cos(hd)]A + [h\cos(hd) + p\sin(hd)]B = 0 \end{cases} \tag{6.42}$$

根据 A, B 有非零解的条件，其系数行列式应为 0，可得 TE 波的特征方程或色散方程

$$\tan(hd) = \frac{h(q+p)}{h^2 - pq} \tag{6.43}$$

由式(6.42)也可确定 A、B 之间的关系：$B = -qA/h$。

于是，TE 波的电场横向分布函数 $E_{ym}(x)$ 可表示为

$$E_{ym}(x) = \begin{cases} A\mathrm{e}^{-qx}, & 0 < x < +\infty \\ A\left[\cos(hx) - \dfrac{q}{h}\sin(hx)\right], & -d \leqslant x \leqslant 0 \\ A\left[\cos(hd) + \dfrac{q}{h}\sin(hd)\right]\mathrm{e}^{p(x+d)}, & -\infty < x < -d \end{cases} \tag{6.44}$$

式中，A 可由初始条件确定或由正交归一化条件给出，$h = \sqrt{n_2^2 k_0^2 - \beta_{\mathrm{TE}}^2}$，$q = \sqrt{\beta_{\mathrm{TE}}^2 - n_1^2 k_0^2}$，$p = \sqrt{\beta_{\mathrm{TE}}^2 - n_3^2 k_0^2}$，$k_0 = \omega_{\mathrm{TE}} / c$。式(6.43)实际上是以导模传播常数 β_{TE} 为参变量的本征方

程，由于正切函数是周期函数，所以它可存在一系列本征值 $\beta_{\mathrm{TE}}^{(m)}$，其中 m 表示模指数。

6.3.2 TM 波的色散方程和场解

对于 TM 波，只有 H_y, E_x, E_z 分量，可表示为如下形式：

$$\begin{cases} H_y(x,z,t) = H_{ym}(z)\exp[\mathrm{j}(\omega_{\mathrm{TM}}t - \beta_{\mathrm{TM}}x)] \\ E_x(x,z,t) = E_{xm}(z)\exp[\mathrm{j}(\omega_{\mathrm{TM}}t - \beta_{\mathrm{TM}}x)] \\ E_z(x,z,t) = E_{zm}(z)\exp[\mathrm{j}(\omega_{\mathrm{TM}}t - \beta_{\mathrm{TM}}x)] \end{cases} \tag{6.45}$$

由式(6.37b)可知，$E_{zm}(x) = \dfrac{-\mathrm{j}}{\omega_{\mathrm{TM}}\varepsilon_0\varepsilon_r}\dfrac{\partial H_{ym}(x)}{\partial x}$，$E_{xm}(x) = \dfrac{\beta_{\mathrm{TM}}}{\omega_{\mathrm{TM}}\varepsilon_0\varepsilon_r}H_{ym}(x)$；进一步地，可得 TM 波的波动方程为

$$\frac{\partial^2}{\partial x^2}H_{ymi}(x) + \gamma_i^2 H_{ymi}(x) = 0 \tag{6.46}$$

式中，$\gamma_i^2 = n_i^2 k_0^2 - \beta_{\mathrm{TM}}^2$，$k_0 = \omega_{\mathrm{TM}}/c$。与分析 TE 波的过程类似，根据 TM 波导模存在的条件以及 $x \to \pm\infty$ 时场量有限的条件，可得

$$\begin{cases} H_{ym3}(x) = C_3 \mathrm{e}^{px} \\ H_{ym2}(x) = C\cos(hx) + D\sin(hx) \\ H_{ym1}(x) = C_1 \mathrm{e}^{-qx} \end{cases} \tag{6.47}$$

式中，$h = \sqrt{n_2^2 k_0^2 - \beta_{\mathrm{TM}}^2}$，$q = \sqrt{\beta_{\mathrm{TM}}^2 - n_1^2 k_0^2}$，$p = \sqrt{\beta_{\mathrm{TM}}^2 - n_3^2 k_0^2}$。

利用界面 $x = 0$ 和 $x = -d$ 处"磁场强度切向分量 $H_{ym}(x)$ 连续"的边界条件可得 $C_1 = C$ 和 $C_3 = [C\cos(hd) - D\sin(hd)]\mathrm{e}^{pd}$；利用 $x = 0$ 和 $x = -d$ 界面上"电场强度切向分量 $E_{zm}(x)$ 连续"的边界条件，可得如下关于系数 C、D 的方程组：

$$\begin{cases} C\dfrac{q}{n_1^2} + D\dfrac{h}{n_2^2} = 0 \\ C\left[-\dfrac{h}{n_2^2}\sin(hd) + \dfrac{q}{n_1^2}\cos(hd)\right] = D\left[\dfrac{p}{n_3^2}\sin(hd) + \dfrac{h}{n_2^2}\dfrac{p}{q}\dfrac{n_1^2}{n_3^2}\cos(hd)\right] \end{cases} \tag{6.48}$$

由 C、D 有非零解的条件可得 TM 波的色散方程为

$$\tan(hd) = \frac{h(\overline{q} + \overline{p})}{h^2 - \overline{p}\overline{q}}, \tag{6.49}$$

式中，$\overline{p} = \dfrac{n_2^2}{n_3^2}p$，$\overline{q} = \dfrac{n_2^2}{n_1^2}q$。由式(6.48)可确定 C 和 D 之间的关系为 $C = -hD/\overline{q}$。于是，TM 波的磁场横向分布函数 $H_{ym}(x)$ 可表示为

$$H_{ym}(x)=\begin{cases}-\dfrac{h}{\overline{q}}D\mathrm{e}^{-qx}, & 0<x<+\infty \\ D\left[-\dfrac{h}{\overline{q}}\cos(hx)+\sin(hx)\right], & -d\leqslant x\leqslant 0 \\ -D\left[\dfrac{h}{\overline{q}}\cos(hd)+\sin(hd)\right]\mathrm{e}^{p(x+d)}, & -\infty<x<-d\end{cases}\tag{6.50}$$

式中，系数D由初始条件或归一化条件确定。

6.3.3　光导模的截止厚度

导模能够在波导中传输的条件是导模的有效折射率 n_{eff} 满足关系：$n_1\leqslant n_3<n_{\mathrm{eff}}<n_2$。当$n_{\mathrm{eff}}\leqslant n_3$时，导模不复存在，产生辐射模，即导模截止。临界截止状态时，$p=\overline{p}=0$。由式(6.43)和式(6.49)可知，第m阶导模的截止芯层厚度为

$$d_{\mathrm{c}}^{(m)}=\frac{1}{k_0\sqrt{n_2^2-n_3^2}}(m\pi+\arctan\alpha_{\mathrm{c}})\tag{6.51}$$

式中，$\alpha_{\mathrm{c}}=\left(\dfrac{n_2^2}{n_1^2}\right)^{\delta_{\mathrm{TM}}}\sqrt{\dfrac{n_3^2-n_1^2}{n_2^2-n_3^2}}=\sqrt{a}\left(\dfrac{n_2^2}{n_1^2}\right)^{\delta_{\mathrm{TM}}}$，$a=\dfrac{n_3^2-n_1^2}{n_2^2-n_3^2}$为非对称参数，当光导波模式为$\mathrm{TM}_m$波时$\delta_{\mathrm{TM}}=1$；否则$\delta_{\mathrm{TM}}=0$，对应于$\mathrm{TE}_m$波。当波导芯层厚度$d>d_{\mathrm{c}}^{(m)}$时，三层介质波导可支持第$m$阶的导模。

由式(6.51)可知，基模TE_0或TM_0的截止芯层厚度为

$$d_{\mathrm{c}}^{(0)}=\frac{\lambda_0}{2\pi\sqrt{n_2^2-n_3^2}}\arctan\alpha_{\mathrm{c}}\tag{6.52}$$

对于非对称型波导($n_1\neq n_3$)，$d_{\mathrm{c}}^{(0)}\neq 0$；而对称型波导($n_1=n_3$)，$d_{\mathrm{c}}^{(0)}=0$，表明基模$\mathrm{TE}_0$或$\mathrm{TM}_0$总能够在对称型波导中传输。

许多实际应用下，$n_1\ll n_3\approx n_2$，此时$\arctan\alpha_{\mathrm{c}}\approx\pi/2$，则

$$d_{\mathrm{c}}^{(m)}\approx\frac{(2m+1)\lambda_0}{4\sqrt{n_2^2-n_3^2}}\tag{6.53}$$

可以看出，导模阶数m越大，或工作波长λ_0越大，或芯与包层的折射率差越小，所要求的导模截止芯层厚度也越大；反过来讲，芯层厚度越大，波导中所能传输的导模数就越多。由式(6.51)或式(6.53)可知，相邻导模的截止芯层厚度间距为

$$\Delta d_{\mathrm{c}}=\frac{\lambda_0}{2\sqrt{n_2^2-n_3^2}}\tag{6.54}$$

6.3.4　本征模式的正交归一化

沿波导传输的平均功率定义为穿过波导横截面(xy平面)的平均能流密度。由于在y方向

上波导被视为无限，所以计算 y 方向单位长度内传输的电磁功率，即

$$P=\int_{-\infty}^{+\infty}\boldsymbol{S}_{\text{av}}\cdot\hat{\boldsymbol{e}}_z\,\mathrm{d}x \tag{6.55}$$

式中，$\hat{\boldsymbol{e}}_z$ 为导波光传播方向(z 轴方向)的单位矢量。对于任何无损耗的介质波导(如平板波导、矩形波导和圆柱波导等)都有如下模式正交性：

$$\iint\left[\boldsymbol{E}^{(l)}\times\boldsymbol{H}^{(m)*}\right]_z\mathrm{d}x\mathrm{d}y=0,\qquad l\neq m \tag{6.56}$$

式中，(l) 和 (m) 可以表示导模或辐射模。对于有损耗的波导，由于其传播常数为复数，上述正交性不再成立。

对于TE波，$\boldsymbol{S}_{\text{av}}=\dfrac{1}{2}\text{Re}\left[(E_yH_z^*)\hat{\boldsymbol{e}}_x-(E_yH_x^*)\hat{\boldsymbol{e}}_z\right]$，其中 $\hat{\boldsymbol{e}}_x$ 为 x 轴的单位矢量。利用式(6.38)和式(6.44)，TE 波的传输功率为

$$\begin{aligned}P&=-\frac{1}{2}\int_{-\infty}^{+\infty}E_yH_x^*\mathrm{d}x=\frac{\beta_{\text{TE}}}{2\omega_{\text{TE}}\mu}\int_{-\infty}^{+\infty}\left[E_{ym}(x)\right]^2\mathrm{d}x\\&=\frac{\beta_{\text{TE}}A^2}{4\omega_{\text{TE}}\mu h^2}\left(h^2+q^2\right)\left[d+\frac{1}{p}+\frac{1}{q}\right]\end{aligned} \tag{6.57}$$

若选择 P=1W，即功率归一化，则有

$$A=2h\sqrt{\frac{\omega_{TE}\mu}{\left|\beta_{\text{TE}}^{(m)}\right|\left(d+1/p+1/q\right)\left(h^2+q^2\right)}} \tag{6.58}$$

这样，$E_{ym}^{(l,m)}(x)$ 的模式正交归一化条件为

$$\int_{-\infty}^{+\infty}E_{ym}^{(l)}(x)E_{ym}^{(m)}(x)\mathrm{d}x=\frac{2\omega_{\text{TE}}\mu}{\beta_{\text{TE}}^{(m)}}\delta_{l,m} \tag{6.59}$$

对于 TM 波，有 $\boldsymbol{S}_{\text{av}}=\dfrac{1}{2}\text{Re}\left[-(E_zH_y^*)\hat{\boldsymbol{e}}_x+(E_xH_y^*)\hat{\boldsymbol{e}}_z\right]$。利用式(6.45)和式(6.50)，TM 波的传输功率为

$$\begin{aligned}P&=\frac{1}{2}\int_{-\infty}^{+\infty}E_xH_y^*\mathrm{d}x=\frac{\beta_{\text{TM}}}{2\omega_{\text{TM}}\varepsilon_0}\int_{-\infty}^{+\infty}\frac{\left[H_{ym}(x)\right]^2}{\varepsilon_r}\mathrm{d}x\\&=\frac{\beta_{\text{TM}}D^2}{4\omega_{\text{TM}}\varepsilon_0}\left[\frac{h^2+\overline{q}^2}{\overline{q}^2}\left(\frac{d}{n_2^2}+\frac{1}{n_3^2p}\frac{h^2+p^2}{h^2+\overline{p}^2}+\frac{1}{n_1^2q}\frac{h^2+q^2}{h^2+\overline{q}^2}\right)\right]\end{aligned} \tag{6.60}$$

同样地，若选择 P=1W，则有

$$D=2\sqrt{\frac{\omega_{\text{TM}}\varepsilon_0}{\beta_{\text{TM}}t_{\text{eff}}}} \tag{6.61}$$

式中，$t_{\text{eff}}=\dfrac{h^2+\overline{q}^2}{\overline{q}^2}\left(\dfrac{d}{n_2^2}+\dfrac{1}{n_3^2p}\dfrac{h^2+p^2}{h^2+\overline{p}^2}+\dfrac{1}{n_1^2q}\dfrac{h^2+q^2}{h^2+\overline{q}^2}\right)$。由 $H_{ym}^{(l,m)}(x)$ 的正交性 $\dfrac{\beta_{\text{TM}}^{(m)}}{2\omega_{\text{TM}}\varepsilon_0}\displaystyle\int_{-\infty}^{+\infty}\frac{1}{n^2}H_{ym}^{(l)}(x)H_{ym}^{(m)*}(x)\mathrm{d}x=P\delta_{l,m}$，可得 $E_{xm}^{(m)}(x)$ 的正交归一条件：

$$\int_{-\infty}^{+\infty}\varepsilon_rE_{xm}^{(l)}(x)E_{xm}^{(m)}(x)\mathrm{d}x=\frac{2\beta_{\text{TM}}^{(m)}}{\omega_{\text{TM}}\varepsilon_0}\delta_{l,m} \tag{6.62}$$

6.4 矩形介质波导

矩形介质波导由芯层和包层两个区域组成，设芯层区域在 x 和 y 方向的长度分别为 d_x 和 d_y，包层区域是指 4 个矩形边外部及其所围成的 4 个角域，如图 6.8 所示。在远离截止模的范围内，采用马卡梯里近似方法可得到十分精确的传播常数，该近似条件是：①大部分光功率在矩形波导芯层中传输，即远离截止模式，可不考虑对应于 4 个角的阴影区域；②只存在两种基本模式，即电场量主要沿 x 或 y 方向偏振分布，分别用 E_{mn}^x 模（$E_y = 0$）和 E_{mn}^y 模（$H_y = 0$）表示，其中 m 、n 分别表示 x 和 y 方向的模式阶数。

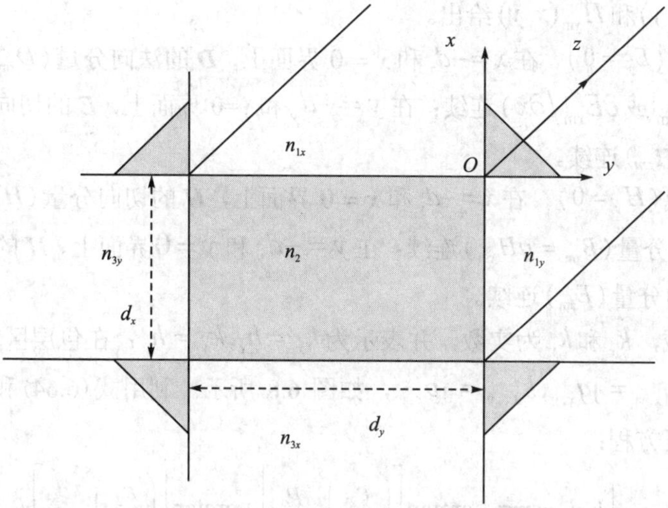

图 6.8 矩形介质波导

矩形光波导中，光导波的电磁场量可以表示为如下形式：

$$\begin{cases} \boldsymbol{E}(x,y,z;t) = \boldsymbol{E}_{\mathrm{m}}(x,y)\exp\left[\mathrm{j}(\omega t - \beta z)\right] \\ \boldsymbol{H}(x,y,z;t) = \boldsymbol{H}_{\mathrm{m}}(x,y)\exp\left[\mathrm{j}(\omega t - \beta z)\right] \end{cases} \tag{6.63}$$

式中，$\boldsymbol{E}_{\mathrm{m}}(x,y)$ 和 $\boldsymbol{H}_{\mathrm{m}}(x,y)$ 为电磁场量的横向分布，沿 $+z$ 方向的传播常数为 $\beta = \sqrt{k^2 - k_x^2 - k_y^2}$，$k_x$ 和 k_y 分别为芯层区域中 x 和 y 方向的传播常数，$k = nk_0$，n 为芯层材料的折射率。将式(6.63)代入麦克斯韦方程，E_{mn}^x 模和 E_{mn}^y 模的电磁场分量可分别用 $E_{x\mathrm{m}}(x,y)$ 和 $H_{x\mathrm{m}}(x,y)$ 表示，它们的电磁场分量之间满足如下关系：

$$
(E_{mn}^x\text{模})\begin{cases}E_{ym}=0\\ E_{zm}=-\dfrac{\mathrm{j}}{\beta}\dfrac{\partial E_{xm}}{\partial x}\\ H_{xm}=\dfrac{1}{\beta\omega\mu}\dfrac{\partial^2 E_{xm}}{\partial x\partial y}\\ H_{ym}=\dfrac{n^2k_0^2-k_y^2}{\beta\omega\mu}E_{xm}\\ H_{zm}=-\dfrac{\mathrm{j}}{\omega\mu}\dfrac{\partial E_{xm}}{\partial y}\end{cases},\quad(E_{mn}^y\text{模})\begin{cases}H_{ym}=0\\ H_{zm}=-\dfrac{\mathrm{j}}{\beta}\dfrac{\partial H_{xm}}{\partial x}\\ E_{xm}=-\dfrac{1}{\beta\omega\varepsilon}\dfrac{\partial^2 H_{xm}}{\partial x\partial y}\\ E_{ym}=-\dfrac{n^2k_0^2-k_y^2}{\beta\omega\varepsilon}H_{xm}\\ E_{zm}=\dfrac{\mathrm{j}}{\omega\varepsilon}\dfrac{\partial H_{xm}}{\partial y}\end{cases} \tag{6.64}
$$

既然E_{mn}^x模和E_{mn}^y模的电磁场分量可分别用$E_{xm}(x,y)$和$H_{xm}(x,y)$表示，它们的边界条件也可由$E_{xm}(x,y)$和$H_{xm}(x,y)$给出。

对于E_{mn}^x模($E_y=0$)，在$x=-d_x$和$x=0$界面上，$\boldsymbol{D}$的法向分量($D_{xm}=\varepsilon E_{xm}$)连续，$\boldsymbol{E}$的切向分量($E_{zm}$或$\partial E_{xm}/\partial x$)连续；在$y=-d_y$和$y=0$界面上，$\boldsymbol{E}$的切向分量($\boldsymbol{E}_{xm}$)连续，$\boldsymbol{H}$的切向分量($\boldsymbol{H}_{zm}$)连续。

对于E_{mn}^y模($H_y=0$)，在$x=-d_x$和$x=0$界面上，$\boldsymbol{H}$的切向分量(H_{zm}，或$\partial H_{xm}/\partial x$)连续，$\boldsymbol{B}$的法向分量($B_{xm}=\mu H_{xm}$)连续；在$y=-d_y$和$y=0$界面上，$\boldsymbol{H}$的切向分量($H_{xm}$)连续，$\boldsymbol{E}$的切向分量($E_{zm}$)连续。

在芯层区域，k_x和k_y为实数，并表示为$k_x=h_x, k_y=h_y$；在包层区域，k_x和k_y为虚数，并表示为$k_{1x,y}=\mathrm{j}q_{x,y}, k_{3x,y}=\mathrm{j}p_{x,y}$，如图 6.8 所示。利用式(6.64)和上述边界条件，可得到如下特征方程：

$$
\begin{cases}h_x d_x=m\pi+\arctan\left[\left(\dfrac{\varepsilon_2}{\varepsilon_{3x}}\right)^{\delta_x}\dfrac{p_x}{h_x}\right]+\arctan\left[\left(\dfrac{\varepsilon_2}{\varepsilon_{1x}}\right)^{\delta_x}\dfrac{q_x}{h_x}\right]\\ h_y d_y=n\pi+\arctan\left[\left(\dfrac{\varepsilon_2}{\varepsilon_{3y}}\right)^{\delta_y}\dfrac{p_y}{h_y}\right]+\arctan\left[\left(\dfrac{\varepsilon_2}{\varepsilon_{1y}}\right)^{\delta_y}\dfrac{q_y}{h_y}\right]\end{cases} \tag{6.65}
$$

式中，对于E_{mn}^x模，其电场主要沿x方向偏振，则$\delta_x=1$，$\delta_y=0$；对于E_{mn}^y模，其电场主要沿y方向偏振，则$\delta_y=1$，$\delta_x=0$。

马卡梯里近似相当于把矩形波导转化为在x和y方向受限的两个平板波导，利用分离变量法把矩形波导所满足的标量亥姆霍兹方程分解为$X(x)$和$Y(y)$满足的标量亥姆霍兹方程，再利用边界条件可得到x和y方向的特征方程和场分布函数，即$E_{xm}(x,y)$或$H_{xm}(x,y)$可表示为$X(x)Y(y)$的形式，其中$X(x)$和$Y(y)$与三层介质波导中的场解类似：

$$
X(x)=\begin{cases}A_x\mathrm{e}^{p_x(x+d_x)}, & -\infty<x<-d_x\\ B_x\cos(h_x x-\eta_x), & -d_x\leqslant x\leqslant 0\\ C_x\mathrm{e}^{-q_x x}, & 0<x<+\infty\end{cases} \tag{6.66a}
$$

$$Y(y)=\begin{cases}A_y\,\mathrm{e}^{p_y\left(y+d_y\right)}, & -\infty<y<-d_y\\ B_y\cos\left(h_y y-\eta_y\right), & -d_y\leqslant y\leqslant 0\\ C_y\mathrm{e}^{-q_y y}, & 0<y<+\infty\end{cases}\tag{6.66b}$$

式中，待定系数 A_i, B_i, C_i, $\eta_i(i=x,\ y)$之间的关系可由边界条件确定。

6.5　等效折射率方法

6.5.1　色散方程的几何光学分析

TE 波和 TM 波的色散方程可以根据麦克斯韦方程推导，也可由几何光学方法加以分析，如图 6.9 所示。

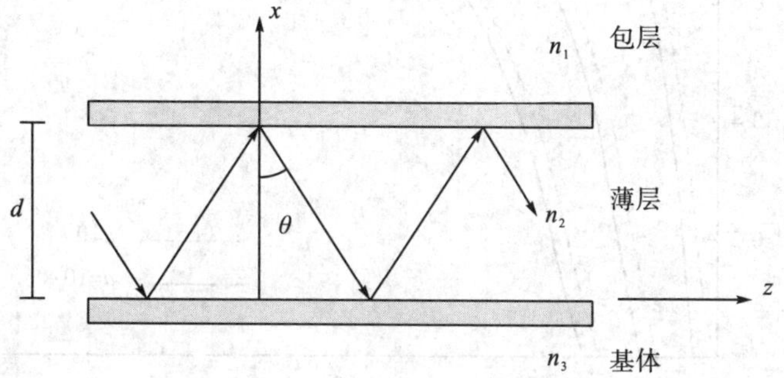

图 6.9　三层平板波导中光线的传播

在三层平板波导中，光导模的传播常数 $\beta=n_{\text{eff}}k_0=n_2k_0\sin\theta$，沿厚度方向的相位常数 $h=k_0\sqrt{n_2^2-n_{\text{eff}}^2}=n_2k_0\cos\theta$，其中 θ 为芯层内光线的入射或反射角。显然，$\beta^2+h^2=(n_2k_0)^2$。设上、下分界面上内全反射引起的相移分别为 $2\delta_1$ 和 $2\delta_3$，发生横向谐振的条件是“总相移为 2π 的整数倍”，即

$$2hd-2\delta_1-2\delta_3=2\pi m\tag{6.67}$$

式中，d 为薄膜厚度，相移量 δ_1 和 δ_3 满足如下关系：

$$\tan\delta_1=\left(\frac{n_2^2}{n_1^2}\right)^{\delta_{\text{TM}}}\frac{\sqrt{(n_2\sin\theta)^2-n_1^2}}{n_2\cos\theta}=\left(\frac{n_2^2}{n_1^2}\right)^{\delta_{\text{TM}}}\sqrt{\frac{n_{\text{eff}}^2-n_1^2}{n_2^2-n_{\text{eff}}^2}}=\left(\frac{n_2^2}{n_1^2}\right)^{\delta_{\text{TM}}}\sqrt{\frac{a+b}{1-b}}$$

$$\tan\delta_3=\left(\frac{n_2^2}{n_3^2}\right)^{\delta_{\text{TM}}}\frac{\sqrt{(n_2\sin\theta)^2-n_3^2}}{n_2\cos\theta}=\left(\frac{n_2^2}{n_3^2}\right)^{\delta_{\text{TM}}}\sqrt{\frac{n_{\text{eff}}^2-n_3^2}{n_2^2-n_{\text{eff}}^2}}=\left(\frac{n_2^2}{n_3^2}\right)^{\delta_{\text{TM}}}\sqrt{\frac{b}{1-b}}$$

其中，$a=\dfrac{n_3^2-n_1^2}{n_2^2-n_3^2}$ 为非对称参数，$b=\dfrac{n_{\text{eff}}^2-n_3^2}{n_2^2-n_3^2}$ 为归一化传播常数；TM 波时 $\delta_{\text{TM}}=1$，TE

波时 $\delta_{\mathrm{TM}}=0$。在弱导近似（$n_2 \approx n_3$）下，$n_{\mathrm{eff}}=n_3\sqrt{1+b\dfrac{n_2^2-n_3^2}{n_3^2}} \approx n_3+b(n_2-n_3)$。若令归一化频率 $V=\dfrac{1}{2}k_0 d\sqrt{n_2^2-n_3^2}$，则由式(6.67)可得

$$2V\sqrt{1-b}=m\pi+\arctan\left[\left(\frac{n_2^2}{n_1^2}\right)^{\delta_{\mathrm{TM}}}\sqrt{\frac{a+b}{1-b}}\right]+\arctan\left[\left(\frac{n_2^2}{n_3^2}\right)^{\delta_{\mathrm{TM}}}\sqrt{\frac{b}{1-b}}\right] \tag{6.68}$$

根据式(6.68)可计算 TE_m 波归一化传播常数 b 随归一化频率 V 变化的色散曲线 $b(V)$，如图 6.10 所示。

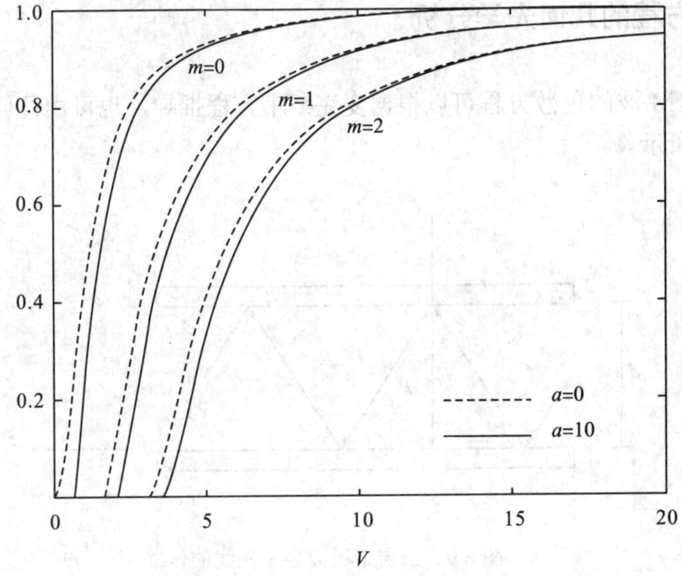

图 6.10 色散方程的几何光学分析

6.5.2 等效折射率方法的处理步骤

我们知道，矩形波导中光导模的传播常数 $\beta^2=(n_2k_0)^2-h_x^2-h_y^2=\beta_x^2-h_y^2$，其中 $\beta_x=\sqrt{(n_2k_0)^2-h_x^2}=n_{\mathrm{eff}}k_0$，相当于 x 方向受限的三层平板介质波导中光导波的传播常数，其有效折射率用 n_{eff} 来表示。进一步地，将有效折射率 n_{eff} 等效为一个 y 方向受限的三层平板介质波导的材料折射率，此时的等效光导波传播常数等于矩形波导中光导波的传播常数，即 $\beta=\sqrt{\beta_x^2-h_y^2}=N_{\mathrm{eq}}k_0$，$N_{\mathrm{eq}}$ 为矩形波导中光导波的等效折射率。

下面以图 6.11 所示的脊形波导为例，说明等效折射率方法的步骤。

(1) 将脊形波导沿 y 方向对称地将其分为Ⅰ、Ⅱ、Ⅲ、三个区域，即将二维受限波导看作 x 方向受限的三层平板波导的组合；

(2) 将三个区域的波导结构均按三层平板波导处理，利用色散关系式(6.68)求得归一化传播常数 b_i $(i=\mathrm{I},\mathrm{II},\mathrm{III})$，进而求出每个区域的有效折射率 $n_{\mathrm{eff}}^{(i)} \approx n_3+b_i(n_2-n_3)$；

(3) 将脊形波导等效为由Ⅰ、Ⅱ、Ⅲ、三个区域组成的 y 方向受限的三层平板波导结构，每层的材料折射率为 $n_i = n_{\mathrm{eff}}^{(i)}$；

(4) 采用与步骤(2) 相同的方法，求出等效折射率 $N_{\mathrm{eq}} \approx n_{\mathrm{eff}}^{(\mathrm{III})} + b_{\mathrm{eq}}\left[n_{\mathrm{eff}}^{(\mathrm{II})} - n_{\mathrm{eff}}^{(\mathrm{III})}\right]$，$b_{\mathrm{eq}}$ 为等效归一化传播常数。

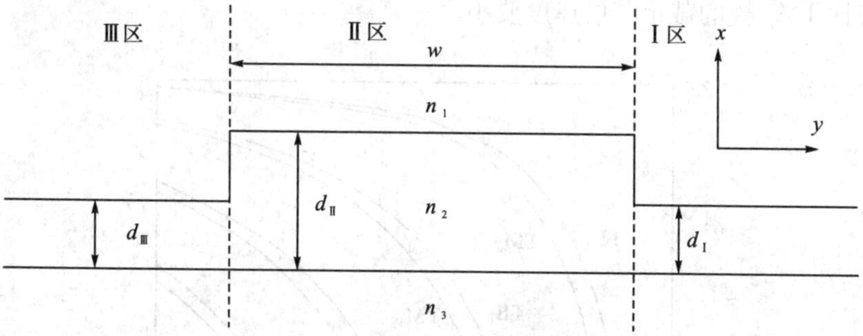

图 6.11　脊形波导的等效折射率方法

6.6　典型例题分析

例 6.1　一个矩形金属波导管，其横截面的边长分别为 $a = 23\mathrm{mm}$ 和 $b = 10\mathrm{mm}$，试分析波长 $\lambda = 10\mathrm{mm}$ 和 $\lambda = 30\mathrm{mm}$ 时，波导中能够传输的波型。

解　TE 模的波型指数 m、n 不能同时为 0，TM 模的波型指数 m、n 都不能为 0。由导模传输的条件 $k_C = \sqrt{(m\pi/a)^2 + (n\pi/b)^2} < k$ 可知，m、n 的组合满足 $\left(\dfrac{m}{2a/\lambda}\right)^2 + \left(\dfrac{n}{2b/\lambda}\right)^2 < 1$。当波长取不同值时，在第一象限内满足该式的 m 和 n 组合如图 6.12 所示。

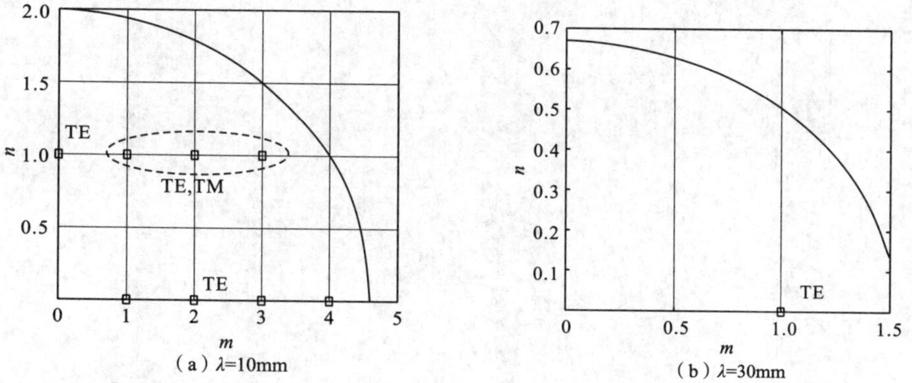

（a）λ=10mm　　（b）λ=30mm

图 6.12　波导中导波波形的图形分析

显然，当 $\lambda = 10\mathrm{mm}$ 时，支持 TE_{01}、TE_{10}、TE_{20}、TE_{30}、TE_{40}、TE_{11}、TE_{21}、TE_{31}、TM_{11}、TM_{21}、TM_{31}，共 11 个模式；当 $\lambda = 30\mathrm{mm}$ 时，只支持 TE_{10} 一个模式。可见，电磁波的波长增加，传播模数减少。

例 6.2　计算非对称的三层平板波导($n_1=1$，$n_2=2$，$n_3=1.7$)中导波光的色散曲线，比较 TE 模和 TM 模的截止芯层厚度大小。

解　根据式(6.43)和式(6.49)可计算三层平板波导中导波光的色散曲线，导波光的有效折射率 n_{eff} 随相对芯层厚度 d/λ_0 的变化关系如图 6.13 所示。显然，对于相同的导模阶数 m，TE_m 模比 TM_m 模的截止芯层厚度要小。

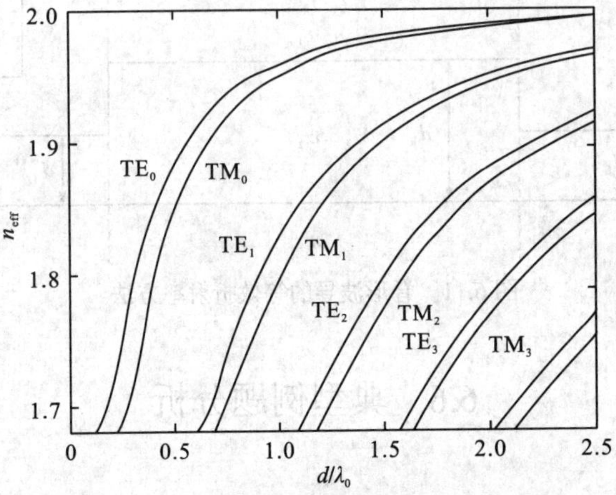

图 6.13　三层平板波导中导波光的色散曲线

第 7 章　光谐振器件

谐振腔是一种具有固定谐振频率和很高品质因数(Q 值)的结构，谐振腔的品质因数定义为谐振腔中储存的电磁场能量与一个谐振周期内损耗能量之比的 2π 倍。通常假设谐振腔的损耗足够小，以至于可用无损耗情形的场分布来计算谐振腔中储存的电磁场能量。谐振腔的 Q 值反比于损耗功率，与腔内固有损耗和各种腔外耦合损耗有关。若用腔内的光子寿命 τ_c（此时能量衰减为初始值的 e^{-1}）描述谐振腔的损耗，对于洛伦兹型谐振腔 $\tau_c = (\Delta\omega)^{-1}$，$\Delta\omega$ 为光谱(角频率)线宽，则 $Q = \omega_r/\Delta\omega = \omega_r\tau_c$。

F-P 腔滤波器(FPF)或微环谐振器(micro-ring resonator，MRR)的性能也可以用精细度进行度量，它定义为自由光谱区与半幅全宽带宽的比值，可解释为光强衰减到初始值的 e^{-1} 时往返次数的 2π 倍。利用 FPF 和 MRR 的光梳状滤波特性，可提取归零码(return to zero，RZ)光信号中的光时钟分量，这要求自由光谱区(free spectral range，FSR)与线路码速率精确匹配(码速匹配)，且透射峰与光载波频率对准(载频对准)。

7.1　谐振腔的 Q 值

谐振腔是一种具有固定谐振频率和很高品质因数(Q 值)的结构。谐振腔的品质因数 Q 可用于衡量谐振器的好坏，它定义为

$$Q = 2\pi\frac{W}{W_T} = \frac{\omega_r W}{P_L} \tag{7.1}$$

式中，W 为谐振腔中储存电磁场能量的时间平均值；W_T 为一个谐振周期内谐振器损耗的能量，即 $W_T = P_L \cdot 2\pi/\omega_r$；$P_L$ 为平均损耗功率；ω_r 为谐振频率。

为了便于描述谐振腔 Q 值的计算过程，这里考虑由封闭金属板构成的矩形谐振腔。对于波导或空腔问题，往往先根据理想导体边界条件“理想导体表面的电场强度只有法向分量，磁场强度只有切向分量”以及无源空间情形下的麦克斯韦方程组，求出谐振腔中电磁场量的分布和空腔中储存的电磁场能量；然后计算非理想导体壁情形下的损耗，进而求出谐振腔的 Q 值。换句话说，计算谐振频率处谐振腔 Q 值时，通常假设其损耗足够小，以至于可用无损耗情形的场分布来计算谐振腔储存的电磁场能量。

设由理想导体组成的矩形谐振腔尺寸为 $a\times b\times h$，如图 7.1 所示。电磁波在两个平行导体壁之间来回反射，会在三维空间中形成驻波，对应的波数分别为 $k_x = m\pi/a$，$k_y = n\pi/b$，$k_z = p\pi/h$，式中 m、n、p 为模指数。我们知道，矩形波导管中存在 TM

波和 TE 波。与此类似，矩形谐振腔中电磁波模式也可以用 TM_{mnp} 和 TE_{mnp} 表示。无论是 TM_{mnp} 模，还是 TE_{mnp} 模，其谐振频率均满足如下关系：

$$k=\omega\sqrt{\mu\varepsilon}=\sqrt{(k_x)^2+(k_y)^2+(k_z)^2} \tag{7.2}$$

注意，在两种波型下模指数 m 、 n 、 p 的取值范围有所不同。

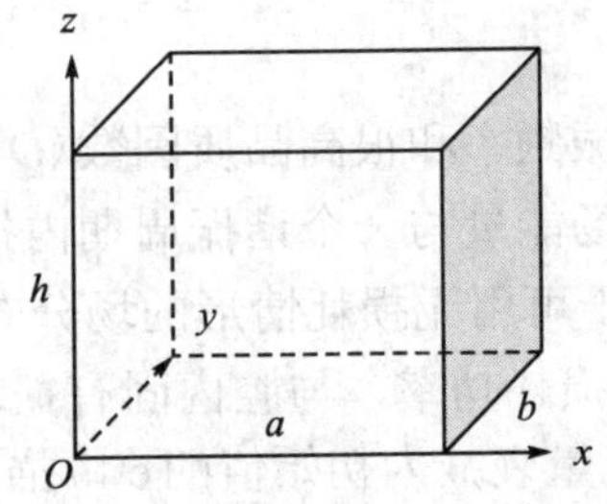

图 7.1 理想导体组成的矩形谐振腔

对于 TM 波（$H_z=0$），在矩形波导管边界条件基础上，会附加边界条件：在 $z=0$ 和 $z=h$ 处，$E_t=0$ 或等价于 $\partial E_z/\partial z=0$（理想导体边界条件）。由此可以得到

$$E_z(x,y,z)=E_{mnp}\sin(\frac{m\pi}{a}x)\sin(\frac{n\pi}{b}y)\cos(\frac{p\pi}{h}z)\propto \text{SSC} \tag{7.3}$$

式中可将 $\sin(k_x x)\sin(k_y y)\cos(k_z z)$ 简记为 SSC（下面也以此类推），$k_x=m\pi/a$ ，$k_y=n\pi/b$ ，$k_z=p\pi/h$ 。显然，模指数 $m,n=1,2,3\cdots$ ； $p=0,1,2\cdots$ 。其他场量表示如下：

$$\begin{cases} E_x(x,y,z)=-\dfrac{k_x k_z}{k_C^2}E_{mnp}\cos(k_x x)\sin(k_y y)\sin(k_z z)\propto \text{CSS} \\ E_y(x,y,z)=-\dfrac{k_y k_z}{k_C^2}E_{mnp}\sin(k_x x)\cos(k_y y)\sin(k_z z)\propto \text{SCS} \\ H_x(x,y,z)=\dfrac{\mathrm{j}\omega\varepsilon}{k_C^2}k_y E_{mnp}\sin(k_x x)\cos(k_y y)\cos(k_z z)\propto \text{SCC} \\ H_y(x,y,z)=-\dfrac{\mathrm{j}\omega\varepsilon}{k_C^2}k_x E_{mnp}\cos(k_x x)\sin(k_y y)\cos(k_z z)\propto \text{CSC} \\ H_z(x,y,z)=0 \end{cases} \tag{7.4}$$

式中，$k_C=\sqrt{(k_x)^2+(k_y)^2}$ 。

同理，对于 TE 波（$E_z=0$），在矩形波导管边界条件基础上，会附加边界条件：在 $z=0$ 和 $z=h$ 处 $H_z=0$ ，或等价于 $\partial H_t/\partial z=0$（理想导体边界条件）。由此可得

$$H_z(x,y,z)=H_{mnp}\cos(k_x x)\cos(k_y y)\sin(k_z z)\propto \text{CCS} \tag{7.5}$$

显然，模指数 $m,n=0,1,2\cdots$（不能同时取 0）； $p=1,2,3\cdots$ 。其他场量表示如下：

$$\begin{cases} H_x(x,y,z) = -\dfrac{k_x k_z}{k_C^2} H_{mnp} \sin(k_x x)\cos(k_y y)\cos(k_z z) \propto \text{SCC} \\ H_y(x,y,z) = -\dfrac{k_y k_z}{k_C^2} H_{mnp} \cos(k_x x)\sin(k_y y)\cos(k_z z) \propto \text{CSC} \\ E_x(x,y,z) = \dfrac{\text{j}\omega\mu}{k_C^2} k_y H_{mnp} \cos(k_x x)\sin(k_y y)\sin(k_z z) \propto \text{CSS} \\ E_y(x,y,z) = -\dfrac{\text{j}\omega\mu}{k_C^2} k_x H_{mnp} \sin(k_x x)\cos(k_y y)\sin(k_z z) \propto \text{SCS} \\ E_z(x,y,z) = 0 \end{cases} \tag{7.6}$$

对于矩形谐振腔中的 TE_{101} 模，$k_C = \pi/a$，$k_{101} = \omega_{101}\sqrt{\mu\varepsilon} = \sqrt{(\pi/a)^2 + (\pi/h)^2}$，其电磁场量分别为

$$\begin{cases} H_z(x,y,z) = H_{101}\cos(\pi x/a)\sin(\pi z/h) \\ H_x(x,y,z) = -(a/h)H_{101}\sin(\pi x/a)\cos(\pi z/h) \\ H_y(x,y,z) = 0 \\ E_x(x,y,z) = E_z(x,y,z) = 0 \\ E_y(x,y,z) = -\text{j}\omega\mu(a/\pi)H_{101}\sin(\pi x/a)\sin(\pi z/h) \end{cases} \tag{7.7}$$

于是，电场能量 W_e 和磁场能量 W_m 为

$$W_\text{e} = W_\text{m} = \frac{\varepsilon_0}{4}\int_0^a\int_0^b\int_0^h |E_y|^2 \,\text{d}x\text{d}y\text{d}z = \frac{\mu_0}{16} abh\left(\frac{a^2}{h^2} + 1\right) H_{101}^2 \tag{7.8}$$

即

$$W = W_\text{e} + W_\text{m} = \frac{\mu_0}{8} abh\left(\frac{a^2}{h^2} + 1\right) H_{101}^2 \tag{7.9}$$

导体单位面积的损耗功率为

$$P_\text{av} = \frac{1}{2}|\boldsymbol{J}_\text{S}|^2 R_\text{S} \tag{7.10}$$

式中，$R_\text{S} = \sqrt{\pi f\mu/\sigma}$ 为导体的表面阻抗。于是，总损耗功率为

$$\begin{aligned} P_L &= \oint_S P_\text{av}\text{d}S \\ &= \frac{R_\text{S}}{2}\left\{\begin{aligned} &2\int_0^b\int_0^a |H_x|_{z=0}^2 \,\text{d}x\text{d}y + 2\int_0^h\int_0^b |H_z|_{x=0}^2 \,\text{d}y\text{d}z \\ &+2\int_0^h\int_0^a \left[|H_x|^2 + |H_z|^2\right]_{y=0} \text{d}x\text{d}z \end{aligned}\right\} \\ &= \frac{R_\text{S}H_{101}^2}{2}\left[\frac{a^2}{h}\left(\frac{b}{h} + \frac{1}{2}\right) + h\left(\frac{b}{a} + \frac{1}{2}\right)\right] \end{aligned} \tag{7.11}$$

根据谐振腔 Q 值的定义式(7.1)，则有

$$Q = \frac{\omega_\text{r} W}{P_\text{L}} = \frac{\pi\eta}{4R_\text{S}} \cdot \frac{2b(a^2 + h^2)^{3/2}}{ah(a^2 + h^2) + 2b(a^3 + h^3)} \tag{7.12}$$

对于正方体谐振腔，$Q = 0.742, \eta/R_\text{S}$，$\eta$ 为波阻抗 。

7.2 光学谐振腔

与微波谐振腔类似，光学谐振腔可提供多次反射，能用于产生高强度的单色光束（如激光）等。最基本的光学谐振腔结构是由两个理想反射平面组成的 F-P（Fabry-Perot）标准具，所有驻波型或行波型的光学谐振器均可以用 F-P 的工作原理加以说明。

F-P 谐振腔结构是驻波型的，即平面波在 F-P 谐振腔内来回反射，形成驻波。设光场分布为

$$\begin{aligned} E(z,t) &= E_0 \sin(\omega t)\sin(kz) \\ &= -0.5E_0\left[\cos(\omega t + kz) - \cos(\omega t - kz)\right] \end{aligned} \tag{7.13}$$

储存在光学谐振腔中的平均电场和磁场能量为

$$W_e = W_m = \frac{1}{T}\int_0^T\left[\int_0^h \tfrac{1}{2}\varepsilon E^2(z,t)A\,\mathrm{d}z\right]\mathrm{d}t = \frac{1}{8}\varepsilon E_0^2 V \tag{7.14}$$

A 和 h 分别为谐振腔的横截面积和腔长，体积 $V = A\cdot h$；$T = 2\pi/\omega$ 为光场周期。于是，F-P 谐振腔的 Q 值为

$$Q = \frac{\omega_r(W_e + W_m)}{P_L} = \frac{\omega_r \varepsilon E_0^2 V}{4P_L} \tag{7.15}$$

在稳态情形下，耗散功率 P_L 等于输出功率。显然，高品质因数的谐振腔可以得到高的电场振幅。

集成的行波光谐振器包括微环（micro-ring）、回音壁（whispering-gallery）等结构，其中回音壁模式微腔有微球腔（micro-sphere）、微盘腔（micro disk）、微环芯腔（micro-toroid）等，如图 7.2 所示。

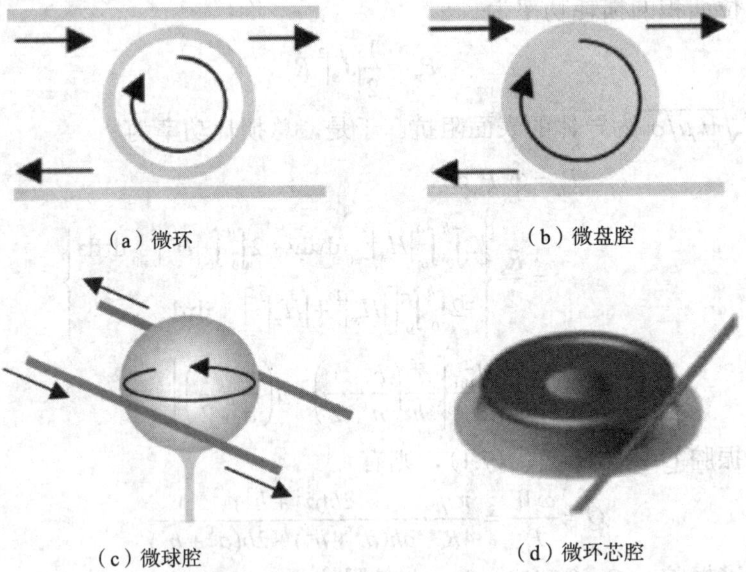

（a）微环　（b）微盘腔　（c）微球腔　（d）微环芯腔

图 7.2　行波谐振器

MRR 由环形波导和与其耦合的线波导组成，其环形腔模式由空间靠得很近的光波导通过倏逝波耦合而激发。像微环这样的循环谐振器，可以与驻波型的 F-P 谐振器进行类比，并可由 $\beta L = 2\pi m$ 确定谐振频率：

$$f_{\mathrm{r}} = mc/(n_{\mathrm{eff}}L) \tag{7.16}$$

式中，L 为微环的周长；传播常数 $\beta = n_{\mathrm{eff}}\omega/c$；$n_{\mathrm{eff}}$ 为谐振腔的有效折射率；m 为模数；c 为真空中光速。对式(7.16)两边求微分，可以求出相邻谐振频率间隔，即自由光谱区：

$$\mathrm{FSR} = c/(n_{\mathrm{g}}L) \tag{7.17}$$

式中，$n_{\mathrm{g}} = c(\mathrm{d}\beta/\mathrm{d}\omega) = n_{\mathrm{eff}} + \omega(\partial n_{\mathrm{eff}}/\partial\omega)$ 为群折射率。

另外，由于谐振腔的 Q 值反比于损耗功率，则微环谐振腔的实际 Q 值为

$$Q^{-1} = Q_{\mathrm{int}}^{-1} + \sum Q_{\mathrm{ext}}^{-1} \tag{7.18}$$

式中，Q_{int} 和 Q_{ext} 分别与腔内固有损耗和各种腔外耦合损耗相联系。若用腔内的光子寿命 τ_{c}（此时能量衰减为初始值的 e^{-1}）描述谐振腔的损耗，当外加源撤掉后储存腔内的能量 W 和耗散功率 P_{L} 可分别表示为

$$W = W_0\mathrm{e}^{-t/\tau_{\mathrm{c}}},\qquad P_{\mathrm{L}} = -\mathrm{d}W/\mathrm{d}t = W/\tau_{\mathrm{c}} \tag{7.19}$$

则谐振腔的 Q 值为

$$Q = \frac{\omega_{\mathrm{r}}W}{P_{\mathrm{L}}} = \omega_{\mathrm{r}}\tau_{\mathrm{c}} \tag{7.20}$$

对于响应曲线为洛伦兹型的谐振腔，其归一化功率谱密度（光谱分布）为

$$p(\omega) = \frac{\Delta\omega}{(\omega-\omega_0)^2 + (\Delta\omega/2)^2} \tag{7.21}$$

式中，$\Delta\omega = 2\pi\Delta f$，$\Delta f$ 为光谱线宽，即函数值降为峰值一半时的频率间隔（半幅全宽）。显然，$\int_{-\infty}^{+\infty} p(\omega)\mathrm{d}f = 1$。此时，$Q = \omega_{\mathrm{r}}/\Delta\omega$，即 $\tau_{\mathrm{c}} = (\Delta\omega)^{-1}$。

对于非耦合的孤立微环，若光场能量的衰减系数为 α_l，则衰减因子 $\mathrm{e}^{-\alpha_l z} = \mathrm{e}^{-\alpha_l(c/n_{\mathrm{eff}})t}$，即

$$\tau_{\mathrm{cint}} = \frac{n_{\mathrm{eff}}}{\alpha_l c} = \frac{\tau_{\mathrm{R}}}{\alpha_l L},\quad Q_{\mathrm{int}} = \frac{\omega_{\mathrm{r}}\tau_{\mathrm{R}}}{\alpha_l L} = \frac{2\pi m}{\alpha_l L} \tag{7.22}$$

式中，$\tau_{\mathrm{R}} = n_{\mathrm{eff}}L/c$ 为微环中光往返一次的时间(round trip time)。对于微环与单个线波导的耦合情形，当它们的功率耦合效率 κ 和微环内光场能量衰减系数 α_l 足够小时，微环的 Q 值为

$$Q \approx \frac{2\pi m}{\kappa + \alpha_l L} \tag{7.23}$$

可见，$Q_{\mathrm{ext}} = 2\pi m/\kappa$，即外部的耦合耗损会降低微环的 Q 值。实际上，微环的性能还可以用精细度进行度量，它定义为自由光谱区与半幅全宽带宽的比值，即

$$F = \frac{\mathrm{FSR}}{\Delta f} = \frac{c}{n_{\mathrm{g}}L\Delta f} = 2\pi\frac{\tau_{\mathrm{c}}}{\tau_{\mathrm{g}}} = \frac{n_{\mathrm{eff}}}{n_{\mathrm{g}}}\frac{Q}{m} \tag{7.24}$$

式中，$\tau_{\mathrm{c}} = Q/\omega_{\mathrm{r}}$ 为微环的光子寿命，$\tau_{\mathrm{g}} = n_{\mathrm{g}}L/c$ 为往返群延时。由式(7.24)可知，在物

理上，微环精细度可解释为光强衰减到初始值的e^{-1}时往返次数的2π倍。

7.3 F-P 腔光滤波器

7.3.1 光滤波器透射特性

F-P 腔是由两个彼此平行的镜面M_1和M_2构成的多光束干涉结构，如图 7.3 所示，其中$k'(\omega)=\beta+\mathrm{j}(g-\alpha_{\mathrm{int}})/2$，$\beta$为光波传播常数，$g$和$\alpha_{\mathrm{int}}$分别为光功率增益系数和非辐射损耗系数。设一束复振幅为E_{i}的连续光垂直入射到镜面M_1，进入到 F-P 腔内的光波在两镜面间多次反射，一部分光从另一镜面输出，透射输出的总电场E_{t}是从镜面M_2输出的多光束干涉光场的叠加，即

$$E_{\mathrm{t}}=E_{\mathrm{i}}\left[\frac{t_1t_2\mathrm{e}^{-\mathrm{j}\beta L}\mathrm{e}^{(g-\alpha_{\mathrm{int}})L/2}}{1-r_1r_2\mathrm{e}^{-2\mathrm{j}\beta L}\mathrm{e}^{(g-\alpha_{\mathrm{int}})L}}\right]=E_{\mathrm{i}}\left[\frac{\sqrt{(1-R_1)(1-R_2)G_{\mathrm{s}}}\exp(-\mathrm{j}\beta L)}{1-G_{\mathrm{s}}\sqrt{R_1R_2}\exp(-2\mathrm{j}\beta L)}\right]\tag{7.25}$$

式中，$t_{1,2}$和$r_{1,2}$表示两个端面的透射系数和反射系数；$R_{1,2}=r_{1,2}^2$为 F-P 腔两端面的功率反射率；$G_{\mathrm{s}}=\exp\left[(g-\alpha_{\mathrm{int}})L\right]$为单程增益；$L$为 F-P 腔的长度(镜面距离)，$2\beta L$为光波在 F-P 腔中走一个来回的相移。

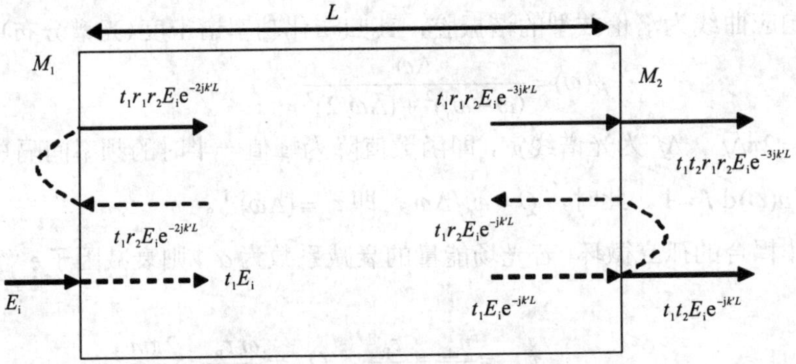

图 7.3 F-P 腔中的多光束干涉

根据式(7.25)可分析基于 F-P 腔的激光器特性、光透射滤波特性以及 F-P 半导体光放大特性等。对于无源的 FPF，设介质镜面的反射率$R_1=R_2=R$，并令$G_{\mathrm{s}}=1$，则 F-P 腔的光强透射率T_{FP}和反射率R_{FP}分别为

$$T_{\mathrm{FP}}=\frac{I_t}{I_i}=\frac{(1-R)^2}{(1-R)^2+4R\sin^2\beta L}\tag{7.26}$$

$$R_{\mathrm{FP}}=1-T_{FP}=\frac{4R\sin^2\beta L}{(1-R)^2+4R\sin^2\beta L}\tag{7.27}$$

由式(7.26)可知，当$\sin\beta L=0$时透射率最大，对应于 F-P 腔谐振的相位条件：$2\beta L=2\pi m$，对该式两边求导可得谐振频率间隔，即自由光谱区为

$$FSR_\nu = \Delta\nu = \frac{c}{2n_g L} \tag{7.28}$$

式中，c 为真空中光速；n_g 为 F-P 腔的群折射率。利用真空中波长与频率之间的关系 $\lambda_0 = c/\nu$，可得谐振峰的波长间隔为

$$FSR_\lambda = \Delta\lambda = \frac{\lambda_0^2}{2n_g L} \tag{7.29}$$

可见，通过调整两镜面间距 L 或改变 F-P 腔的群折射率，可使某些波长的光有选择地通过腔体，而其他波长成分被阻隔。

为了度量 FPF 透射谱线的精细程度，将自由光谱区 FSR_ν 与 F-P 腔谐振谱线的半幅全宽(即 –3dB 带宽) $\Delta\nu_{-3dB}$ 之比定义为精细度 F，即

$$F = \frac{FSR_\nu}{\Delta\nu_{-3dB}} = \frac{\pi\sqrt{R}}{1-R} \tag{7.30}$$

显然，FPF 透射谱线的精细度与镜面的反射率有关。

7.3.2　光时钟提取功能

从随机数字信号中提取时钟的前提是信号中必须含有丰富的定时信息。RZ 数据脉冲的频谱中含有丰富的时钟分量，离散谱线之间的频率间隔等于光脉冲速率，同时频谱中也含有与脉冲形状相对应的连续谱成分。利用 FPF 的光梳状滤波特性，可滤除 RZ 光信号频谱中的连续谱分量，保留其中的离散谱，从而提取光时钟，如图 7.4 所示。因此，要求 F-P 滤波器的自由光谱区必须与线路码速率精确匹配(简称码速匹配)，且透射峰与光载波频率对准(简称载频对准)。基于 FPF 的光时钟提取方案具有结构简单，时钟建立和消失时间较快的优点，适用于全光帧时钟信号的提取。

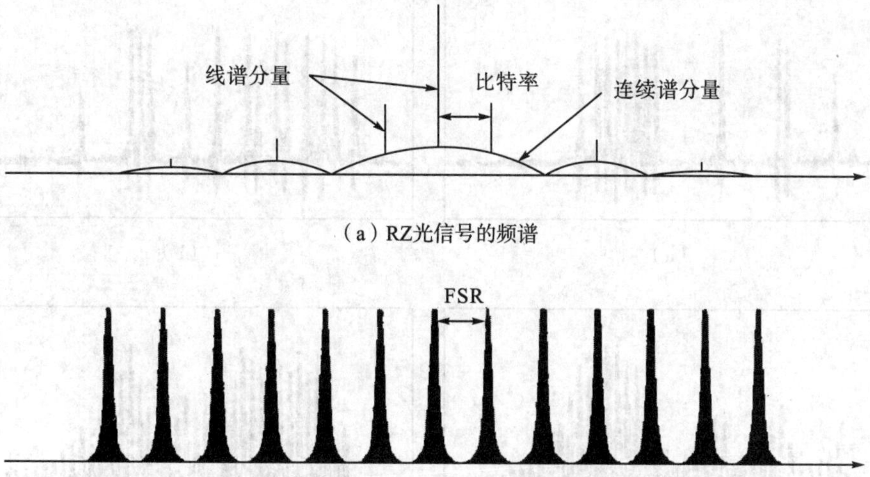

（a）RZ光信号的频谱

（b）FPF的光滤波特性

图 7.4　基于 FPF 的光时钟提取过程

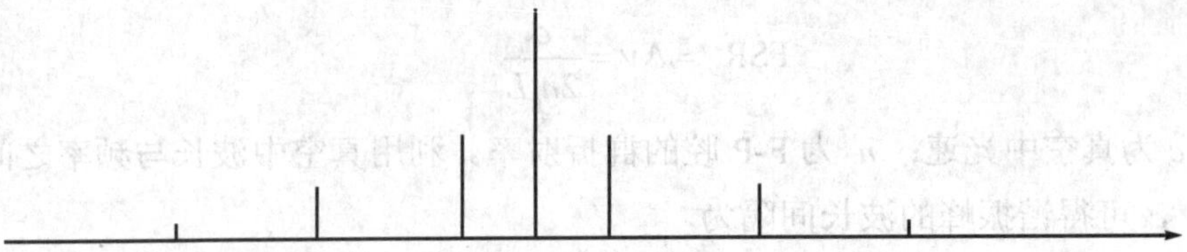

（c）光时钟信号的频谱

图 7.4 基于 FPF 的光时钟提取过程（续）

采用时域和频域方法可分析 FPF 用于光时钟提取的性能，在“码速匹配”条件下，所提取的时钟信号没有相位抖动，其归一化均方根幅度抖动解析式表达为

$$\sigma_A=\sqrt{\frac{3}{2}-R-\frac{R^2}{2}-\frac{1}{2}\frac{\left(1-R^2\right)\left(1-R\right)^2}{1+R^2}} \tag{7.31}$$

式中，R 为 FPF 的端面反射率，它与滤波器精细度 F 相联系。式(7.31)中考虑了载波漂移和载波相位噪声。可见，FPF 的精细度选择对提取的时钟信号质量至关重要。要得到高质量的时钟需要选用高精细度 FPF，但高精细度 FPF 的透射峰带宽很窄，为了保证信号光载频与 FPF 的透射峰对准，要求 FPF 透射峰和光载频均保持较高的稳定性。

图 7.5 给出了采用 FPF 从 10Gbit/s 的光 RZ 分组中提取的时钟信号。图 7.5(a)和图 7.5(b)为输入的两个光分组信号，图 7.5(c)和图 7.5(d)为相应 FPF 提取的时钟信号，图 7.5(e)和图 7.5(f)是进一步经过超快非线性干涉仪(ultrafast nonlinear interferometer，UNI)光门整形后恢复的时钟信号，其幅度波动小于 1.5dB。UNI 是基于 SOA 的交叉相位调制(cross-phase modulation，XPM)效应原理实现的超高速开关器件，它具有数十 Gbit/s 的数据再生能力。

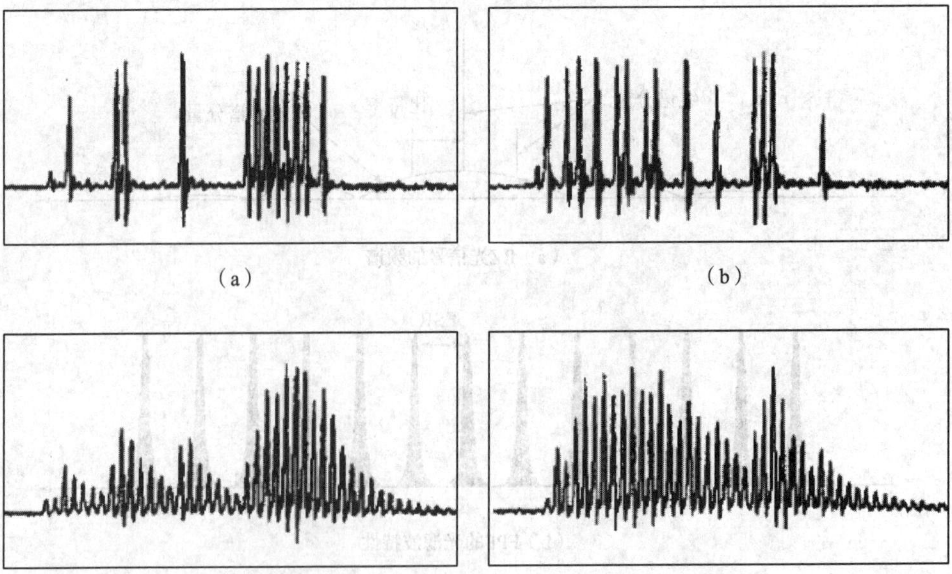

（a） （b）

（c） （d）

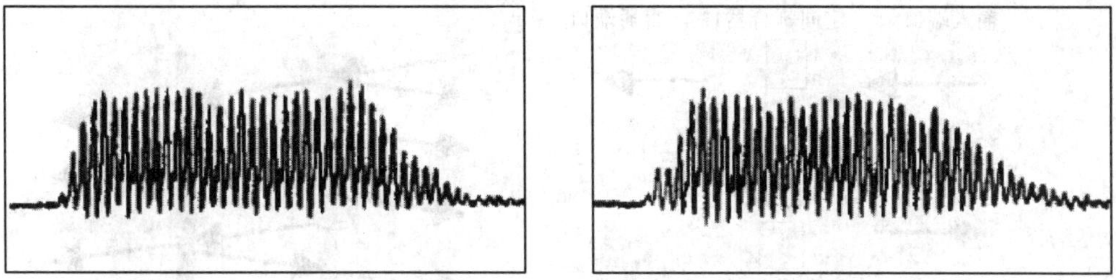

图 7.5　采用 FPF 对光分组进行时钟提取

下面分析 FPF 提取的时钟脉冲序列包络变化对输入脉冲序列的依赖特性。首先考虑单一光脉冲进入 FPF 的情况，输出脉冲序列的包络将以指数形式下降(关闭脉冲)，即

$$A_{\text{off}}(t) = \exp\left(-2\pi f_{-3\text{dB}} t\right) \tag{7.32}$$

对于带有全“1”脉冲帧头的帧时钟下降沿(消失时刻)，时钟峰值的包络将以同样的规律指数衰减。帧时钟的上升沿变化依赖于该帧前面 N 个全“1”脉冲所对应的时刻 $t = NT$，时钟峰值的包络(开启脉冲)可以表示为

$$A_{\text{on}}(t) = \frac{1-\exp\left(-2\pi f_{-3\text{dB}} t\right)}{1-\exp\left(-2\pi f_{-3\text{dB}} T\right)} \tag{7.33}$$

式中，T 为时钟周期。由式(7.32)和式(7.33)可知，时钟以相同的指数形式建立或消失。通常把时钟幅值从最大值的 10%变化至 90%(或 90 %～10%)的时间称为时钟的建立时间 T_{on} (或消失时间 T_{off})，即 $T_{\text{on}} = T_{\text{off}} = F\ln 9/(2\pi\cdot\text{FSR})$。可见，用 FPF 提取时钟时，时钟的建立和消失时间和精细度 F 成正比。

7.4　环形谐振器

7.4.1　环形谐振腔结构

G-T(Gires-Tournois)标准具是 F-P 标准具的极端情形，它的一个反射镜的反射率为 100%。与一个直波导耦合的环形谐振腔与 G-T 标准具类似，与两个直波导耦合的环形谐振腔与 F-P 标准具中导波光的多次反射过程类似，如图 7.6 所示。很容易将光纤变成环形或制备圆形沟道波导形成环形谐振腔。由微环腔体形成的微环谐振器无须腔面，其微纳尺寸可以支持大规模单片光电集成，已成为集成光电子技术中最重要的器件之一。

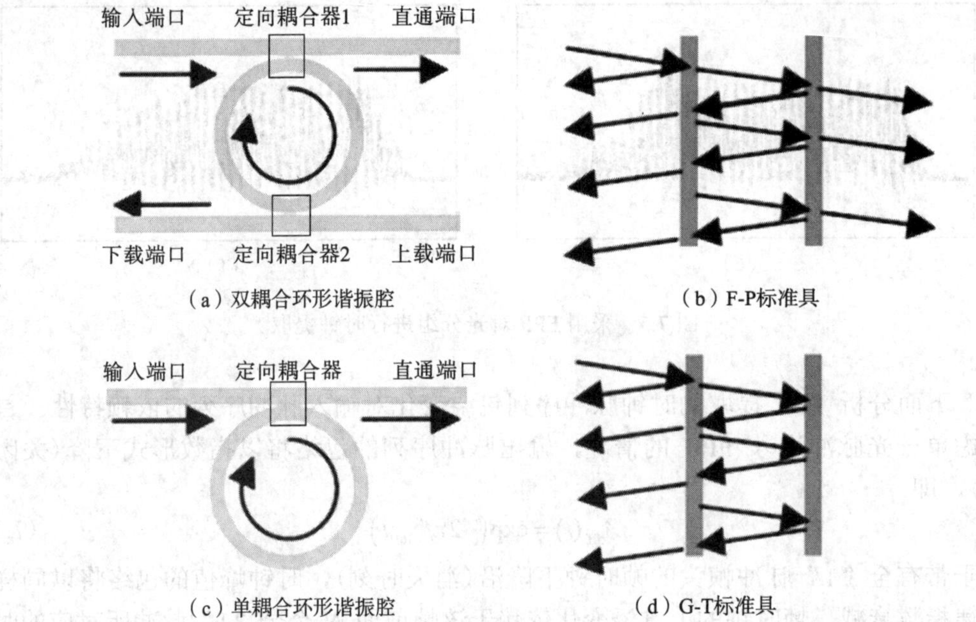

图 7.6 行波谐振腔与驻波标准具的类比关系

与分析 F-P 腔的透射和反射过程类似，若已知两个定向耦合器中直波导的光场直通耦合系数$t_{1,2}$及其到环形腔的交叉耦合系数$\kappa_{1,2}$，环形腔的光场直通耦合系数$\tilde{t}_{1,2}$及其到直波导的交叉耦合系数$\tilde{\kappa}_{1,2}$，则单端口输入时双耦合环形谐振腔的直通端口(对应于 F-P 腔的反射端口)和下载端口(对应于 F-P 腔的透射端口)的光场传输系数分别为

$$\Gamma_{\mathrm{t}}=\frac{t_1+(\kappa_1\tilde{\kappa}_1-t_1\tilde{t}_1)\tilde{t}_2 a\mathrm{e}^{-\mathrm{j}\delta}}{1-\tilde{t}_1\tilde{t}_2 a\mathrm{e}^{-\mathrm{j}\delta}},\quad \tau_{\mathrm{d}}=\frac{\kappa_1\tilde{\kappa}_2 a\mathrm{e}^{-\mathrm{j}\delta/2}}{1-\tilde{t}_1\tilde{t}_2 a\mathrm{e}^{-\mathrm{j}\delta}} \tag{7.34}$$

式中，a为环形腔非耦合区域对光场幅度的倍增因子；$\delta=\beta l_c=n_{\mathrm{eff}}k_0 l_c$为导波光环绕环形腔一周引入的相移(环回相移)；$l_c$为环形腔的周长。需要指出的是，上述耦合系数不是独立的，与互易性、能量守恒以及时间反演对称的基本原理相关。

可以证明，当定向耦合器没有附加损耗时，其输入和输出端口之间的传输矩阵$\boldsymbol{M}$是酉矩阵，即$\boldsymbol{M}^{\dagger}\boldsymbol{M}=\boldsymbol{I}$(单位矩阵)，其中“†”代表转置共轭。例如，当导波光场取$E\sim\mathrm{e}^{\mathrm{j}(\omega t-\beta z)}$形式时，2×2 光纤耦合器输入和输出端口之间的光场传输矩阵为

$$\boldsymbol{M}=\begin{bmatrix} t & -\kappa^* \\ \kappa & t^* \end{bmatrix}=\begin{bmatrix} \sqrt{\rho} & -\mathrm{j}\sqrt{1-\rho} \\ -\mathrm{j}\sqrt{1-\rho} & \sqrt{\rho} \end{bmatrix} \tag{7.35}$$

式中，ρ为光功率的直通效率。显然，不考虑耦合器的附加耦合损耗时，矩阵$\boldsymbol{M}$的行列式为

$$|\boldsymbol{M}|=tt^*+\kappa\kappa^*=|t|^2+|\kappa|^2=1 \tag{7.36}$$

实际中，当计及耦合器的附加耦合损耗时，$|\boldsymbol{M}|=1-\eta_l$，这意味着直通和交叉耦合系数中需要附加一个系数$\sqrt{1-\eta_l}$，$\eta_l$为光功率的附加损耗率。利用$\tilde{\kappa}=-\kappa^*$，$\tilde{t}=t^*$，由式(7.34)可得直通端口的光场传输系数为

$$\Gamma_{\mathrm{t}}=\frac{t_1-|\mathbf{M}|\tilde{t}_2 a\mathrm{e}^{-\mathrm{j}\delta}}{1-\tilde{t}_1\tilde{t}_2 a\mathrm{e}^{-\mathrm{j}\delta}}=\frac{t_1-|\mathbf{M}|t_2^{*}a\mathrm{e}^{-\mathrm{j}\delta}}{1-t_1^{*}t_2^{*}a\mathrm{e}^{-\mathrm{j}\delta}} \tag{7.37}$$

对于单耦合环形谐振腔，第二个耦合器的 $t_2=\tilde{t}_2=1$，由式(7.37)可得

$$\Gamma_{\mathrm{ts}}=\frac{t-|\mathbf{M}|a\mathrm{e}^{-\mathrm{j}\delta}}{1-t^{*}a\mathrm{e}^{-\mathrm{j}\delta}} \tag{7.38}$$

式中，t 为光耦合器直波导的透射系数。

7.4.2　环形谐振器的串联

在环形谐振腔的串联结构中，第 i 个耦合器与第 i 个环形腔可视为一个重复单元，它们对应的理论模型如图 7.7 所示，采用类似于 F-P 腔的分析方法，将光耦合器视为谐振腔的端面，并按正向和反向两种传播方向来处理。谐振腔的端面(耦合器 i)两侧的光场复振幅分别为 $A_i^{\pm}$ 和 $B_i^{\pm}$，光场透射和反射系数分别为 $t_i^{\pm}$ 和 $r_i^{\pm}$ (分别对应于交叉和直通耦合系数)，其中“±”表示正、反传播方向。耦合器 i 和 $i+1$ 将它们之间的环形谐振腔 i 分成长度为 $L_{\pm}$ 的两段，导致正反方向传播的导波光场幅度改变($R_i^{\pm}$)和相位移动($\varphi_i^{\pm}=\beta_{\pm}L_{\pm}$，$\beta_{\pm}$ 为传播常数)，用复振幅表示为 $R_i^{+}\mathrm{e}^{-\mathrm{j}\varphi_i^{+}}$ 和 $R_i^{-}\mathrm{e}^{-\mathrm{j}\varphi_i^{-}}$。

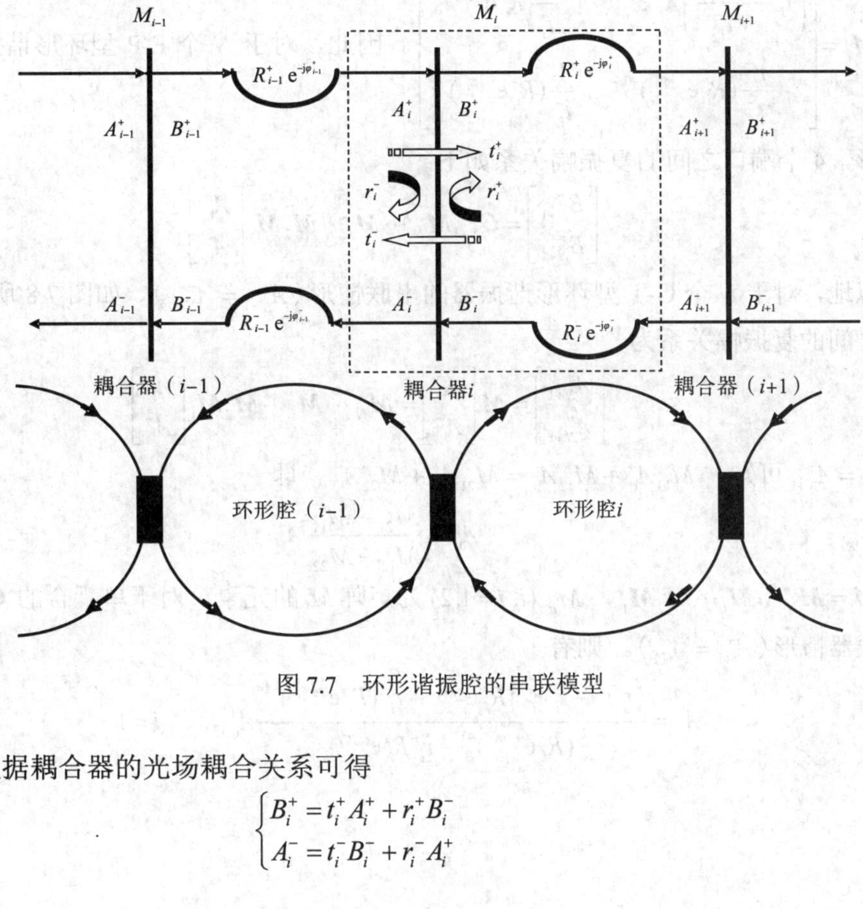

图 7.7　环形谐振腔的串联模型

根据耦合器的光场耦合关系可得

$$\begin{cases}B_i^{+}=t_i^{+}A_i^{+}+r_i^{+}B_i^{-}\\ A_i^{-}=t_i^{-}B_i^{-}+r_i^{-}A_i^{+}\end{cases} \tag{7.39}$$

或用矩阵形式表示为

$$\begin{bmatrix} B_i^+ \\ B_i^- \end{bmatrix} = \begin{bmatrix} t_i^+ - \dfrac{r_i^+ r_i^-}{t_i^-} & \dfrac{r_i^+}{t_i^-} \\ -\dfrac{r_i^-}{t_i^-} & \dfrac{1}{t_i^-} \end{bmatrix} \begin{bmatrix} A_i^+ \\ A_i^- \end{bmatrix} = \boldsymbol{C}_i \begin{bmatrix} A_i^+ \\ A_i^- \end{bmatrix} \tag{7.40}$$

式中，$\boldsymbol{C}_i = \begin{bmatrix} t_i^+ - \dfrac{r_i^+ r_i^-}{t_i^-} & \dfrac{r_i^+}{t_i^-} \\ -\dfrac{r_i^-}{t_i^-} & \dfrac{1}{t_i^-} \end{bmatrix}$。再经过环形谐振腔传输后，光场复振幅可表示为

$$\begin{aligned} \begin{bmatrix} A_{i+1}^+ \\ A_{i+1}^- \end{bmatrix} &= \begin{bmatrix} B_i^+ R_i^+ \mathrm{e}^{-\mathrm{j}\varphi_i^+} \\ B_i^- / (R_i^- \mathrm{e}^{-\mathrm{j}\varphi_i^-}) \end{bmatrix} = \begin{bmatrix} R_i^+ \mathrm{e}^{-\mathrm{j}\varphi_i^+} & 0 \\ 0 & (R_i^- \mathrm{e}^{-\mathrm{j}\varphi_i^-})^{-1} \end{bmatrix} \begin{bmatrix} B_i^+ \\ B_i^- \end{bmatrix} \\ &= \begin{bmatrix} \left(t_i^+ - \dfrac{r_i^+ r_i^-}{t_i^-}\right) R_i^+ \mathrm{e}^{-\mathrm{j}\varphi_i^+} & \dfrac{r_i^+}{t_i^-} R_i^+ \mathrm{e}^{-\mathrm{j}\varphi_i^+} \\ -\dfrac{r_i^-}{t_i^-} (R_i^- \mathrm{e}^{-\mathrm{j}\varphi_i^-})^{-1} & \dfrac{1}{t_i^-} (R_i^- \mathrm{e}^{-\mathrm{j}\varphi_i^-})^{-1} \end{bmatrix} \begin{bmatrix} A_i^+ \\ A_i^- \end{bmatrix} = \boldsymbol{M}_i \begin{bmatrix} A_i^+ \\ A_i^- \end{bmatrix} \end{aligned} \tag{7.41}$$

式中，$\boldsymbol{M}_i = \begin{bmatrix} \left(t_i^+ - \dfrac{r_i^+ r_i^-}{t_i^-}\right) R_i^+ \mathrm{e}^{-\mathrm{j}\varphi_i^+} & \dfrac{r_i^+}{t_i^-} R_i^+ \mathrm{e}^{-\mathrm{j}\varphi_i^+} \\ -\dfrac{r_i^-}{t_i^-} (R_i^- \mathrm{e}^{-\mathrm{j}\varphi_i^-})^{-1} & \dfrac{1}{t_i^-} (R_i^- \mathrm{e}^{-\mathrm{j}\varphi_i^-})^{-1} \end{bmatrix}$。因此，对于 N 个 F-P 型环形谐振器的串联情形，4 个端口之间的复振幅关系如下：

$$\begin{bmatrix} B_{N+1}^+ \\ B_{N+1}^- \end{bmatrix} = \boldsymbol{C}_{N+1} \boldsymbol{M}_N \cdots \boldsymbol{M}_i \cdots \boldsymbol{M}_2 \boldsymbol{M}_1 \begin{bmatrix} A_1^+ \\ A_1^- \end{bmatrix} \tag{7.42}$$

类似地，对于 N 个 G-T 型环形谐振器的串联情形（$A_{N+1}^+ = A_{N+1}^-$），如图 7.8 所示，4 个端口之间的复振幅关系为

$$\begin{bmatrix} A_{N+1}^+ \\ A_{N+1}^- \end{bmatrix} = \boldsymbol{M} \begin{bmatrix} A_1^+ \\ A_1^- \end{bmatrix} = \boldsymbol{M}_N \cdots \boldsymbol{M}_i \cdots \boldsymbol{M}_2 \boldsymbol{M}_1 \begin{bmatrix} A_1^+ \\ A_1^- \end{bmatrix} \tag{7.43}$$

再由 $A_{N+1}^+ = A_{N+1}^-$ 可知，$M_{11} A_1^+ + M_{12} A_1^- = M_{21} A_1^+ + M_{22} A_1^-$，即

$$A_1^- = \frac{M_{21} - M_{11}}{M_{12} - M_{22}} A_1^+ \tag{7.44}$$

式中，$\boldsymbol{M} = \boldsymbol{M}_N \cdots \boldsymbol{M}_i \cdots \boldsymbol{M}_2 \boldsymbol{M}_1$，$M_{ij}\ (i, j = 1,2)$ 为矩阵 $\boldsymbol{M}$ 的元素。对于单耦合的 G-T 型环形谐振器情形（$A_{i+1}^+ = A_{i+1}^-$），则有

$$A_i^- = \frac{\left(t_i^+ t_i^- - r_i^+ r_i^-\right) R_i^+ \mathrm{e}^{-\mathrm{j}\varphi_i^+} + r_i^- (R_i^- \mathrm{e}^{-\mathrm{j}\varphi_i^-})^{-1}}{(R_i^- \mathrm{e}^{-\mathrm{j}\varphi_i^-})^{-1} - r_i^+ R_i^+ \mathrm{e}^{-\mathrm{j}\varphi_i^+}} A_i^+, \qquad i = 1 \tag{7.45}$$

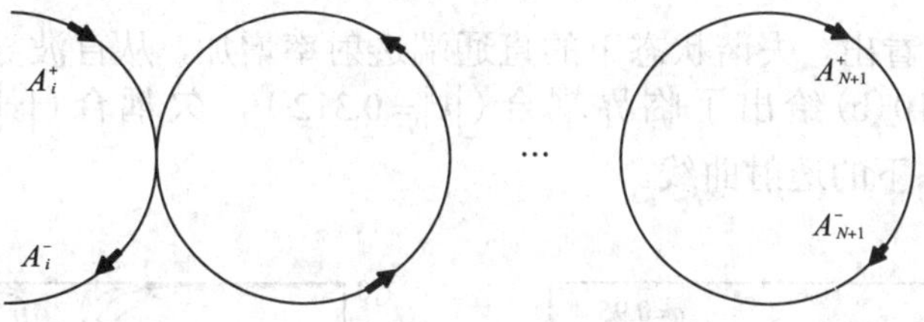

图 7.8　G-T 型环形谐振器的串联

7.5　典型例题分析

例 7.1　根据式(7.26)，画出 $R=0.04$，0.3，0.9 时 F-P 腔的光强透射率 T_{FP} 随 βL 变化的曲线，计算透射谱线的精细度。

解　F-P 腔的光强透射率 T_{FP} 曲线如图 7.9 所示，根据式(7.30)可计算 R 为 0.04，0.3，0.9 时的精细度 F 分别为 0.654，2.458，29.8。随着镜面反射率的增加，谱线尖锐，精细度越高。当 R=0.172 时，F=1。实际上，在 $R \ll 1$时，谱线的精细度 F 不再适合衡量 FPF 的性能。

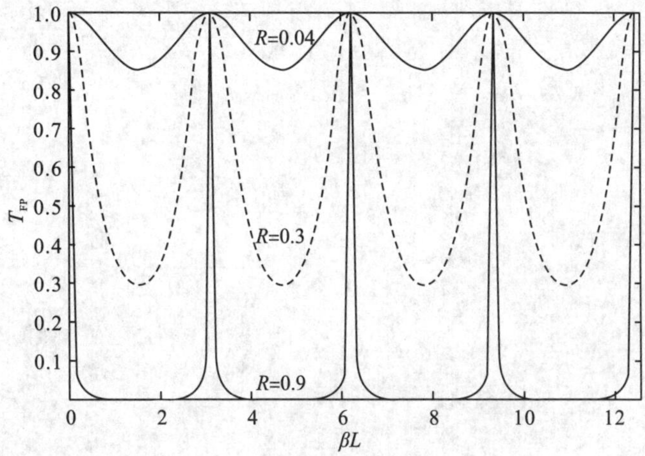

图 7.9　F-P 腔的光强透射率 T_{FP} 曲线

例 7.2　画出环回相移 $\delta = 0$, 0.1, 0.2 时单耦合环形谐振器的直通端透射率 $T=\left|\Gamma_{ts}\right|^2$ 随耦合系数 $|\kappa|$ 的变化曲线，考察临界耦合、欠耦合和过耦合三种耦合状态的透射特点，其中环形腔的光场幅度倍增因子 $a = 0.95$ 。

解　不考虑耦合器附加损耗时，$t = \sqrt{1-|\kappa|^2}$ 。根据式(7.38)可知，在谐振状态 $\delta = 2m\pi$ (m 为整数)，当 $t = a$ 或 $|\kappa| = \sqrt{1-a^2}$ 时，直通端的透射率为 0，称为临界耦合点。δ为0, 0.1, 0.2 时单耦合环形谐振器的直通端透射率随耦合系数 $|\kappa|$ 的变化曲线如图

7.10(a)所示，可以看出，失谐状态下的直通端透射率增加，从直波导耦合到环形腔的功率减少。图 7.10(b)给出了临界耦合（$|\kappa|=0.312$），欠耦合（$|\kappa|=0.2$）和过耦合（$|\kappa|=0.5$）三种状态下的透射曲线。

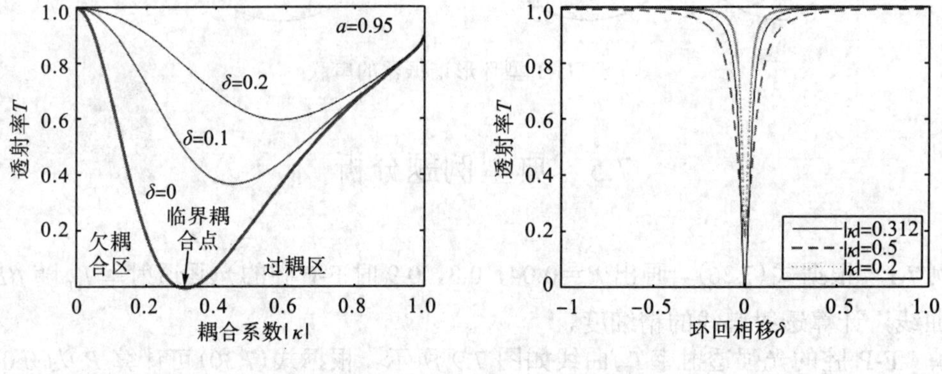

(a)直通端透射率随耦合系数的变化　　(b)三种状态下的透射曲线

图 7.10　环形谐振器直通端的透射特性

第 8 章　光纤的导光原理

利用光纤的内全反射原理可将光信号从光纤的一端传输到另一端，实现光纤通信。光纤可分为单模光纤和多模光纤，ITU-T 建议规范了各种光纤的性能。光纤中光导波的传输特性可采用电磁场理论(波动光学)或者几何光学(射线光学)方法加以分析。

电磁场分析方法是把光纤中的光导波作为经典电磁场来处理，从波动方程和电磁场的边界条件出发，通过严格的解析分析或数值计算，给出光纤中导波光场的分布形式(模式)。用电磁场分析方法可解释波导弯曲、耦合、相干、干涉等现象，但往往需要较烦琐的数学推导。在阶跃型圆柱形光纤中，光导波的精确模式可分为$TE_{0,n}$波(只有H_z,H_r,E_ϕ分量)、$TM_{0,n}$波(只有E_z,E_r,H_ϕ分量)和混合波($EH_{m,n}$或$HE_{m,n}$，$m\neq 0$)三种波型，不支持 TEM 波。在弱导近似下，一个线偏振模也可以看作传播常数相近的几个精确模的叠加，用线偏振模$LP_{m,n}$表示，如$LP_{m,n}=EH_{m-1,n}+HE_{m+1,n}(m\geqslant 2)$。光纤中单模传输条件是归一化频率$V=k_0a\sqrt{n_1^2-n_2^2}\leqslant 2.405$，此时总存在唯一的模式$HE_{11}$($LP_{01}$)，称为基模。

当光导波的波长远小于光波导尺寸时，光导波的传输特性可按几何光学方法进行近似分析，即用光射线代表光能量的传输路线。几何光学方法的特点是简单易懂，特别适用于分析多模光纤，但不适用于分析单模光纤的弯曲、耦合等现象。对于阶跃多模光纤，入射临界角θ_c的正弦值称为数值孔径(numerical aperture，NA)，即$\mathrm{NA}\triangleq\sin\theta_c=\sqrt{n_1^2-n_2^2}\approx n_1\sqrt{2\varDelta}$，它表示光纤接收和传输光的能力；最大群时延差$\Delta\tau\approx(n_1L/c)\cdot\varDelta$。渐变型多模光纤中，光线轨迹是传输距离 z 的正弦函数，其周期$L_n=2\pi a/\sqrt{2\varDelta}$称为自聚焦光纤的节距，不同角度入射的光线会汇聚在半节距($L_n/2$)的系列位置，称为自聚焦效应；在 1/4 节距($L_n/4$)的系列位置变为平行光，即具有准直作用。与阶跃型多模光纤相比，渐变型多模光纤具有减小脉冲展宽、增加光纤带宽的优点。

8.1　光纤的结构

光纤是由纤芯和包层组成的圆柱形介质波导，如图 8.1 所示。纤芯折射率n_1略大于包层折射率n_2，从而利用内全反射原理使光能量主要集中在纤芯内传输。由SiO_2制成的石英光纤通过掺杂使包层折射率n_2比纤芯折射率n_1略小，单模和多模光纤的相对折射率差分别为$\varDelta$=0.3%～0.6 %和$\varDelta$=1%～2 %。利用光纤的内全反射原理，可使光能量主要集中在纤芯内传输。实际中，为了保护裸纤，还会在其表面涂上聚氨基甲酸乙酯或硅酮树脂等涂敷层(厚度一般为 30～150mm)，外面还有套层。石英光纤存在 850nm、1310nm 和 1550nm 三个低损耗通信窗口。

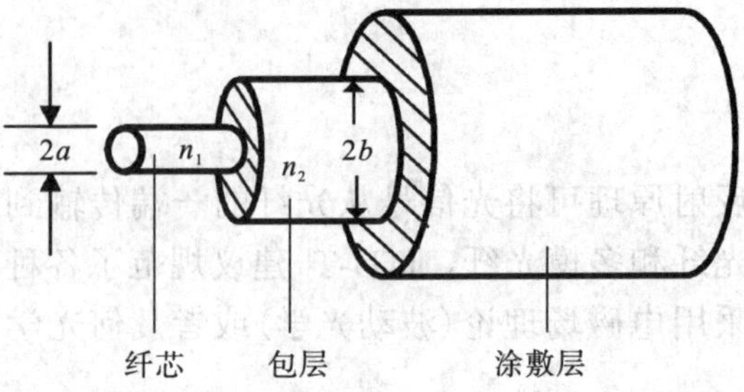

图 8.1　光纤波导结构

光纤可以按截面折射率分布、光纤中传输模数、材料、工作波长等进行分类。根据光纤传输的模数和折射率分布，可分为阶跃型多模光纤、渐变型多模光纤以及阶跃型单模光纤三种常用类型，它们分别适用于小容量短距离、中等容量中等距离和大容量长距离的通信系统，如表 8.1 所示。

表 8.1　三种常用的光纤类型

光纤类型	横截面	折射率分布	光线传播 (子午射线分布)	频带宽度	特点
阶跃型 多模光纤	125μm　50μm	r　n	纤芯　包层	< 200MHz·km	接续容易， 成本低
渐变型 多模光纤	125μm　50μm	r　n		200MHz·km ～3GHz·km	接续容易， 成本高
阶跃型 单模光纤	125μm　~10μm	r　n		> 3GHz·km	接续较难， 成本适中

此外，为了扩大光纤的工作波长范围、改善其色散或双折射特性，在常规单模光纤基础上，还可以设计许多折射率分布复杂的特种单模光纤，如双包层光纤(设计色散)、三角芯光纤(大有效面积)、椭圆芯光纤(偏振保持)等。

8.2　ITU-T 标准光纤

在中国光纤通信行业，光纤光缆的标准有国际标准和国内标准两大类。对于光纤部分，国际标准主要有国际电工委员会颁布的 IEC 60793 系列和国际电信联盟颁布的 ITU-T G.65x 系列，国内标准有 GB/T 15972(光纤总规范)、GB/T 9771(通信用单模光纤系列)、GB/T 12357(通信用多模光纤)等。ITU-T 建议的光纤分类及其应用特点如表 8.2 所示，它们还可进一步分为若干个子类。G.652 和 G.655 光纤在我国最为常用。

表 8.2　ITU-T 建议的光纤分类

类别	描述	波长特性	应用
G.651	50/125μm 多模渐变折射率光纤	工作波长在 1310nm 处光纤有最小色散，而在 1550nm 处光纤有最小损耗	主要用于计算机局域网或光接入网
G.652	常规单模光纤(非色散位移光纤)	零色散波长为 1310nm；在 1550nm 处有最小损耗，色散系数 D=17 ps/(nm·km)	应用最为广泛，传输速率大于 10 Gbit/s 时需要采用色散补偿光纤(DCF，D ≈−100 ps/nm·km)进行色散补偿
G.653	色散位移光纤(dispersion-shifted fiber，DSF)	零色散波长从 1310nm 移到了 1550nm，实现最低损耗与零色散波长一致	适合高速率信号的低损耗传输，易导致 DWDM 信道间发生四波混频串扰
G.654	截止波长位移单模光纤(CSF)	截止波长移在 1550nm 波长范围，可实现损耗的最小化(约 0.18 dB/km)且弯曲性能好	为 1530~1625nm 波长范围使用而优化，适用于长距离地面线路系统和使用光放大器的海缆系统
G.655	非零色散位移单模光纤(NZ-DSF)	在 1550~1650nm 处色散值为 0.1~6.0 ps/(nm·km)	可抑制四波混频效应，适于高速、大容量 DWDM 系统
G.656	宽带光传输用非零色散光纤	一种宽带非零色散平坦光纤，扩大了 G.655 光纤的非零色散范围，以解决其工作波长窄、色散斜率大等问题	显著降低系统的色散补偿成本，可保证通道间隔 100GHz、40Gbit/s 系统至少传输 400km
G.657	弯曲不敏感单模光纤	划分成 A 和 B 两大类，有三个弯曲等级，分别对应于 10mm、7.5mm 和 5mm 的最小弯曲半径	适用于光接入网中对光纤弯曲性能要求较高的安装环境

8.3　光纤的电磁场分析

均匀导波系统中，所有电磁场量的横向分量均可用两个纵向分量(E_z,H_z)来表示，称为纵向场分析方法。理想的光纤结构可视为圆柱形均匀介质波导，在现代网络中应用广泛。在圆柱坐标系中，根据麦克斯韦方程组(或矢量波动方程)和本构关系(线性介质)，以及阶跃光纤的圆柱对称性和纤芯/包层边界条件($E_t,H_t;D_n,B_n$ 连续)，可确定光导波的纵向分量。下面采用纵向场分析方法，在圆柱坐标系(r, ϕ, z)中分析光纤介质波导中导波光的传播波型。

8.3.1　光纤中的导波光场

设光波沿 $+z$ 方向传播，则均匀光纤中导波光的电磁场复数形式为

$$\boldsymbol{E}(r,\phi,z)=\boldsymbol{E}(r,\phi)\mathrm{e}^{-\mathrm{j}\beta z},\quad \boldsymbol{H}(r,\phi,z)=\boldsymbol{H}(r,\phi)\mathrm{e}^{-\mathrm{j}\beta z} \tag{8.1}$$

式中，省略了时谐因子 $\mathrm{e}^{\mathrm{j}\omega t}$，$\beta$ 为传播常数。在各向同性的无源介质中，导波光的电场和磁场矢量满足：

$$\nabla\times\begin{bmatrix}\boldsymbol{E}(r,\phi,z)\\ \boldsymbol{H}(r,\phi,z)\end{bmatrix}=\mathrm{j}\omega\begin{bmatrix}-\mu\boldsymbol{H}(r,\phi,z)\\ \varepsilon\boldsymbol{E}(r,\phi,z)\end{bmatrix} \tag{8.2}$$

可以看出，它们之间有对偶关系：$\boldsymbol{E}\to\boldsymbol{H},\boldsymbol{H}\to-\boldsymbol{E},\mu\leftrightarrow\varepsilon$。利用对偶关系，根据圆柱坐标系中矢量旋度的计算公式：

$$\begin{aligned}\nabla\times\boldsymbol{F}&=\frac{1}{r}\begin{vmatrix}\boldsymbol{e}_r & r\boldsymbol{e}_\phi & \boldsymbol{e}_z\\ \dfrac{\partial}{\partial r} & \dfrac{\partial}{\partial\phi} & \dfrac{\partial}{\partial z}\\ F_r & rF_\phi & F_z\end{vmatrix}\\ &=\boldsymbol{e}_r\frac{1}{r}\left[\frac{\partial F_z}{\partial\phi}-\frac{\partial(rF_\phi)}{\partial z}\right]+\boldsymbol{e}_\phi\left(\frac{\partial F_r}{\partial z}-\frac{\partial F_z}{\partial r}\right)+\boldsymbol{e}_z\frac{1}{r}\left[\frac{\partial(rF_\phi)}{\partial r}-\frac{\partial F_r}{\partial\phi}\right]\end{aligned} \tag{8.3}$$

可得复矢量 $\boldsymbol{E}(r,\phi)$ 和 $\boldsymbol{H}(r,\phi)$ 满足的波动方程：

$$\begin{cases}\dfrac{1}{r}\dfrac{\partial E_z}{\partial\phi}+\mathrm{j}\beta E_\phi=-\mathrm{j}\omega\mu H_r\\ \mathrm{j}\beta E_r+\dfrac{\partial E_z}{\partial r}=\mathrm{j}\omega\mu H_\phi\\ \dfrac{1}{r}\left[\dfrac{\partial(rE_\phi)}{\partial r}-\dfrac{\partial E_r}{\partial\phi}\right]=-\mathrm{j}\omega\mu H_z\end{cases} \tag{8.4}$$

$$\begin{cases}\dfrac{1}{r}\dfrac{\partial H_z}{\partial\phi}+\mathrm{j}\beta H_\phi=\mathrm{j}\omega\varepsilon E_r\\ \mathrm{j}\beta H_r+\dfrac{\partial H_z}{\partial r}=-\mathrm{j}\omega\varepsilon E_\phi\\ \dfrac{1}{r}\left[\dfrac{\partial(rH_\phi)}{\partial r}-\dfrac{\partial H_r}{\partial\phi}\right]=\mathrm{j}\omega\varepsilon E_z\end{cases} \tag{8.5}$$

根据式(8.4)和式(8.5)的前两个方程，可用纵向场分量 E_z 和 H_z 表示其他分量：

$$\begin{cases}E_\phi=-\dfrac{\mathrm{j}}{k_C^2}\left(\dfrac{\beta}{r}\dfrac{\partial E_z}{\partial\phi}-\omega\mu\dfrac{\partial H_z}{\partial r}\right)\\ E_r=-\dfrac{\mathrm{j}}{k_C^2}\left(\beta\dfrac{\partial E_z}{\partial r}+\dfrac{\omega\mu}{r}\dfrac{\partial H_z}{\partial\phi}\right)\\ H_\phi=-\dfrac{\mathrm{j}}{k_C^2}\left(\dfrac{\beta}{r}\dfrac{\partial H_z}{\partial\phi}+\omega\varepsilon\dfrac{\partial E_z}{\partial r}\right)\\ E_r=-\dfrac{\mathrm{j}}{k_C^2}\left(\beta\dfrac{\partial H_z}{\partial r}-\dfrac{\omega\varepsilon}{r}\dfrac{\partial E_z}{\partial\phi}\right)\end{cases} \tag{8.6}$$

式中，$k_C^2=\omega^2\mu\varepsilon-\beta^2$。将式(8.6)代入式(8.4)和式(8.5)的最后一个方程，并将纵向场分量 E_z（或 H_z）看作独立的变量，可得如下关于 E_z 的二阶微分方程：

$$\nabla_t^2 E_z + k_C^2 E_z = \frac{\partial^2 E_z}{\partial r^2} + \frac{1}{r}\frac{\partial E_z}{\partial r} + \frac{1}{r^2}\frac{\partial^2 E_z}{\partial \phi^2} + k_C^2 E_z = 0 \tag{8.7}$$

采用分离变量法，将 $E_z(r,\phi) = R(r)\Phi(\phi)$ 代入式(8.7)可得

$$\begin{cases} \dfrac{\mathrm{d}^2\Phi(\phi)}{\mathrm{d}\phi^2} + m^2\Phi(\phi) = 0 \\ r^2\dfrac{\mathrm{d}^2R(r)}{\mathrm{d}r^2} + r\dfrac{\mathrm{d}R(r)}{\mathrm{d}r} + (k_C^2r^2 - m^2)R(r) = 0 \end{cases} \tag{8.8}$$

式中，m^2 为分离变量过程中引入的一个常数。式(8.8)中，第一个方程的解为 $\Phi(\phi) = \mathrm{e}^{\mathrm{j}m\phi}$，由 $\Phi(\phi) = \Phi(\phi + 2\pi m)$ 可知 m 取整数，称为方位模式指数；第二个方程称为贝塞尔方程，其解称为贝塞尔函数，函数的具体表示依赖于 $(k_C^2r^2 - m^2)$ 的取值类型。采用完全相同的分析方法可知，$H_z(r,\phi)$ 也满足同样的方程。

根据“纤芯（$r \leqslant a$）中场解振荡且 $r=0$ 时取值有限”以及“包层（$r>a$）中场解随 r 的增加单调减小且 $r \to \infty$ 时趋于 0”的导波特性，光纤中导波光的纵向场量可表示为如下形式：

$$E_z(r,\phi) = \begin{cases} AJ_m(ur/a)\mathrm{e}^{\mathrm{j}m\phi}, & r \leqslant a \\ CK_m(wr/a)\mathrm{e}^{\mathrm{j}m\phi}, & r > a \end{cases} \tag{8.9a}$$

$$H_z(r,\phi) = \begin{cases} BJ_m(ur/a)\mathrm{e}^{\mathrm{j}m\phi}, & r \leqslant a \\ DK_m(wr/a)\mathrm{e}^{\mathrm{j}m\phi}, & r > a \end{cases} \tag{8.9b}$$

式中，A、B、C、D 为待定系数；$u^2 = (n_1^2k_0^2 - \beta^2)a^2$；$w^2 = (\beta^2 - n_2^2k_0^2)a^2$；$k_0^2 = \omega^2\mu_0\varepsilon_0$；$n_1$ 和 n_2 分别为纤芯和包层的材料折射率；a 为纤芯半径；$J_m(z)$ 和 $K_m(z)$ 分别为第一类普通的贝塞尔函数和第二类修正的贝塞尔函数，如图 8.2 所示。将式(8.9)代入式(8.6)可得光纤纤芯和包层中导波光电场和磁场的横向分量。

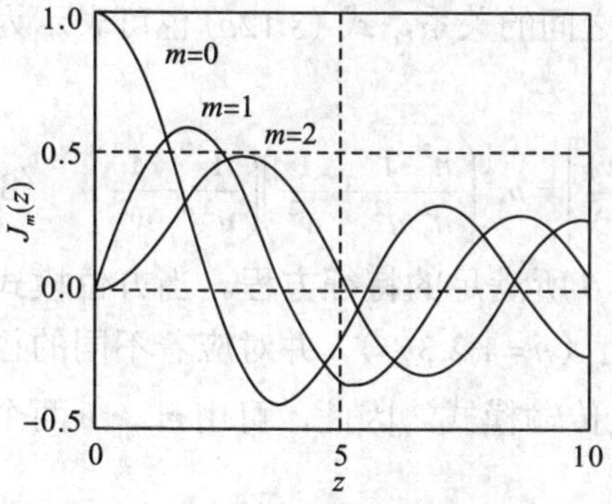

(a) 第一类普通的贝塞尔函数 $J_m(z)$

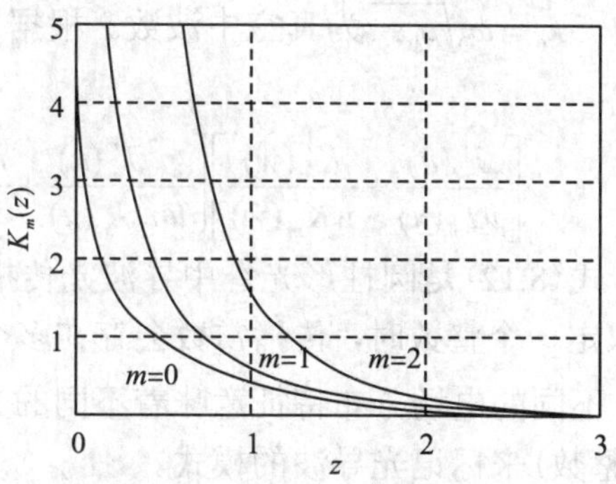

(b) 第二类修正的贝塞尔函数 $K_m(z)$

图 8.2　两类贝塞尔函数曲线

m 为整数时贝塞尔函数 $J_m(z)$ 和 $K_m(z)$ 具有如下性质：

$$J_{-m}(z)=(-1)^m J_m(z),\quad K_{-m}(z)=K_m(z)$$
$$z\left[J_{m+1}(z)+J_{m-1}(z)\right]=2mJ_m(z),\quad J_{m+1}(z)-J_{m-1}(z)=-2J'_m(z)$$
$$z\left[K_{m+1}(z)-K_{m-1}(z)\right]=2mK_m(z),\quad K_{m+1}(z)+K_{m-1}(z)=-2K'_m(z)$$
$$\frac{J'_m(u)}{uJ_m(u)}=\frac{J_{m-1}(u)}{uJ_m(u)}-\frac{m}{u^2}=-\frac{J_{m+1}(u)}{uJ_m(u)}+\frac{m}{u^2}$$
$$\frac{K'_m(w)}{wK_m(w)}=-\frac{K_{m-1}(w)}{wK_m(w)}-\frac{m}{w^2}=-\frac{K_{m+1}(w)}{wK_m(w)}+\frac{m}{w^2}$$

8.3.2 光纤特征方程与模式

根据纤芯和包层边界处（$r=a$）“电场强度切向分量（E_ϕ和E_z）和磁场强度切向分量（H_ϕ和H_z）连续”的边界条件，可确定待定系数A、B、C、D之间的关系。由$r=a$处E_z和H_z连续的边界条件，可分别得到

$$AJ_m(u)=CK_m(w),\quad BJ_m(u)=DK_m(w) \tag{8.10}$$

进一步地，利用$r=a$处E_ϕ和H_ϕ连续的边界条件，可得关于待定系数A和B联立方程：

$$\begin{cases}\beta m\left(\dfrac{1}{u^2}+\dfrac{1}{w^2}\right)A+\mathrm{j}\omega\mu\left[\dfrac{J'_m(u)}{uJ_m(u)}+\dfrac{K'_m(w)}{wK_m(w)}\right]B=0\\ \omega\varepsilon_0\left[\dfrac{n_1^2J'_m(u)}{uJ_m(u)}+\dfrac{n_2^2K'_m(w)}{wK_m(w)}\right]A+\mathrm{j}\beta m\left(\dfrac{1}{u^2}+\dfrac{1}{w^2}\right)B=0\end{cases} \tag{8.11}$$

待定系数A和B有解的条件是系数行列式为0，则有

$$\left[\frac{J'_m(u)}{uJ_m(u)}+\frac{K'_m(w)}{wK_m(w)}\right]\left[\frac{n_1^2J'_m(u)}{uJ_m(u)}+\frac{n_2^2K'_m(w)}{wK_m(w)}\right]=\left(\frac{\beta m}{k_0}\right)^2\left(\frac{1}{u^2}+\frac{1}{w^2}\right)^2 \tag{8.12a}$$

式中，$k_0=\omega\sqrt{\mu_0\varepsilon_0}$为真空中波数。根据$\beta, u, w$之间的关系，式(8.12$a$)也可表示为如下形式：

$$\left[\frac{J'_m(u)}{uJ_m(u)}+\frac{K'_m(w)}{wK_m(w)}\right]\left[\frac{n_1^2J'_m(u)}{un_2^2J_m(u)}+\frac{n_2^2K'_m(w)}{wK_m(w)}\right]=m^2\left(\frac{n_1^2}{n_2^2}\frac{1}{u^2}+\frac{1}{w^2}\right)\left(\frac{1}{u^2}+\frac{1}{w^2}\right) \tag{8.12b}$$

式(8.12)是圆柱形光纤中导波光传播常数β所满足的特征方程。当方位模式指数m取定一个整数时，传播常数会存在多个解β_{mn}（$n=1,2,3\cdots$），并对应着不同的径向分布。不同的电场分布特征意味着不同的光导波传输模式。因此，可用m、n两个参数(取整数)来标记光导波的模式。

(1) TE 波：$m=0,\ E_z=0,\ H_z\neq 0$。

由式(8.9)可知，$A=C=0$；再由式(8.11)可知，$m=0$且满足特征方程：

$$\frac{J'_0(u)}{uJ_0(u)}+\frac{K'_0(w)}{wK_0(w)}=0 \tag{8.13}$$

在纤芯中（$r<a$），TE_{0n}波的电磁场分布如下：

$$\begin{cases} E_r = 0, \quad E_\phi = \mathrm{j}\dfrac{a}{u}\omega\mu BJ_0'(ur/a), \quad E_z = 0 \\ H_r = -\mathrm{j}\dfrac{a}{u}\beta BJ_0'(ur/a), \quad H_\phi = 0, \quad H_z = BJ_0(ur/a) \end{cases} \tag{8.14}$$

(2) TM 波：$m=0,\ H_z=0,\ E_z\neq 0$。

由式(8.9)可知，$B=D=0$；再由式(8.11)可知，$m=0$且满足特征方程：

$$\frac{n_1^2 J_0'(u)}{uJ_0(u)} + \frac{n_2^2 K_0'(w)}{wK_0(w)} = 0 \tag{8.15}$$

在纤芯中($r<a$)，TM_{0n} 波的电磁场分布如下：

$$\begin{cases} H_r = 0, \quad H_\phi = -\mathrm{j}\dfrac{a}{u}\omega\varepsilon_1 AJ_0'(ur/a), \quad H_z = 0 \\ E_r = -\mathrm{j}\dfrac{a}{u}\beta AJ_0'(ur/a), \quad E_\phi = 0, \quad E_z = AJ_0(ur/a) \end{cases} \tag{8.16}$$

(3) 混合波：$m\neq 0,\ E_z\neq 0,\ H_z\neq 0$，此时存在$EH_{m,n}$波和$HE_{m,n}$波，不存在 TE 和 TM 波。

一般来说，阶跃型圆柱形光纤中的电磁波可分为 TE 波、TM 波和混合波三类波型，光纤介质波导中不支持 TEM 波。光纤中光导波的精确模式如下：①当$m=0$时，光导波可分为两种类型。一类是只有E_z、E_r、H_ϕ分量，其他分量为 0($H_z=H_r=0, E_\phi=0$)，即在传输方向无磁场分量，故称为横磁模，记为$TM_{0,n}$；另一类只有H_z、H_r、E_ϕ分量，其他分量为 0($E_z=E_r=0, H_\phi=0$)，即在传输方向无电场分量的模式，称为横电模，记为$TE_{0,n}$。②当$m\neq 0$时，导波光的六个电磁场分量都存在，这种模式称为混合模。混合模也可分为两种类型，一类是$H_z>E_z$，记为$HE_{m,n}$；另一类是$E_z>H_z$，记为$EH_{m,n}$。

8.3.3　弱导近似下的 LP 模

一般情况下，直接求解矢量波动方程是十分困难的。当纤芯和包层的折射率变化量不大，即$n_1\approx n_2$或相对折射率差$\Delta \ll 1$时，光纤的导光能力较弱，称为弱导近似。在弱导近似下，导波光场在直角坐标系中可分解成E_x和E_y两组线偏振模(linearly polarized mode，LP 模)，各横向场量之间的关系可近似用 TEM 波来描述，从而大大简化数学处理。与精确的电磁场分析结果相比，弱导近似下传播常数的计算误差在$(\sqrt{2\Delta})^3$量级。对于通信用多模光纤$\Delta=1\%\sim 2\%$，相应的误差约10^{-3}，单模光纤情形的误差更小。

对于圆截面光纤，E_x和E_y两个本征模的传播常数相同，两者是简并的。在弱导近似下($\beta\approx n_1k_0\approx n_2k_0$)，阶跃型光纤的特征方程式(8.12)可以简化为

$$\frac{J_m'(u)}{uJ_m(u)} + \frac{K_m'(w)}{wK_m(w)} = \pm m\left(\frac{1}{u^2}+\frac{1}{w^2}\right) \tag{8.17}$$

当$m=0$时，弱导近似下TE_{0n}波和TM_{0n}波具有相同形式的特征方程(或传播常数)，即两者是简并的。当$m\neq 0$时，根据贝塞尔函数的性质可知，对于$EH_{m,n}$波，式(8.17)中取“+”，弱导近似下对应的特征方程为

$$\frac{J_{m+1}(u)}{uJ_m(u)}+\frac{K_{m+1}(w)}{wK_m(w)}=0 \tag{8.18}$$

对于$HE_{m,n}$波，式(8.17)中取“－”，弱导近似下对应的特征方程为

$$\frac{J_{m-1}(u)}{uJ_m(u)}-\frac{K_{m-1}(w)}{wK_m(w)}=0 \tag{8.19}$$

由式(8.18)和式(8.19)以及贝塞尔函数$J_m(z)$和$K_m(z)$的性质可知，在弱导近似下，$EH_{m-1,n}$波和$HE_{m+1,n}$波具有相同的特征方程(或传播常数)，两种模式是简并的，它们的场叠加起来所产生的横向场是线偏振的；也就是说，一个线偏振模可以看作传播常数相近的几个精确模的叠加，用线偏振模$LP_{m,n}$表示。因此，LP 模是弱导近似的结果，可用几个精确模式的组合表示，它们之间的模式对应关系如下：

$$\begin{cases} m=0, & LP_{0,n}=HE_{1,n}(2) \\ m=1, & LP_{1,n}=TE_{0,n}(1)+TM_{0,n}(1)+HE_{2,n}(2) \\ m\geqslant 2, & LP_{m,n}=EH_{m-1,n}(2)+HE_{m+1,n}(2) \end{cases} \tag{8.20}$$

式中，括号里的数字表示每一个n值对应的简并数，只有$LP_{0,n}(HE_{1,n})$是 2 重简并的，其他都是 4 重简并的。

8.3.4 单模传输条件

为了进一步说明光纤中导波光的模式特点，定义归一化频率V为

$$V=k_0a\sqrt{n_1^2-n_2^2}=k_0a\cdot \mathrm{NA} \tag{8.21}$$

式中，$k_0=2\pi/\lambda_0$，λ_0为真空中光波波长；数值孔径$\mathrm{NA}\Delta\sin\theta_c=\sqrt{n_1^2-n_2^2}\approx n_1\sqrt{2\Delta}$，$\Delta=(n_1-n_2)/n_1$为纤芯与包层的相对折射率差。$V$是一个无量纲的数，光纤的许多特性都与该参数密切相关。图 8.3 给出了阶跃光纤中几个低阶模式的归一化传输常数$b=\dfrac{w^2}{V^2}=\dfrac{(\beta/k_0)^2-n_2^2}{n_1^2-n_2^2}$和等效折射率$n_{\mathrm{eff}}=\beta/k_0$随归一化频率$V$变化的色散曲线，其中四个最低阶模式在光纤横截面内的横向电场分布如图 8.4 所示。

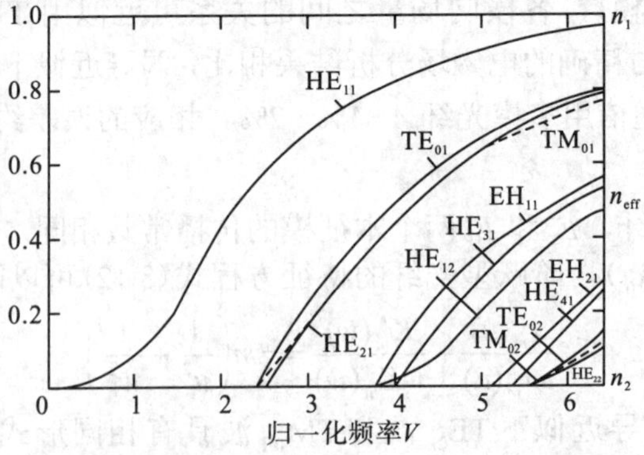

图 8.3 归一化传输常数b随归一化频率V的变化曲线

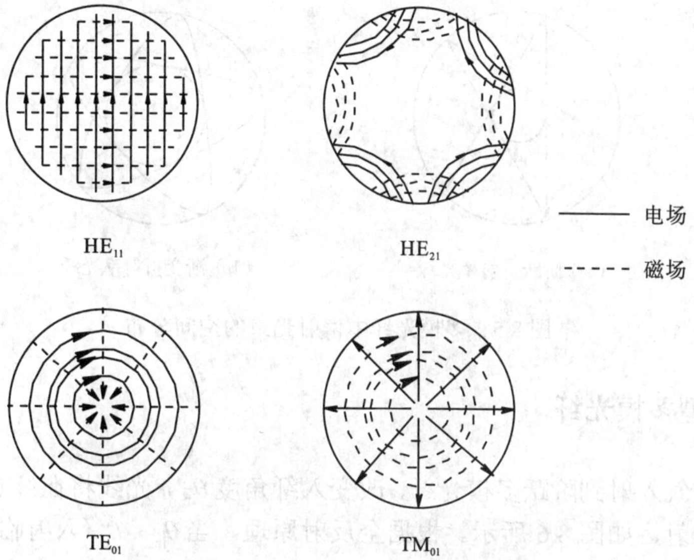

图 8.4　四个最低阶模式在光纤横截面内的横向电场分布

由图 8.3 可知，当$0<V\leqslant 2.405$时存在唯一的HE_{11}（LP_{01}）模式，称为光纤的基模，它没有截止频率；$V>2.405$时开始出现TE_{01}、TM_{01}、HE_{21}等多个模式。对于V较大的阶跃多模光纤，传播模数$M\approx V^2/2$；对于抛物线分布的折射率渐变光纤，传播模数$M=V^2/4$。因此，光纤的单模传输条件是$V\leqslant 2.405$，通常被设计在$2.0\leqslant V\leqslant 2.405$范围。

基模的横向电场分量的径向分布非常接近高斯分布，即$E_r=E_0\exp\left[-\left(r/w_0\right)^2\right]$，其中$w_0$为模斑尺寸，其有效模斑面积为$A_{\text{eff}}=\pi w_0^2$，对应于高斯场分布时最大的功率激发效率(输入功率效率)。对于模式匹配问题，参数w_0是非常有用的，它的值略大于纤芯半径a，大约是纤芯半径a的 1.08~1.22 倍。对于阶跃折射率光纤，参数w_0可用如下经验公式近似：

$$w_0=a\left(0.65+\frac{1.619}{V^{3/2}}+\frac{2.879}{V^6}\right) \tag{8.22}$$

8.4　多模光纤的几何光学分析

下面用几何(射线)光学方法分析阶跃型和渐变型多模光纤中光束的空间分布(数值孔径)和时间分布(时间延迟)特性。按照射线理论，光纤中有两种射线，即子午射线和偏斜射线。子午射线是在子午面(包含光纤对称轴的平面)上传播的电磁波，见表 8.1。偏斜射线不在单一平面内而沿螺旋形路线在光纤中传播，在光纤中的轨迹是空间曲线，而不是平面曲线，如图 8.5 所示。

（a）阶跃折射率光纤　　（b）渐变折射率光纤

图 8.5　多模光纤中偏射光束的空间分布

8.4.1　阶跃型多模光纤

光线从空气入射到阶跃多模光纤，改变入纤角度 θ_{in}，光线将在纤芯与包层交界面发生反射或折射，如图 8.6 所示。根据全反射原理，当 $\theta_{in} \leqslant \theta_c$（入射临界角）时，入射到光纤内的光线才能够在纤芯与包层界面上发生内全反射，并在光纤中传播，其中入射临界角 θ_c 由式(8.23)确定。

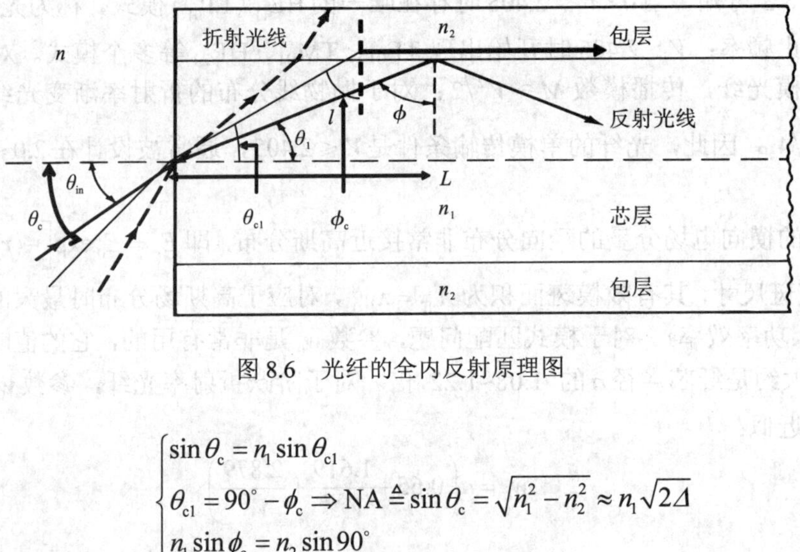

图 8.6　光纤的全内反射原理图

$$\begin{cases} \sin\theta_c = n_1 \sin\theta_{c1} \\ \theta_{c1} = 90^\circ - \phi_c \Rightarrow \mathrm{NA} \triangleq \sin\theta_c = \sqrt{n_1^2 - n_2^2} \approx n_1\sqrt{2\varDelta} \\ n_1 \sin\phi_c = n_2 \sin 90^\circ \end{cases} \tag{8.23}$$

式中，θ_{c1} 和 ϕ_c 是对应于入射临界角 θ_c 的光纤端面折射角和内全反射临界角，$\varDelta = (n_1 - n_2)/n_1$ 为纤芯与包层之间的相对折射率差。入射临界角 θ_c 的正弦值称为 NA，它表示光纤接收和传输光的能力。NA 越大，光纤接收光的能力越强，从光源到光纤的耦合效率越高；NA 越大，纤芯对光能量的束缚越强，光纤抗弯曲性能越好。然而，随着 NA 的增大，光信号经光纤传输后产生的畸变也越大，从而限制信息的传输容量。因此，应根据实际使用的场合，选择适当的 NA。

根据图 8.6，光线在光纤轴向传输 L 长的距离，所经历的光线路程为 l，在折射角 θ_1 不大的条件下，它传播的时间延迟为

$$\tau = \frac{n_1 l}{c} = \frac{n_1 L}{c}\sec\theta_1 \approx \frac{n_1 L}{c}\left(1 + \frac{\theta_1^2}{2}\right) \tag{8.24}$$

式中，利用了 $\sec\theta_1 = \dfrac{1}{\cos\theta_1} = \sqrt{1+\tan^2\theta_1} \approx 1 + \dfrac{\theta_1^2}{2}$。将最大入射角（$\theta_{in} = \theta_c$）和最小入射角（$\theta_{in} = 0$）光线的时间延迟差定义为最大群时延差，近似表示为

$$\Delta\tau = \frac{L}{2n_1 c}\theta_c^2 = \frac{L}{2n_1 c}(\mathrm{NA})^2 \approx \frac{n_1 L}{c}\varDelta \tag{8.25}$$

显然，最大群时延差正比于数值孔径的平方。这种时间延迟差在时域产生脉冲展宽，导致信号畸变。可见，阶跃型多模光纤的信号畸变是由于不同入射角的光线经光纤传输后的时间延迟不同引起的，这种时间延迟差也称为模式色散。

8.4.2　渐变型多模光纤

与阶跃型多模光纤相比，渐变型多模光纤具有减小脉冲展宽、增加光纤带宽的优点。渐变型光纤的折射率分布为

$$n(r) = \begin{cases} n_0\left[1 - 2\varDelta\left(\dfrac{r}{a}\right)^g\right]^{1/2} \approx n_0\left[1 - \varDelta\left(\dfrac{r}{a}\right)^g\right], & 0 \leqslant r \leqslant a \\ n_0(1-\varDelta) = n_a, & r \geqslant a \end{cases} \tag{8.26}$$

式中，n_0 和 n_a 分别为纤芯中心和包层的折射率；r 和 a 分别为径向坐标和纤芯半径；$\varDelta = (n_0 - n_a)/n_0$ 为渐变折射率光纤的相对折射率差；g 为折射率变化参数。$g \to \infty$ 时为阶跃型多模光纤，$g = 2$ 时 $n(r)$ 按平方律变化（抛物线分布）。

用几何光学方法分析渐变型多模光纤的中光线的轨迹时，需要求解射线方程。射线方程的一般形式为

$$\frac{\mathrm{d}}{\mathrm{d}s}\left(n\frac{\mathrm{d}\boldsymbol{r}}{\mathrm{d}s}\right) = \nabla n \tag{8.27}$$

式中，$\boldsymbol{r}$ 为特定光线的位置矢量；s 为从某一固定参考点起的光线长度。对于折射率抛物线分布情形（$g = 2$）：

$$n(r) = n_0\left[1 - \varDelta\left(\frac{r}{a}\right)^2\right] = n_0\left(1 - \frac{1}{2}\alpha^2 r^2\right), \quad 0 \leqslant r \leqslant a \tag{8.28}$$

式中，$\alpha = \sqrt{2\varDelta}/a$。对于近轴子午光线，在圆柱坐标 (r, ϕ, z) 中射线方程可简化为

$$\frac{\mathrm{d}^2 r}{\mathrm{d}z^2} = \frac{-2r\varDelta}{a^2[1 - \varDelta(r/a)^2]} \approx \frac{-2r}{a^2}\varDelta = -\alpha^2 r \tag{8.29}$$

设光线以入射角 θ_0 从特定点（z=0，r=r_0）入射到光纤端面上，在点（z，r）处以 θ^* 从光纤的另一端面射出，如图 8.7 所示。根据光纤中光线的输入和输出方向关系：

$$r_0' = (\mathrm{d}r/\mathrm{d}z)_{z=0} = (\tan\theta)_{z=0} \approx (\sin\theta)_{z=0} = \sin\theta_0/n(r_0) \approx \theta_0/n(0) \tag{8.30}$$

$$r'(z) = \mathrm{d}r/\mathrm{d}z = \tan\theta \approx \sin\theta = \sin\theta^*/n(r) \approx \theta^*/n(0) \tag{8.31}$$

对式（8.29）积分，可得光线轨迹的普遍公式：

$$\begin{pmatrix} r \\ \theta^* \end{pmatrix}_z = \begin{pmatrix} \cos(\alpha z) & \dfrac{1}{\alpha n(0)}\sin(\alpha z) \\ -\alpha n(0)\sin(\alpha z) & \cos(\alpha z) \end{pmatrix} \begin{pmatrix} r_0 \\ \theta_0 \end{pmatrix}_{z=0} \tag{8.32}$$

或表示为

$$\begin{cases} r(z) = r_0 \cos\alpha z + \left(r_0'/\alpha\right)\sin\alpha z \\ r'(z) = -r_0\alpha\sin\alpha z + r_0'\cos\alpha z \end{cases} \tag{8.33}$$

由式(8.33)可知，渐变型多模光纤的光线轨迹是传输距离 z 的正弦函数，其周期 $L_n = 2\pi/\alpha = 2\pi a/\sqrt{2\Delta}$ 称为自聚焦光纤的节距，它取决于光纤的结构参数 a 和 Δ。式(8.33)是理解自聚焦效应和准直作用的理论依据。

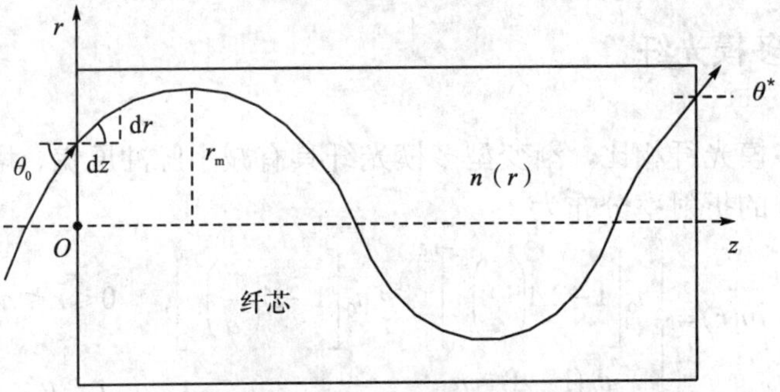

图 8.7 渐变型多模光纤中光线轨迹示意图

根据式(8.33)，对于在(z=0，r=r_0)点处以不同方向入射的光线(θ_0 或 r_0' 变化)，在输出端面上的光线特性如表 8.3 所示。可以看出，当光纤长度为半节距($L_n/2$)的整数倍时，不同方向入射的光线虽然经历的路程不同，但最终都会汇聚在一点输出，即 $r(z)$ 与 r_0' 无关，这种现象称为自聚焦(self-focusing)效应。而在 $z = L_n/4$ 或 $z = 3L_n/4$ 处的光线变为平行光，即光线方向 $r'(z)$ 与 r_0' 无关，表明自聚焦光纤在 1/4 节距的系列位置具有准直作用，如图 8.8 所示。

表 8.3 不同位置处光线的方位

	$z = L_n/4$	$z = L_n/2$	$z = 3L_n/4$	$z = L_n$
$r(z)$	r_0'/α	$-r_0$	$-r_0'/\alpha$	r_0
$r'(z)$	$-\alpha r_0$	$-r_0'$	αr_0	r_0'

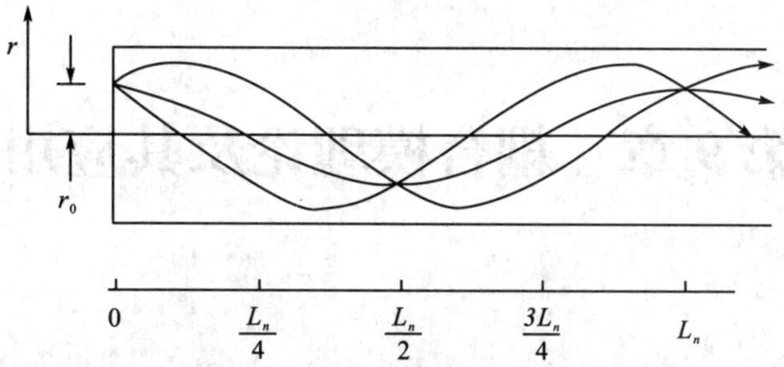

图 8.8　自聚焦光纤的准直作用

渐变型多模光纤具有自聚焦效应，入射角不同的光线会汇聚在同一点上，而且这些光线的时间延迟也近似相等。设在光线传播轨迹上任意点(z, r)的速度为$\upsilon(r)$，其径向分量为$\mathrm{d}r/\mathrm{d}t=\upsilon(r)\sin\theta$，那么光线从原点 O 到汇聚点 P 的时间延迟为

$$\tau = 2\int \mathrm{d}t = 2\int_0^{r_m} \frac{\mathrm{d}r}{\upsilon(r)\sin\theta} = \frac{2an(0)}{c\sqrt{2\Delta}}\int_0^{r_m} \frac{1-2\Delta(r/a)^2}{\sqrt{r_m^2-r^2}}\mathrm{d}r = \frac{a\pi n(0)}{c\sqrt{2\Delta}}\left(1-\Delta\frac{r_m^2}{a^2}\right) \tag{8.34}$$

与阶跃型多模光纤的分析类似，渐变型多模光纤的最大群时延差为

$$\Delta\tau = \tau(r_m = a) - \tau(r_m = 0) = \frac{a\pi n(0)}{c\sqrt{2\Delta}}\Delta \tag{8.35}$$

第 9 章　耦合模理论及其应用

电磁波耦合模理论(coupled-mode theory)可用于研究导波系统中两个或多个电磁波模式之间耦合的一般规律。电磁耦合作用可以发生在同一波导(或腔体)中不同的电磁波模式之间，也可以发生在不同波导(或腔体)的电磁波模式之间。电磁波通过与媒质的作用，也可以导致不同类型的波动之间发生耦合作用，如声波与光波作用、微波静磁波与导波光的作用等。

在导波光的耦合模理论中，导波光的微扰分析方法有着重要的应用。将引起导波光耦合的各种物理效应视为微扰，并假设这些微扰不改变波导中导波光场的横向分布；微扰波导中的总场用无微扰波导中的正交归一化本征模式展开(展开系数待定)，并代入麦克斯韦方程组或微扰波动方程，得到关于展开系数的耦合模方程；最后，通过求解耦合模方程，分析微扰因素对导波光场的影响。

耦合模微扰方法是分析光纤耦合器、光纤光栅等光信息处理器件，以及解释电光效应、磁光效应、光学非线性等物理现象的最常用方法。①对于 2×2 对称光纤耦合器，输入、输出光场复包络之间的转移矩阵为 $T_C=\begin{pmatrix}\sqrt{\rho} & \mathrm{i}\sqrt{1-\rho}\\ \mathrm{i}\sqrt{1-\rho} & \sqrt{\rho}\end{pmatrix}$，式中 $\rho=\cos^2(\kappa L)$ 为直通效率，κ 为耦合系数。②按照折射率调制周期 Λ 大小划分，光纤光栅可分为光纤 Bragg 光栅(fiber Bragg grating，FBG)(反射光栅，Bragg 波长 $\lambda_B=2\bar{n}\Lambda$)和长周期光纤光栅(long-period grating，LPG)两类。光纤 Bragg 光栅中前向与后向传输的纤芯模式之间发生耦合，长周期光纤光栅中前向传输的纤芯模式与同向传输的各阶次包层模式之间发生耦合。③铌酸锂($LiNbO_3$)晶体的电光效应强度依赖于外加电场方向和晶体取向，当外加电场和导波光的偏振方向均平行于晶体的光轴(z 轴)时，可获得最大的电光效应 $\Delta n_z=-\frac{1}{2}n_e^3\gamma_{33}E_z$，式中光电系数 $\gamma_{33}=30.9\ \text{pm/V}$。因此，铌酸锂 M-Z 光调制器的电极放置与晶面切割方向密切相关。④利用磁光法拉第效应可使线偏光的振动面发生偏转，当磁化强度不改变时，振动面的偏转方向与光的传播方向无关，基于这种磁光非互易性原理可制作光隔离器，实现光的不可逆传输。

9.1　耦合模微扰方程

9.1.1　频域微扰波动方程

对于角频率为 ω 的单色波，其物理光场 $\boldsymbol{E}(t)$ 对应于复数光场 $\boldsymbol{E}(\omega,t)$ 的实部，

即

$$E(t)=\mathrm{Re}\left[E(\omega,t)\right]=\frac{1}{2}\left[E(\omega,t)+E^{*}(\omega,t)\right] \tag{9.1}$$

式中，$E(\omega,t)=\tilde{E}(\omega)\mathrm{e}^{-\mathrm{i}\omega t}$，这里选用光纤光学中常用的时谐表示形式，通过虚数单位变换 $\mathrm{i}=-\mathrm{j}$ 可得到另一种表达形式。若引进“负频率”概念后，并在形式上定义 $E(-\omega,t)\triangleq E^{*}(\omega,t)=\tilde{E}^{*}(\omega)\mathrm{e}^{\mathrm{i}\omega t}$，则有 $\tilde{E}(-\omega)\triangleq\tilde{E}^{*}(\omega)$。式(9.1)也可表示为

$$E(\omega,t)=\frac{1}{2}\left[E(\omega,t)+E(-\omega,t)\right] \tag{9.2}$$

更一般地，光脉冲由一系列频率的单色光组成，其物理光场 $E(t)$ 可用复数表示为

$$E(t)=\frac{1}{2}\int_{-\infty}^{+\infty}E(\omega,t)\mathrm{d}\omega=\frac{1}{2}\int_{-\infty}^{+\infty}\tilde{E}(\omega)\mathrm{e}^{-\mathrm{i}\omega t}\mathrm{d}\omega \tag{9.3}$$

显然，它具有傅里叶积分变换的形式。类似地，电极化强度 $P(t)$ 也可以表示为

$$P(t)=\frac{1}{2}\int_{-\infty}^{+\infty}P(\omega,t)\mathrm{d}\omega=\frac{1}{2}\int_{-\infty}^{+\infty}\tilde{P}(\omega)\mathrm{e}^{-\mathrm{i}\omega t}\mathrm{d}\omega \tag{9.4}$$

如果组成光波的各个频率分量是不连续的，则式(9.3)和式(9.4)中的积分应由求和代替，即

$$E(t)=\frac{1}{2}\sum_{\omega}E(\omega,t),\qquad P(t)=\frac{1}{2}\sum_{\omega}P(\omega,t) \tag{9.5}$$

将式(9.5)代入时域微扰波动方程：

$$\nabla^2 E-\mu_0\varepsilon_0\varepsilon_{r0}\frac{\partial^2 E}{\partial t^2}=\mu_0\frac{\partial^2}{\partial t^2}(\Delta P) \tag{9.6}$$

并考虑等号两边具有相同频率项相等，可得如下频域微扰波动方程：

$$\nabla^2\tilde{E}(\omega)+\mu_0\omega^2\varepsilon_0\varepsilon_{r0}(\omega)\cdot\tilde{E}(\omega)=-\mu_0\omega^2\Delta\tilde{P}(\omega) \tag{9.7}$$

对于超短光脉冲情形，其复数光场可分为高频时变因子 $\mathrm{e}^{-\mathrm{i}\omega_0 t}$ 和低频慢时变包络 $E_0(r,t)$ 两部分：

$$E(r,t)=E_0(r,t)\mathrm{e}^{-\mathrm{i}\omega_0 t}\Leftrightarrow\tilde{E}(r,\omega)=\int_{-\infty}^{+\infty}E_0(r,t)\mathrm{e}^{-\mathrm{i}\omega_0 t}\mathrm{e}^{\mathrm{i}\omega t}\mathrm{d}t=\tilde{E}_0(r,\omega-\omega_0) \tag{9.8}$$

式中，r 表示空间位置矢量，“$\Leftrightarrow$”表示傅里叶变换对。于是，实数形式的光电场 $E(r,t)$ 可表示为

$$E(r,t)=\frac{1}{2}\left[E_0(r,t)\mathrm{e}^{-\mathrm{i}\omega_0 t}+\mathrm{c.c}\right] \tag{9.9}$$

式中，c.c 表示前项的共轭。类似地，电极化强度也可用复数表示为

$$P(r,t)=P_0(r,t)\mathrm{e}^{-\mathrm{i}\omega_0 t}\Leftrightarrow\tilde{P}(r,\omega)=\int_{-\infty}^{+\infty}P_0(r,t)\mathrm{e}^{\mathrm{i}(\omega-\omega_0)t}\mathrm{d}t=\tilde{P}_0(r,\omega-\omega_0) \tag{9.10}$$

将式(9.8)和式(9.10)代入式(9.7)，可得如下频域微扰波动方程：

$$\nabla^2\tilde{E}_0(r,\omega-\omega_0)+\mu_0\omega^2\varepsilon_0\varepsilon_{r0}(\omega)\cdot\tilde{E}_0(r,\omega-\omega_0)=-\mu_0\omega^2\Delta\tilde{P}_0(r,\omega-\omega_0) \tag{9.11}$$

式(9.11)表示了光脉冲复包络的各频率分量所满足的频域波动方程。

9.1.2　导波光的耦合模方程

将 $\boldsymbol{E}_0(\boldsymbol{r},t)$ 用无微扰情形的所有导模进行展开，并在空间域进一步分离变量为快变因子［$\mathrm{e}^{\mathrm{i}s\beta_{0l}z}$（其中 $\mathrm{Re}(\beta_{0l})>0$）］和慢变复包络 $A_l(z,t)$ 两部分，即

$$\begin{aligned}&\boldsymbol{E}_0(\boldsymbol{r},t)=\sum_{l=(m,s,p)}\hat{\boldsymbol{p}}_l F_l(x,y)A_l(z,t)\mathrm{e}^{\mathrm{i}s\beta_{0l}z}\\ \Leftrightarrow\ &\tilde{\boldsymbol{E}}_0(\mathbf{r},\omega-\omega_0)=\sum_{l=(m,s,p)}\hat{\boldsymbol{p}}_l F_l(x,y)\tilde{A}_l(z,\omega-\omega_0)\mathrm{e}^{\mathrm{i}s\beta_{0l}z}\end{aligned}\tag{9.12}$$

式中，m、s、p 分别表示导波光的模式指数、传播方向和偏振态；$l=(m,s,p)$ 用于标识导波光状态；$s=\pm1$ 分别表示光波沿 z 轴正向和反向传播；$\hat{\boldsymbol{p}}_l$ 表示偏振方向单位矢量。$F_l(x,y)$ 和 $\mathrm{e}^{\mathrm{i}s\beta_{0l}z}$ 分别为无微扰情形下导模电场的横向分布和纵向传播因子。由式(9.8)可知：

$$\boldsymbol{E}(\boldsymbol{r},t)=\sum_{l=(m,s,p)}\hat{\boldsymbol{p}}_l F_l(x,y)A_l(z,t)\mathrm{e}^{\mathrm{i}(s\beta_{0l}z-\omega_0 t)}\tag{9.13}$$

显然，光场 $\boldsymbol{E}(\boldsymbol{r},t)$ 的传播因子具有 $\mathrm{e}^{\mathrm{i}(s\beta_{0l}z-\omega_0 t)}$ 形式。

令 $\nabla^2=\nabla_{\mathrm{t}}^2+\dfrac{\partial^2}{\partial z^2}$ 和 $\nabla_{\mathrm{t}}^2=\dfrac{\partial^2}{\partial x^2}+\dfrac{\partial^2}{\partial y^2}$，将式(9.12)代入式(9.11)可得

$$\sum_{l=(m,s,p)}\hat{\boldsymbol{p}}_l\left\{\begin{array}{l}\tilde{A}_l(z,\omega-\omega_0)\mathrm{e}^{\mathrm{i}s\beta_{0l}z}\nabla_{\mathrm{t}}^2F_l(x,y)+\\ F_l(x,y)\dfrac{\partial^2}{\partial z^2}\left[\tilde{A}_l(z,\omega-\omega_0)\mathrm{e}^{\mathrm{i}s\beta_{0l}z}\right]+\\ k_0^2\varepsilon_{r0}(\omega)F_l(x,y)\tilde{A}_l(z,\omega-\omega_0)\mathrm{e}^{\mathrm{i}s\beta_{0l}z}\end{array}\right\}+\mu_0\omega^2\Delta\tilde{\boldsymbol{P}}_0(\boldsymbol{r},\omega-\omega_0)=0\tag{9.14}$$

式中，$k_0=\omega/c$。由于 $\dfrac{\partial^2}{\partial z^2}\left[\tilde{A}_l(z,\ \omega-\omega_0)\mathrm{e}^{\mathrm{i}s\beta_{0l}z}\right]=\left(\dfrac{\partial^2\tilde{A}_l}{\partial z^2}+2is\beta_{0l}\dfrac{\partial\ \tilde{A}_l}{\partial z}-\beta_{0l}{}^2\tilde{A}_l\right)\mathrm{e}^{\mathrm{i}s\beta_{0l}z}$，其中 $\tilde{A}_l$ 为 $\tilde{A}_l(z,\omega-\omega_0)$ 的略写，则式(9.14)可化为如下通用的慢变包络方程：

$$\sum_{l=(m,s,p)}\hat{\boldsymbol{p}}_l\mathrm{e}^{\mathrm{i}s\beta_{0l}z}\left[\begin{array}{l}\tilde{A}_l\nabla_{\mathrm{t}}^2F_l(x,y)+k_0^2\varepsilon_{r0}(\omega)F_l(x,y)\tilde{A}_l\\ +F_l(x,y)\left(\dfrac{\partial^2\tilde{A}_l}{\partial z^2}+2\mathrm{i}s\beta_{0l}\dfrac{\partial\tilde{A}_l}{\partial z}-\beta_{0l}{}^2\tilde{A}_l\right)\end{array}\right]+\mu_0\omega^2\Delta\tilde{\boldsymbol{P}}_0(\boldsymbol{r},\omega-\omega_0)=0\tag{9.15a}$$

或改写为如下形式

$$\begin{aligned}&\sum_{l=(m,s,p)}\hat{\boldsymbol{p}}_l\mathrm{e}^{\mathrm{i}s\beta_{0l}z}\left\{\begin{array}{l}\tilde{A}_l\left[\nabla_{\mathrm{t}}^2F_l(x,y)+k_0^2\varepsilon_{r0}(\omega)F_l(x,y)-\beta_{0l}{}^2F_l(x,y)\right]\\ +\left(\dfrac{\partial^2\tilde{A}_l}{\partial z^2}+2\mathrm{i}s\beta_{0l}\dfrac{\partial\tilde{A}_l}{\partial z}\right)F_l(x,y)\end{array}\right\}\\ &+\mu_0\omega^2\Delta\tilde{\boldsymbol{P}}_0(\boldsymbol{r},\omega-\omega_0)=0\end{aligned}\tag{9.15b}$$

式中，$\tilde{A}_l$ 为有微扰时的慢变包络。

对于光导波之间没有耦合的无微扰情形，式(9.15a)可简化为

$$\sum_{l=(m,s,p)} \hat{\boldsymbol{p}}_l \mathrm{e}^{\mathrm{i}s\beta_{0l}z} \left[\begin{array}{l} \tilde{A}_l \nabla_{\mathrm{t}}^2 F_l(x,y) + k_0^2 \varepsilon_{r0}(\omega) F_l(x,y) \tilde{A}_l \\ + F_l(x,y) \left(\dfrac{\partial^2 \tilde{A}_l}{\partial z^2} + 2\mathrm{i}s\beta_{0l} \dfrac{\partial \tilde{A}_l}{\partial z} - {\beta_{0l}}^2 \tilde{A}_l \right) \end{array} \right] = 0 \tag{9.16}$$

分离变量，并令

$$\frac{\dfrac{\partial^2 \tilde{A}_l}{\partial z^2} + 2\mathrm{i}s\beta_{0l} \dfrac{\partial \tilde{A}_l}{\partial z} - {\beta_{0l}}^2 \tilde{A}_l}{\tilde{A}_l} = -\frac{\nabla_{\mathrm{t}}^2 F_l(x,y) + k_0^2 \varepsilon_{r0}(\omega) F_l(x,y)}{F_l(x,y)} \equiv -\beta_l^2(\omega)$$

可得如下联立方程组形式：

$$\begin{cases} \nabla_{\mathrm{t}}^2 F_l(x,y) + \left[k_0^2 \varepsilon_{r0}(\omega) - \beta_l^2(\omega) \right] F_l(x,y) = 0 \\ \dfrac{\partial^2 \tilde{A}_l}{\partial z^2} + 2\mathrm{i}s\beta_{0l} \dfrac{\partial \tilde{A}_l}{\partial z} + \left[\beta_l^2(\omega) - {\beta_{0l}}^2 \right] \tilde{A}_l = 0 \end{cases} \tag{9.17}$$

以圆对称的无微扰光纤为例，根据纤芯/包层边界条件(切向分量 E_t 和 H_t 连续，法向分量 D_n 和 B_n 连续)，在柱坐标 (r,φ,z) 中导波光电场的横向分布具有如下形式：

$$\begin{aligned} F_l(x,y) &\equiv F_l(r,\varphi) = R(r)\exp(\mathrm{i}m\varphi) \\ &= \begin{cases} A\dfrac{J_m(ur/a)}{J_m(u)}\exp(\mathrm{i}m\varphi), & r < a \quad (\text{芯层}) \\ A\dfrac{K_m(wr/a)}{K_m(w)}\exp(\mathrm{i}m\varphi), & r > a \quad (\text{包层}) \end{cases} \end{aligned} \tag{9.18}$$

式中，A 为常数；$J_m(\cdot)$ 和 $K_m(\cdot)$ 分别为 m 阶的贝塞尔函数和修正的贝塞尔函数；纤芯和包层中的径向分布参数 u 和 w 与纵向传播常数 β 相联系，即 $u^2=a^2(n_1^2k_0^2-\beta^2)$，$w^2=a^2(\beta^2-n_2^2k_0^2)$；$n_1$ 和 n_2 分别为纤芯和包层的折射率。传播常数 β 满足的特征(色散)方程如下：

$$\left[\frac{J_m'(u)}{uJ_m(u)} + \frac{K_m'(w)}{wK_m(w)}\right]\left[\frac{n_1^2}{un_2^2}\frac{J_m'(u)}{uJ_m(u)} + \frac{K_m'(w)}{wK_m(w)}\right] = m^2\left(\frac{n_1^2}{n_2^2}\frac{1}{u^2} + \frac{1}{w^2}\right)\left(\frac{1}{u^2} + \frac{1}{w^2}\right) \tag{9.19}$$

原则上无微扰的传播常数 β_1 可由色散方程式(9.19)确定。对于任意给定的角向分布参数 m、β 可取多个值 β_{mn} $(n=1,2,3\cdots)$，它们对应不同的光场分布，称为导波光的模式，因此可以用 m、n 两个参数标记光纤中导波光模式。可以证明，无微扰情形下本征模式之间相互正交，即模式的横向分布满足：

$$\iint F_j(x,y)F_l^*(x,y)\mathrm{d}x\mathrm{d}y = K_j\delta_{jl} \tag{9.20}$$

式中，K_j 为归一化系数。

在耦合模微扰方法中，假设微扰不影响场量的横向分布 $F_l(x,y)$，即微扰情形下的光场式(9.12)可用无微扰情形的横向分布展开。利用无微扰时电场的横向分布式(9.17)，可将式(9.15b)化为

$$\begin{aligned} \sum_{l=(m,s,p)} \hat{\boldsymbol{p}}_l \mathrm{e}^{\mathrm{i}s\beta_{0l}z} F_l(x,y) \left[\tilde{A}_l\left(\beta_l^2 - {\beta_{0l}}^2\right) + \frac{\partial^2 \tilde{A}_l}{\partial z^2} + 2\mathrm{i}s\beta_{0l}\frac{\partial \tilde{A}_l}{\partial z} \right] \\ = -\mu_0\omega^2\Delta\tilde{\boldsymbol{P}}_0(\boldsymbol{r},\omega-\omega_0) \end{aligned} \tag{9.21}$$

式中，$\beta_l(\omega)$ 是无微扰时的传播常数。实际上很少知道 $\beta(\omega)$ 的准确函数形式，这时可以在频率 ω_0 处展开成泰勒级数形式：

$$\begin{aligned}\beta_l(\omega)&=\beta_l(\omega_0)+\sum_{n=1}^{\infty}\frac{(\omega-\omega_0)^n}{n!}\beta^{(n)}(\omega_0)\\&=\beta(\omega_0)+\beta^{(1)}(\omega-\omega_0)+\frac{1}{2!}\beta^{(2)}(\omega-\omega_0)^2+\frac{1}{3!}\beta^{(3)}(\omega-\omega_0)^3+\cdots\end{aligned}\tag{9.22}$$

式中，$\beta^{(n)}(\omega_0)=\left.\dfrac{\mathrm{d}\beta(\omega)}{\mathrm{d}\omega^n}\right|_{\omega=\omega_0}$ $(n=1,2,3\cdots)$，其物理意义如下：① $\beta^{(1)}(\omega)$ 表示单位长度上的群时延，等于群速的倒数，即

$$\beta^{(1)}(\omega)=\frac{\mathrm{d}\beta}{\mathrm{d}\omega}=\frac{1}{\mu_{\mathrm{g}}}=\frac{n_{\mathrm{g}}}{c}\tag{9.23}$$

式中，μ_{g} 和 n_{g} 分别为群速和群折射率，c 为光速。令 $\beta = n_{\mathrm{eff}}\omega/c$，由式(9.23)可知，

$$n_{\mathrm{g}}=n_{\mathrm{eff}}+\omega\frac{\mathrm{d}n_{\mathrm{eff}}}{\mathrm{d}\omega}\tag{9.24}$$

式中，n_{eff} 为波导的有效折射率，它是光频率的函数。② $\beta^{(2)}(\omega)$ 为群速色散参量，$\beta^{(2)}>0$ 对应于正常色散(normal dispersion)，一个光脉冲的高频分量比低频分量传播得慢(时延大)；$\beta^{(2)}<0$ 对应于反常色散(anomalous dispersion)，光脉冲的高频分量比低频分量传播得快(时延小)。由于在色散和非线性效应的平衡作用下可产生光孤子，因此，人们在研究光的非线性时对反常色散进行了较多的关注。$\beta^{(2)}(\omega)$ 与色散系数 $D(\lambda)$ 之间有如下关系：

$$\beta^{(2)}(\omega)=\frac{\mathrm{d}\beta^{(1)}}{\mathrm{d}\omega}=\frac{\mathrm{d}}{\mathrm{d}\omega}\left(\frac{1}{\mu_{\mathrm{g}}}\right),\qquad D(\lambda)\equiv\frac{\mathrm{d}\beta^{(1)}}{\mathrm{d}\lambda}=-\frac{2\pi c}{\lambda^2}\beta^{(2)}\tag{9.25}$$

式中，λ 为真空中光波长。显然，色散系数 $D(\lambda)$ 表示单位光谱线宽、单位光纤长度上的群时延差，单位为 ps/(nm·km)。

在慢变包络近似下，可忽略 $\partial^2\tilde{A}_l/\partial z^2$ 项，并令 $\Delta\beta=\beta_l(\omega_0)-\beta_{0l}$ 和 $\Omega=\omega-\omega_0$，将式(9.22)代入式(9.21)可得

$$\begin{aligned}&\sum_{l=(m,s,p)}\hat{\boldsymbol{p}}_l\mathrm{e}^{\mathrm{i}s\beta_{0l}z}F_l(x,y)2\mathrm{i}\beta_{0l}\left[s\frac{\partial\tilde{A}_l(z,\Omega)}{\partial z}-\mathrm{i}\tilde{A}_l(z,\Omega)\left(\Delta\beta+\sum_{n=1}^{\infty}\beta^{(n)}(\omega_0)\frac{\Omega^n}{n!}\right)\right]\\&=-\mu_0\omega^2\Delta\tilde{\boldsymbol{P}}_0(\boldsymbol{r},\Omega)\end{aligned}\tag{9.26}$$

对式(9.26)进行傅里叶逆变换，即将因子 Ω 用 $\mathrm{i}\partial/\partial t$ 代替，可得时域包络方程：

$$\begin{aligned}&\sum_{l=(m,s,p)}\hat{\boldsymbol{p}}_l\mathrm{e}^{\mathrm{i}s\beta_{0l}z}F_l(x,y)2\mathrm{i}\beta_{0l}\left[s\frac{\partial A_l(z,t)}{\partial z}+\sum_{n=1}^{\infty}\beta^{(n)}(\omega_0)\frac{\mathrm{i}^{n-1}}{n!}\frac{\partial^n A_l(z,t)}{\partial t^n}-\mathrm{i}\Delta\beta A_l(z,t)\right]\\&=-\mu_0\omega^2\Delta\boldsymbol{P}_0(\boldsymbol{r},t)\end{aligned}\tag{9.27}$$

再利用导模的正交关系式(9.20)，以及微扰项 $\Delta\tilde{\boldsymbol{P}}_0(\boldsymbol{r},\omega-\omega_0)$ 或 $\Delta\boldsymbol{P}_0(\boldsymbol{r},t)$ 的具体表达式，可得到慢变包络满足的耦合模方程。根据式(9.21)或式(9.27)可讨论光纤耦合

器、光纤光栅中导波光的耦合作用，以及电光效应、磁光效应、光学非线性等物理现象。

9.2　光纤耦合器

作为例子，下面采用导波光耦合模微扰方法分析光纤定向耦合器的耦合特性。光纤耦合器可使光纤中传输的光信号在两根或多根光纤进行功率或波长分配。实现两个单模光纤之间的光耦合可采用两种方法：研磨/抛光法和熔融拉锥法。其中熔融拉锥法是将除去涂覆层的两根(或两根以上)光纤以一定的方法靠拢，在高温加热下熔融，同时向两侧拉伸，最终在加热区形成双锥体形式的特殊波导结构，称为耦合区。用光纤熔融拉锥法制作单模光纤耦合器，已形成了成熟的工艺和一套很实用的理论模型。

熔融拉锥型光纤耦合器的工作原理可以用两纤耦合系统加以描述，如图 9.1 所示。一个输入端口的光场被分为相干的两部分，然后耦合输出到两个不同的方向，所以称作定向耦合器。入射光功率在双锥体结构的耦合区发生功率再分配，一部分光功率从“直通臂”继续传输，另一部分则由“耦合臂”传到另一光路。

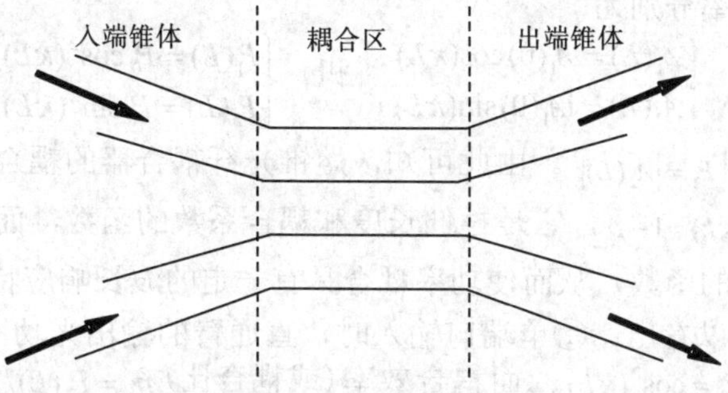

图 9.1　熔融拉锥型光纤耦合器的工作原理

采用耦合模微扰近似方法分析两纤耦合器系统中导波光的传输特性，将耦合区的总光场用无微扰的单模光纤基模(HE_{11})展开(忽略耦合器损耗)，即

$$\boldsymbol{E}(\boldsymbol{r},t)=\hat{\boldsymbol{e}}\left[A_1(z,t)F_1(x,y)+A_2(z,t)F_2(x,y)\right]\mathrm{e}^{\mathrm{i}(\beta_0 z-\omega_0 t)} \tag{9.28}$$

式中，ω_0 为中心频率；$\beta_0=\left[\beta_1(\omega_0)+\beta_2(\omega_0)\right]/2$；$\beta_m$（$m=1,2$）为无微扰(非耦合区)时两个单模光纤的传播常数；$F_m(x,y)$ 和 $A_m(z,t)$ 分别为两路光纤（$m=1,2$）中基模光场的横向分布和耦合输出光场的复包络分布，$F_m(x,y)$ 满足：

$$\frac{\partial^2 F_m}{\partial x^2}+\frac{\partial^2 F_m}{\partial y^2}+\left[n_m^2(x,y)k_0^2-\beta_m^2\right]F_m=0 \tag{9.29}$$

式中，n_m（$m=1,2$）为无微扰(非耦合区)单模光纤的折射率分布；$k_0=2\pi/\lambda_0$ 为真空中传播常数。将总场表达式(9.28)代入导波光的微扰波动方程，利用导模的正交性，并通过逆傅里叶变换到时域，可得如下耦合模方程：

$$\begin{cases}\dfrac{\partial A_1}{\partial z}+\dfrac{1}{\upsilon_{g1}}\dfrac{\partial A_1}{\partial t}=i\kappa_{12}A_2+i\delta A_1\\ \dfrac{\partial A_2}{\partial z}+\dfrac{1}{\upsilon_{g2}}\dfrac{\partial A_2}{\partial t}=i\kappa_{21}A_2-i\delta A_2\end{cases} \tag{9.30}$$

式中，忽略了群速色散和非线性效应，v_{gm} 为群速度；$\delta=\left[\beta_1(\omega_0)-\beta_2(\omega_0)\right]/2$；耦合系数 κ_{mp} 定义为 $\kappa_{mp}=\dfrac{k_0^2}{2\beta_0}\iint_{-\infty}^{\infty}\left(n^2-n_p^2\right)F_m^*F_p\mathrm{d}x\mathrm{d}y$；$n$ 为光纤耦合区的折射率分布。

对于对称耦合器，$\delta=0$，$\kappa_{12}=\kappa_{21}=\kappa$，输入、输出端口之间的复包络关系可用矩阵形式表示：

$$\begin{pmatrix}A_1(L)\\A_2(L)\end{pmatrix}=\begin{pmatrix}\cos(\kappa L) & \mathrm{i}\sin(\kappa L)\\ \mathrm{i}\sin(\kappa L) & \cos(\kappa L)\end{pmatrix}\begin{pmatrix}A_1(0)\\A_2(0)\end{pmatrix} \tag{9.31a}$$

或写为

$$\begin{pmatrix}A_1(L)\\A_2(L)\end{pmatrix}=\begin{pmatrix}\sqrt{\rho} & \mathrm{i}\sqrt{1-\rho}\\ \mathrm{i}\sqrt{1-\rho} & \sqrt{\rho}\end{pmatrix}\begin{pmatrix}A_1(0)\\A_2(0)\end{pmatrix} \tag{9.31b}$$

式中，$\rho=\cos^2(\kappa L)$ 为直通效率，即单端口输入时直通臂的输出光功率所占的比例。

对于单端口输入的对称耦合器情形，不妨设 $A_1(0)=\sqrt{P_0}$，$A_2(0)=0$，两个输出端口的复包络和光功率分别为

$$\begin{cases}A_1(L)=A_1(0)\cos(\kappa L)\\ A_2(L)=\mathrm{i}A_1(0)\sin(\kappa L)\end{cases} \quad 和 \quad \begin{cases}P_1(L)=P_0\cos^2(\kappa L)\\ P_2(L)=P_0\sin^2(\kappa L)\end{cases} \tag{9.32}$$

式中，$P_1=\left|A_1(L)\right|^2$ 和 $P_2=\left|A_2(L)\right|^2$。由此可知，熔锥光纤耦合器的耦合效率(或称耦合比)为 $\eta_c=P_2(L)/P_0=\sin^2(\kappa L)=1-\rho$，它是拉伸长度和耦合系数的函数，而耦合系数又是波长和两纤芯间距离 d 的函数，从而使功率耦合具有一定的波长响应特性。

由以上分析可以看出：①单端口输入时，直通臂的输出光功率所占的比例(直通效率)为 $\rho=P_1(L)/P_0=\cos^2(\kappa L)$；而耦合效率(或耦合比) $\eta_c=P_2(L)/P_0=\sin^2(\kappa L)$，最大可达 100%的耦合比，此时称为完全耦合。②定向耦合器在两输出端口间引入 $\pi/2$ 的相移($\mathrm{i}=\mathrm{e}^{\mathrm{i}\pi/2}$)，这个相移在光纤干涉仪的设计中起到了重要作用。③输出分光比与 κL 密切相关，当 $\kappa L=\pi/4$ 时输出分光比为 50∶50，称为 3dB 耦合器；当 $\kappa L=\pi/2$ 时输入能量全部转移到另一个光纤中(交叉状态)，此时的长度称为耦合长度 $L_c=\pi/(2\kappa)$，它依赖于耦合系数 κ；当 $\kappa L=\pi$ 时输入能量又全部返回到原来的光纤中(阻碍状态)。

光纤耦合器的特点是插入损耗和串扰很小，但制作多路密集解复用器的难度很大，因此，对 DWDM 系统，光纤方向耦合器被广泛用于复用器。

9.3 光 纤 光 栅

光纤光栅作为一种新型光器件，具有体积小、成本低、易与光纤系统连接等特性，主要用于光纤通信、光纤传感和光信息处理领域。在光纤通信中，光纤光栅及其组件可实现

许多特殊功能：①构成有源器件，如光纤激光器(光栅窄带反射器用于 DFB 等结构，波长可调谐等)、半导体激光器(光纤光栅作为反馈外腔及用于稳定 980nm 泵浦光源)、EDFA(光纤光栅实现增益平坦和残余泵浦光反射)、Ramam 光纤放大器(Bragg 光栅谐振腔)等；②构成无源器件，如滤波器(窄带、宽带及带阻，反射式和透射式)、波分复用器(波导光栅阵列、光栅/滤波组合)、OADM 上下路分插复用器(光栅选路)、色散补偿器(线性啁啾光纤光栅实现单通道补偿，取样光纤光栅实现 WDM 系统中多通道补偿)、波长变换器 OTDM 延时器、光码分多址(optical code-division multiple access，OCDMA)编码器、光纤光栅编码器等。

9.3.1　光纤光栅分类与制作

衍射光栅是能够对入射光振幅或相位产生周期性变化的任意光学元件。当光波通过折射率周期性变化的光学介质时，光波的相位会产生周期性的变化，称为折射率型光栅(index grating)。光纤光栅是利用光纤材料的光敏性，通过紫外光曝光的方法将入射光相干场图样写入纤芯，在纤芯内产生沿纤芯轴向发生周期性变化的折射率分布，从而在空间形成永久性的相位光栅，其作用实质上是在纤芯内形成一个窄带的(透射或反射)滤波器或反射镜。光纤光栅是在光纤纤芯中形成的折射率型光栅，折射率沿光纤的轴向呈现周期性的分布，因此又称为一维光子晶体光纤。

1.光纤光栅的分类

光纤光栅是利用光纤材料的光敏性制作的。所谓的光敏性，就是指当材料被外部光照射时，引起该材料物理或化学特性的暂时或永久性变化的一种特性。不同的曝光条件、不同类型的光纤可产生多种不同折射率分布的光纤光栅。折射率调制深度和光纤光栅的长度决定了光栅的反射率和带宽，而折射率调制的类型决定了光纤光栅的光谱特性。

光纤光栅按照折射率调制的强度大小，分为弱折射率调制光纤光栅和强折射率调制光纤光栅，通常研究的光纤光栅是指弱折射率调制光纤光栅。也可按照折射率调制周期大小划分，将光纤光栅分为两大类：一类是光纤 Bragg 光栅，折射率变化的周期一般为 0.1μm 量级，也称为反射光栅或短周期光纤光栅；另一类是透射光栅，也称为长周期光纤光栅，其折射率变化的周期一般为 100μm 量级。

将光纤光栅的轴向折射率分布表示为 $n(z)=n_0+\delta n(z)\cos\left[2\pi z\cos\theta_t/\Lambda(z)\right]$，其中 $\delta n(z)$ 为光栅折射率变化的幅度，$\Lambda(z)$ 为 z 方向的折射率变化周期，倾斜角 θ_t 为栅面法线与光纤轴向的夹角。①当 $\delta n(z)=\delta n_0$（常数），$\theta_t=0$，$\Lambda(z)=\Lambda_0$ 时，纤芯折射率变化幅度和折射率变化的周期(也称光纤光栅的周期)沿光纤轴向均保持不变，这样的光纤光栅称为均匀光纤光栅(uniform fiber grating)；否则，称为非均匀光纤光栅，如啁啾光纤光栅、切趾光纤光栅(δn 依赖于 z)、相移光纤光栅和取样光纤光栅等。②当 $\theta_t=0,\Lambda(z)=\Lambda_0(1+C_g z)$ 时，折射率调制周期随 z 线性变化，称为线性啁啾光纤光栅(chirped fiber grating)；啁啾光纤光栅的光谱特性取决于光栅长度、折射率调制深度和啁啾参量，利用啁啾光纤光栅可构成宽带滤波器，用于色散补偿、脉冲压缩和展宽等。③当$\theta_t \neq 0$时，折射率条纹与光纤的轴线不垂直，而是成一定的倾斜角度，称为闪耀光纤光栅(blazed fiber grating)，又称为倾斜(tilted)光纤光栅。倾斜角可以作为设计光纤光栅的一个参数，主要影响 Bragg 光栅的可见度，进而影响光栅的性能。

相移光栅是光栅折射率空间分布出现突变的光栅，它可以看作两个光栅的不连续连接。相移光纤光栅在其反射谱中存在透射窗口，可直接用作带通滤波器，或用来构造多通道滤波器件。

取样光纤光栅也称超结构光纤光栅，它由多段具有相同参数的光纤光栅以相同的间距级联而成。除了用作梳状滤波器，取样光纤光栅还可用作 WDM 系统中的分插复用器件，可同时分或插多路信道间隔相同的信号。

2. 光纤光栅的制作

光纤光栅制作工艺比较成熟，易于形成规模生产，成本低。采用适当的光源和光纤增敏技术，可以在几乎所有种类的光纤上不同程度地写入光栅。例如，当特定波长的光辐射掺锗光纤时，光纤的折射率随光强的空间分布发生相应的变化，变化的大小与光强呈线性关系并可以被保留下来，从而成为光纤光栅。

光纤的光致折射率变化的光敏性主要表现在 244nm 紫外光的谱吸收峰附近，因此除驻波法用 488nm 可见光，成栅光源都是紫外光。大部分成栅方法是利用激光束的空间干涉条纹，所以成栅光源的空间相干性特别重要。目前，主要的成栅光源有准分子激光器、窄线宽准分子激光器、倍频 Ar 离子激光器、倍频染料激光器、倍频光参量振荡(OPO)激光器等。根据实验结果，窄线宽准分子激光器是目前用来制作光纤光栅最为适宜的光源，它可同时提供 193nm 和 244nm 两种有效的写入波长，并有很高的单脉冲能量，可在光敏性较弱的光纤上写人光栅并实现光纤光栅的在线制作。

光纤的折射率改变量与许多参数有关，如照射波长、光纤类型、掺杂水平等。如果不进行其他处理，直接用紫外光照射光纤，折射率增加仅为10^{-4}数量级就会饱和。为了满足高速通信的需要，目前可采用掺入光敏性杂质(如锗、锡、硼等)、多种掺杂(主要是 B / Ge 共掺等)、高压低温氢气扩散处理、刷火(用温度高达 1700℃的氢氧焰来回灼烧要写入光栅的区域)等光纤增敏方法，提高光纤光敏性。

光纤光栅制作方法有驻波法、全息相干法、相位掩膜技术、逐点写人技术以及光纤表面损伤刻蚀法等，其中驻波法及光纤表面损伤刻蚀法的成栅条件苛刻，成品率低，使用受到限制。

(1)驻波法。Hill 早在 1978 年采用驻波法制作了第一个光纤 Bragg 光栅，其实验装置如图 9.2 所示。来自氩离子激光器的 488nm 波长的光经过分光器后从前端注入光纤中，与反向传输的光(光纤远端的菲涅尔反射光)相干涉，在光纤芯中形成一个弱的驻波强度分布，从而使具有光敏性的光纤芯折射率发生永久地改变，形成折射率光栅。光栅周期与干涉光场的空间周期相同，即$\Lambda = \lambda_0/(2\overline{n})$，$\lambda_0$为激光波长。前、后光电探测器用于监测反射光和透射光。

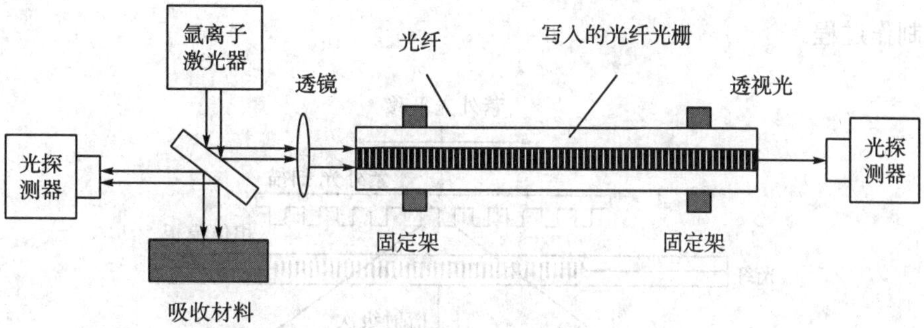

图 9.2　驻波法制作光纤光栅的装置

驻波法的缺点是只能制作工作在激光波长附近的光栅，当波长超过工作波长 0.5μm 时掺锗光纤的光敏性变得很小，因此其不能用于 1.3~1.6μm 波长区域。

(2) 横向侧面全息干涉法。Meltz 等首次用准分子光束干涉的方法制作了横向侧面曝光写入的光纤光栅，如图 9.3 所示。首先从工作在紫外区域的同一激光器获得两束激光，经柱透镜(用来扩展光束在光纤长度上的照射范围)，在一段裸光纤芯区产生外部干涉，干涉条纹产生折射率光栅。双光束的空间干涉条纹在光纤中导致的光栅周期由式 $\Lambda=\lambda_{uv}/(2\sin\theta)$ 给出，其中 θ 为两相干光束间夹角的一半。在这种外部写入技术中，栅距周期可以非常简单地通过改变角度 θ 或在吸收带宽范围内改变激光波长来加以调整，因而可用紫外光写出光通信感兴趣的 Bragg 响应波长的光纤光栅。这种方法对紫外激光的时间和空间上的相干性要求很高，因此单脉冲全息技术更加实用。

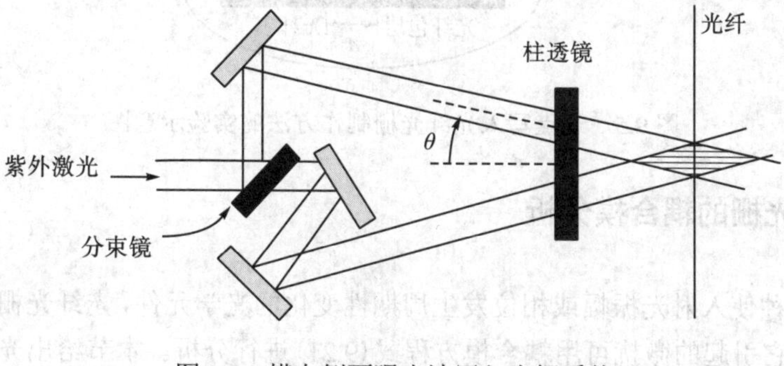

图 9.3　横向侧面曝光法写入光栅系统

(3) 相位掩膜法。光纤光栅相位掩膜法的实质是用相位掩膜光栅以 $\lambda_B/\bar{n}$ 宽度的间距来调制紫外光束的空间相位，其中 λ_B 为光纤 Bragg 光栅的反射波长。相位掩膜光栅用作高精度全息曝光装置，将其放置于光纤上(或接近光纤处)，掩膜光栅条纹方向与光纤轴向垂直，来自 249nm 波长的 KrF 准分子紫外激光的正向入射光束穿过相位掩膜板后，其相位被相位光栅进行了空间调制，然后衍射形成以 Bragg 光栅栅距为周期的干涉图形分布，从而写入光纤 Bragg 光栅，如图 9.4 所示。值得注意的是，掩膜光栅衍射图的周期 $\Lambda=\lambda_B/(2\bar{n})$ 与光波长无关，原则上可用宽带准直光源来写入光纤 Bragg 光栅。用低相干光源和相位掩膜板来制作光纤光栅的方法是极为重要的，可使用适于工业环境的激光光源，简化了光纤光栅的制作过程。

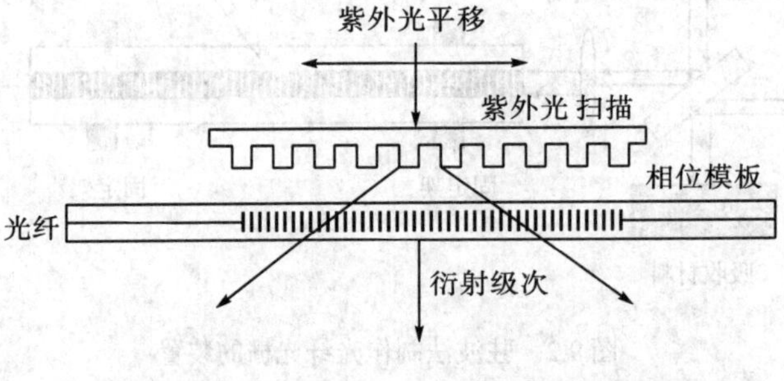

图 9.4 相位掩膜光栅板用于制作光纤光栅的实验装置示意图

(4) 逐点写入法。光纤光栅逐点写入法的试验装置如图 9.5 所示。它是将紫外激光光束聚集成点，通过一个狭缝挡板，使一小段光纤在高性能的单脉冲下曝光，并由步进电机周期拖动光纤，从而直接在光纤上制作光栅。

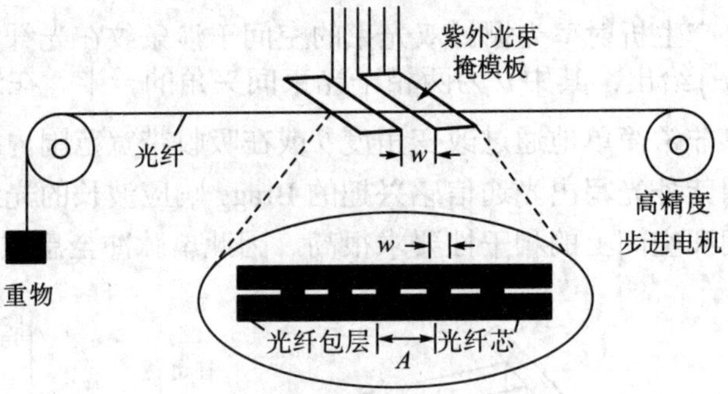

图 9.5 逐点写入光纤光栅制作方法的实验示意图

9.3.2 光纤光栅的耦合模分析

光栅是一种使入射光振幅或相位发生周期性变化的光学元件，光纤光栅的折射率沿轴向发生变化，它引起的微扰可用耦合模方程式(9.21)进行分析。本节给出光纤光栅频域耦合方程的一般形式，可用于分析不同折射率分布或光栅周期的光纤光栅特点。

设光栅引起的折射率变化为$\Delta n(z)$，用傅里叶级数表示为

$$\Delta n(z)=\sum_{m=-\infty}^{\infty}\Delta n_m \mathrm{e}^{\mathrm{i}2\pi mz/\Lambda} \tag{9.33}$$

式中，Λ为光栅周期。由于$\Delta n(z)$为实数，所以$\Delta n_{-m}=(\Delta n_m)^*$。根据相对介电系数与折射率的关系：

$$\varepsilon_r(\omega)=\varepsilon_{r0}(\omega)+\Delta\varepsilon_r(\omega)=(n_0+\Delta n)^2\approx n_0^2+2n_0\Delta n \tag{9.34}$$

可知光栅引起的微扰为

$$\Delta\varepsilon_r(\omega)=2n_0\Delta n \tag{9.35}$$

下面在同一偏振情形下讨论光栅中各种模式导波光的耦合传输特性。用 l 表示导波光模式，同一模式有相同的模场分布，它们可以正向传播（$s=+1$）或反向传播（$s=-1$）。将式(9.35)代入式(9.21)可得

$$\begin{aligned}&\sum_{s,l}\mathrm{e}^{\mathrm{i}s\beta_{0l}z}F_l(x,y)\left[\tilde{A}_{sl}\left(\beta_l^2-\beta_{0l}{}^2\right)+2\mathrm{i}s\beta_{0l}\frac{\partial\tilde{A}_{sl}}{\partial z}\right]\\&=-k_0^2\sum_{s',l'}2n_0\Delta nF_{l'}(x,y)\tilde{A}_{s'l'}\mathrm{e}^{\mathrm{i}s'\beta_{0l'}z}\end{aligned}\tag{9.36}$$

将式(9.33)代入式(9.36)，可进一步化简为

$$\begin{aligned}&\sum_{s,l}\mathrm{e}^{\mathrm{i}s\beta_{0l}z}F_l(x,y)\left[\tilde{A}_{sl}\left(\beta_l^2-\beta_{0l}{}^2\right)+2\mathrm{i}s\beta_{0l}\frac{\partial\tilde{A}_{sl}}{\partial z}\right]\\&=-k_0^2 2n_0\sum_{s',l'}\sum_{m=-\infty}^{\infty}\Delta n_m\mathrm{e}^{\mathrm{i}2\pi mz/\Lambda}F_{l'}(x,y)\tilde{A}_{s'l'}\mathrm{e}^{\mathrm{i}s'\beta_{0l'}z}\end{aligned}\tag{9.37}$$

对于任意给定的传输方向 s 和模式 l，将式(9.37)两边同乘以 $F_l^*(x,y)$ 并在横向积分，利用模式的正交性；同时，考虑到 $\beta_l\approx\beta_{0l}$，进而有 $\beta_l^2-\beta_{0l}{}^2\approx2\beta_{0l}(\beta_l-\beta_{0l})$，则式(9.37)可进一步化为

$$\mathrm{e}^{\mathrm{i}s\beta_{0l}z}\left[\tilde{A}_{sl}\left(\beta_l-\beta_{0l}\right)+\mathrm{i}s\frac{\partial\tilde{A}_{sl}}{\partial z}\right]=-\sum_{s',l'}\sum_{m=-\infty}^{\infty}\kappa_{m,l'}\exp\left[\mathrm{i}\left(\tfrac{2\pi m}{\Lambda}+s'\beta_{0l'}\right)z\right]\tilde{A}_{s'l'}\tag{9.38}$$

式中，s'、l' 不排除取 s、l 的可能，$\kappa_{m,l'}=\dfrac{n_0k_0}{\beta_{0l}}\dfrac{k_0\iint\Delta n_mF_l^*(x,y)F_{l'}(x,y)\mathrm{d}x\mathrm{d}y}{\iint\left|F_l(x,y)\right|^2\mathrm{d}x\mathrm{d}y}$ 为光栅耦合系数。

为进一步揭示光栅耦合的物理本质，将式(9.38)写为如下形式：

$$\begin{aligned}&\tilde{A}_{sl}\left(\beta_l-\beta_{0l}\right)+\mathrm{i}s\frac{\partial\tilde{A}_{sl}}{\partial z}\\&=-\sum_{m=-\infty}^{\infty}\sum_{l'}\kappa_{m,l'}\left\{\tilde{A}_{s,l'}\mathrm{e}^{\mathrm{i}\left[\frac{2\pi m}{\Lambda}+s(\beta_{0l'}-\beta_{0l})\right]z}+\tilde{A}_{-s,l'}\mathrm{e}^{\mathrm{i}\left[\frac{2\pi m}{\Lambda}-s(\beta_{0l'}+\beta_{0l})\right]z}\right\}\end{aligned}\tag{9.39}$$

式中，$\tilde{A}_{s,l'}\mathrm{e}^{\mathrm{i}\left[\frac{2\pi m}{\Lambda}+s(\beta_{0l'}-\beta_{0l})\right]z}$ 表示同向耦合，对应于长周期光栅；$\tilde{A}_{-s,l'}\mathrm{e}^{\mathrm{i}\left[\frac{2\pi m}{\Lambda}-s(\beta_{0l'}+\beta_{0l})\right]z}$ 表示反向耦合，对应于短周期光栅（Bragg 光栅），此时 m 和 s 往往取相同的符号。由于光波之间的耦合强烈地依赖于相位失配因子，所以，针对不同类型的光栅只需要选取相应的项。

对于单模、均匀的光纤 Bragg 光栅，单模在式(9.39)中意味着 $l'=l$，即 $\beta_{0l'}=\beta_{0l}$，$\kappa_{-1,l}=\kappa_{+1,l}^*$；均匀光栅在式(9.33)中意味着 $m=\pm1$，即 $\Delta n(z)=2n_1\cos(2\pi z/\Lambda)$；光纤 Bragg 光栅意味着只需要考虑正向波与反向波的耦合。此时，式(9.39)可化简为

$$\tilde{A}_{sl}\left(\beta_l-\beta_{0l}\right)+\mathrm{i}s\frac{\partial\tilde{A}_{sl}}{\partial z}=-\kappa_{(m=s),l}\tilde{A}_{-s,l}\mathrm{e}^{-\mathrm{i}2s(\beta_{0l}-\beta_B)z}\tag{9.40}$$

若取 $\beta_{0l}=\beta_B$，可得如下频域包络方程：

$$s\frac{\partial\tilde{A}_{sl}}{\partial z}=\mathrm{i}\left[\beta_l(\omega)-\beta_B\right]\tilde{A}_{sl}+\mathrm{i}\kappa_{s,l}\tilde{A}_{-s,l}\tag{9.41}$$

式中，$\beta_B=\pi/\Lambda$，对应于真空中波长$\lambda_B=2\bar{n}\Lambda$，称为Bragg波长，$\bar{n}$为光栅的平均折射率。

令$\omega_B=\beta_B c/\bar{n}$，$\delta=(\omega_0-\omega_B)\bar{n}/c$，则$\beta_l(\omega)-\beta_B=(\omega-\omega_B)\bar{n}/c=\Omega\bar{n}/c+\delta$，其中$\Omega=\omega-\omega_0$。于是，式(9.41)可重新写为

$$s\frac{\partial\tilde{A}_{sl}(z,\Omega)}{\partial z}=\mathrm{i}\frac{\bar{n}}{c}\Omega\tilde{A}_{sl}(z,\Omega)+\mathrm{i}\delta\tilde{A}_{sl}(z,\Omega)+\mathrm{i}\kappa_{s,l}\tilde{A}_{-s,l}(z,\Omega) \tag{9.42}$$

对式(9.42)进行傅里叶逆变换，即将因子Ω用$\mathrm{i}\partial/\partial t$代替，可得时域包络方程为

$$s\frac{\partial A_{sl}(z,t)}{\partial z}+\frac{\bar{n}}{c}\frac{\partial}{\partial t}A_{sl}(z,t)=\mathrm{i}\delta A_{s,l}(z,t)+\mathrm{i}\kappa_{s,l}A_{-s,l}(z,t) \tag{9.43}$$

当取$\omega_0=\omega_B=\beta_B c/\bar{n}$时，$\delta=0$，式(9.43)可进一步简化为

$$s\frac{\partial A_{sl}(z,t)}{\partial z}+\frac{\bar{n}}{c}\frac{\partial A_{sl}(z,t)}{\partial t}-\mathrm{i}\kappa_{sl}A_{-s,l}(z,t)=0 \tag{9.44}$$

另一种分析方法是，将式(9.41)中的$\beta_l(\omega)$在ω_0处泰勒级数展开后，再通过傅里叶逆变换转换成时域包络方程：

$$s\frac{\partial A_{sl}}{\partial z}+\sum_{n=1}^{\infty}\beta_l^{(n)}(\omega_0)\frac{\mathrm{i}^{n-1}}{n!}\frac{\partial^n A_{sl}}{\partial t^n}=\mathrm{i}\delta A_{sl}+\mathrm{i}\kappa_{s,l}A_{-s,l} \tag{9.45}$$

式中，$\beta_l^{(n)}(\omega_0)=\left.\frac{\mathrm{d}^n\beta_l(\omega)}{\mathrm{d}\omega^n}\right|_{\omega=\omega_0}$ $(n=1,2,3\cdots)$，$\delta=\beta_l(\omega_0)-\beta_B$。当考虑$\beta_l\approx\omega\bar{n}/c$，$\beta_l^{(1)}=\bar{n}/c$，$\beta_l^{(n\geqslant 2)}=0$时，式(9.45)也可化为式(9.43)。

9.3.3 两种光纤光栅的比较

光纤 Bragg 光栅与长周期光纤光栅之间的差异很大。从模式耦合的机理来看，光纤Bragg光栅是前向传输的纤芯模式与后向传输的纤芯模式之间的耦合；而长周期光纤光栅是前向传输的纤芯模式与同向的各阶次包层模式之间的耦合。前者是反射型光纤器件，插入损耗较大；而后者是透射型光纤器件，插入损耗小得多。由于是反向模式之间的耦合，光纤Bragg光栅周期一般较短；而长周期光纤光栅为同向模式之间的耦合，所以周期要长，通常达几百微米。

均匀光纤Bragg光栅可将入射光中某一确定波长(Bragg波长$\lambda_B=2\bar{n}\Lambda$)的光反射，反射带宽窄。均匀光纤Bragg光栅的反射频带两边有一些旁瓣，这是由于光纤光栅的两端折射率突变引起Fabry-Perot 效应所致。这些旁瓣分散了光能量，限制了光纤光栅在性能要求高的场合中的应用。所以均匀光纤光栅的边模(旁瓣)抑制比是表征其性能的主要指标之一。可以采用切趾技术使光栅折射率微扰幅度在光栅两端逐渐变小，即消除折射率在边界的突变，从而消除这些旁瓣。所谓切趾(apodization)，就是用一些特定的函数对光纤光栅的折射率调制幅度进行调制，经切趾后的光纤光栅称为切趾光纤光栅，其反射谱中的边模明显降低。

长周期光纤光栅的谐振波长可由相位匹配条件确定，即$\lambda_{\mathrm{LPG}}=(n_{co}-n_{cl})\Lambda$，式中$\Lambda$为长周期光纤光栅的周期，$n_{\mathrm{co}}$为纤芯模式有效折射率，$n_{\mathrm{cl}}$包层模式有效折射率。在满

足相位匹配条件的特定波长处，光功率由纤芯耦合进包层向前传播，并很快被衰减掉，这样在谱图上就有一个损耗峰；其他波长不满足相位匹配条件，基本无损耗的在光纤纤芯中传播，从而能够实现波长选择功能。与光纤 Bragg 光栅相比，长周期光纤光栅具有如下优点：①由于长周期光纤光栅在光路中基本上不产生光反馈，不会对系统性能造成附加恶化影响。②在谐振波长调谐方面，两者对应力的调谐基本相当，但长周期光纤光栅谐振波长随温度的变化约为光纤 Bragg 光栅的 7 倍。③长周期光纤光栅制备简单，成本要低于光纤 Bragg 光栅。

在传感器领域，均匀光纤 Bragg 光栅可用于制作温度传感器、应变传感器等，长周期光纤光栅可用于制作微弯传感器、折射率传感器等。在光通信领域，均匀光纤 Bragg 光栅可用于制作带通滤波器、分插复用器和波分复用器的解复用器等器件，长周期光纤光栅可用于制作掺铒光纤放大器增益平坦器、模式转换器、带阻滤波器等器件。

9.4　电光调制器

电光调制器可以用半导体材料或电光材料等制作，它是利用某些电光晶体，如铌酸锂 ($LiNbO_3$)、砷化镓 (GaAs) 晶体和钽酸锂 ($LiTaO_3$) 的电光效应制成。常用的电光调制器有条形波导相位调制器和 Mach-Zehnder 干涉仪 (Mach-Zehnder incerferometer，MZI) 型强度调制器，因此电光效应可直接用于制作相位调制器，应用光的干涉可将相位调制转换为幅度调制。

9.4.1　线性电光效应

当外加电场施加到某些晶体时，会使晶体折射率发生变化，这种现象称电光效应。若晶体的折射率变化正比于外加电场幅度，称为线性电光效应，即泡克耳斯效应 (Pockels effect)；若晶体的折射率变化与电场幅度的平方成比例，则称为电光克尔效应 (electro-optic Kerr effect)。电光调制器主要利用线性电光效应 (泡克耳斯效应) 实现。为此，可引入逆介电张量 (inverse permittivity tensor)，并表示为如下形式：

$$\boldsymbol{\eta}=\frac{\varepsilon_0}{\boldsymbol{\varepsilon}}=\frac{1}{\boldsymbol{n}^2} \tag{9.46}$$

介电张量依赖于晶体中的电荷分布，外加电场 $\boldsymbol{E}$ 可以引起电荷的重新分配和晶格的微小变形，从而产生一个附加逆介电张量：

$$\Delta\boldsymbol{\eta}=\Delta\left(\frac{1}{\boldsymbol{n}^2}\right)=\boldsymbol{\eta}(\boldsymbol{E})-\boldsymbol{\eta}(0)=\boldsymbol{r}\cdot\boldsymbol{E} \tag{9.47a}$$

用分量形式表示为

$$\Delta\eta_{ij}=\Delta\left(\frac{1}{\boldsymbol{n}^2}\right)_{ij}=\sum_{k=x,y,z} r_{ijk}E_k \tag{9.47b}$$

对式 (9.46) 即 $\boldsymbol{\eta\varepsilon}=\varepsilon_0$ 求微分，可得附加介电张量的表达式为

$$\Delta\boldsymbol{\varepsilon} = -\frac{\boldsymbol{\varepsilon}(\Delta\boldsymbol{\eta})\boldsymbol{\varepsilon}}{\varepsilon_0} \tag{9.48a}$$

用分量形式表示为

$$\Delta\varepsilon_{ij} = \varepsilon_{ij}(\boldsymbol{E}) - \varepsilon_{ij}(0) = -\sum_{k=x,y,z} \varepsilon_0 n_i^2 n_j^2 r_{ijk} E_k \tag{9.48b}$$

式中，$\boldsymbol{r} = [r_{ijk}]$ 为线性电光系数张量，n_i 和 n_j 分别为平行于相应主轴的主折射率。

对于低损耗且没有旋光性的媒质，线性电光系数张量具有对称性，即 $r_{ijk} = r_{jik}$。这种置换对称性可使电光系数张量的独立元素从 27 个降到 18 个。为简化表示，对下标（ijk）或（jik）重新编号，即

$$\begin{cases} r_{11k} = \gamma_{1k}, \quad r_{22k} = \gamma_{2k}, \quad r_{33k} = \gamma_{3k}, \\ r_{23k} = r_{32k} = \gamma_{4k}, \quad r_{13k} = r_{31k} = \gamma_{5k}, \quad r_{12k} = r_{21k} = \gamma_{6k} \end{cases} \tag{9.49}$$

式中，$k = 1,2,3$ 分别对应于 x、y、z 分量。按同样的编号方式，附加逆介电张量可简化表示为

$$\begin{bmatrix} \Delta(1/\boldsymbol{n}^2)_1 \\ \Delta(1/\boldsymbol{n}^2)_2 \\ \Delta(1/\boldsymbol{n}^2)_3 \\ \Delta(1/\boldsymbol{n}^2)_4 \\ \Delta(1/\boldsymbol{n}^2)_5 \\ \Delta(1/\boldsymbol{n}^2)_6 \end{bmatrix} = \begin{bmatrix} \gamma_{11} & \gamma_{12} & \gamma_{13} \\ \gamma_{21} & \gamma_{22} & \gamma_{23} \\ \gamma_{31} & \gamma_{32} & \gamma_{33} \\ \gamma_{41} & \gamma_{42} & \gamma_{43} \\ \gamma_{51} & \gamma_{52} & \gamma_{53} \\ \gamma_{61} & \gamma_{62} & \gamma_{63} \end{bmatrix} \begin{bmatrix} E_x \\ E_y \\ E_z \end{bmatrix} = \boldsymbol{\gamma} \cdot \boldsymbol{E} \tag{9.50}$$

式中，6×3 电光系数矩阵 $\boldsymbol{\gamma} = [\gamma_{ij}]$ 的元素取值关系取决于七大晶系的对称群(晶体的对称性)，通常在惯用的坐标系(光轴为 z 轴)下给出。注意，反演对称晶体中不存在线性电光效应。一般地，当有外加电场时，折射率椭球的主轴方向或主轴长度可能会发生改变，具体依赖于外加电场的大小和方向。此时，电光晶体的折射率椭球可表示为

$$\begin{aligned} &\left[(1/n_x^2) + \Delta(1/\boldsymbol{n}^2)_1\right]x^2 + \left[(1/n_y^2) + \Delta(1/\boldsymbol{n}^2)_2\right]y^2 + \left[(1/n_z^2) + \Delta(1/\boldsymbol{n}^2)_3\right]z^2 \\ &+2yz\Delta(1/\boldsymbol{n}^2)_4 + 2zx\Delta(1/\boldsymbol{n}^2)_5 + 2xy\Delta(1/\boldsymbol{n}^2)_6 = 1 \end{aligned} \tag{9.51}$$

对于 $LiNbO_3$ 晶体，它具有 $3m$ 群对称性，其电光系数具有如下形式：

$$\boldsymbol{\gamma} = \begin{bmatrix} 0 & \gamma_{12} = -\gamma_{22} & \gamma_{13} \\ 0 & \gamma_{22} & \gamma_{23} = \gamma_{13} \\ 0 & 0 & \gamma_{33} \\ 0 & \gamma_{42} = \gamma_{51} & 0 \\ \gamma_{51} & 0 & 0 \\ \gamma_{61} = -\gamma_{22} & 0 & 0 \end{bmatrix} \tag{9.52}$$

$LiNbO_3$ 晶体为单轴晶体，$n_x = n_y = n_o = 2.286$，$n_z = n_e = 2.2$。在 z 轴方向施加磁场时，式(9.51)可化为

$$\left[(1/n_o^2) + \gamma_{13}E_z\right]x^2 + \left[(1/n_o^2) + \gamma_{13}E_z\right]y^2 + \left[(1/n_e^2) + \gamma_{33}E_z\right]z^2 = 1 \tag{9.53}$$

式中，$\gamma_{13} = 9.6\ \text{pm/V}$，$\gamma_{33} = 30.9\ \text{pm/V}$。可以看出，外加电场 E_z 只是使折射率椭球的各半轴长度发生了变化，仍保持了单轴晶体特性，此时最大的折射率变化为

$$\Delta n_z = -\frac{1}{2} n_e^3 \gamma_{33} E_z 。$$

9.4.2　铌酸锂光调制器

由于电光系数通常都比较小，要使体电光晶体的折射率获得明显的变化，需要施加上千伏的电压，显然不实用。采用平面波导结构，可使器件驱动电压降低到 5~7V。采用集成光学方法可制作平面波导型的 M-Z 器件(如 M-Z 光滤波器、M-Z 调制器等)，其中最常见的是用铌酸锂($LiNbO_3$)材料制作的 M-Z 调制器。电光效应的强度依赖于外加电场方向与铌酸锂($LiNbO_3$)晶体的取向，当外加电场和导波光的偏振方向均平行于晶体的 z 轴时可获得最大的电光效应，对应于光电系数 γ_{33}。因此，电极的放置与结构至关重要。对于 x 切(x-cut)或 y 切(y-cut)衬底，要求电极放置在光波导两边，结构上的对称性使其啁啾参数几乎为 0，属无啁啾型的调制器，如图 9.6(a)所示。对于 z 切(z-cut)衬底，要求一个电极放置在光波导的上面，电极与波导之间需要使用二氧化硅(SiO_2)或三氧化二铝(Al_2O_3)进行隔离，以减少金属电极对光波的吸收，其他电极放在光波导旁边，如图 9.6(b)所示。RF 在地电极和波导之间的重叠部分逐渐减少，这种变化使其驱动电压和啁啾参数均有所增大，属啁啾型的调制器。

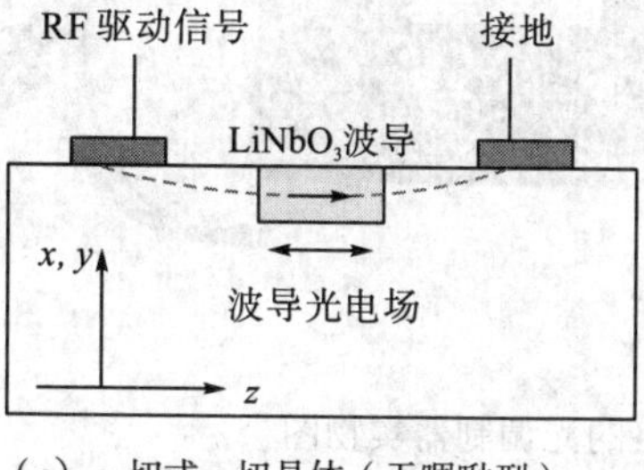

(a) x 切或 y 切晶体(无啁啾型)

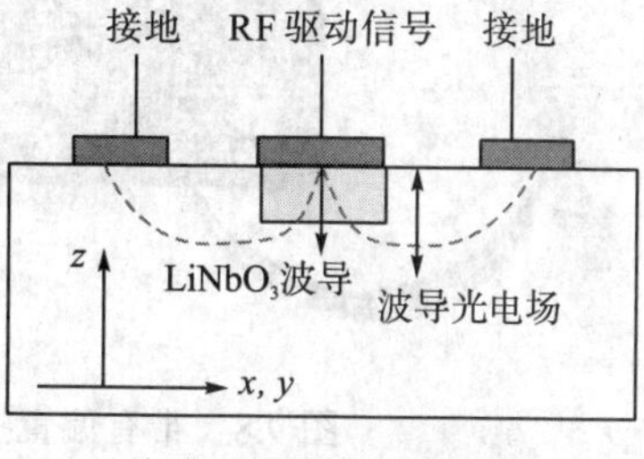

(b) z 切晶体(啁啾型)

图 9.6　两种典型 $LiNbO_3$ 晶体器件的电极结构

铌酸锂($LiNbO_3$)M-Z 调制器(Mach-Zehnder modulator，MZM)由输入/输出 Y 分光器、两个电光晶体波导以及 RF/DC 行波电极等组成，只需要控制外加电压就可对导波光进行调制，如图 9.7 所示。根据驱动电极的加载方式，MZM 一般可分为单驱动(single drive)和差分驱动(differential drive)两种，单驱动方式可以对 MZM 波导进行单臂(非平衡)或双臂(平衡)控制，其中非平衡单驱动方式有较大的啁啾效应，很少用于高速 WDM 系统。平衡的单驱动 MZM 通常制作在 x 切或 y 切 $LiNbO_3$ 晶体上，其电极配置使波导的上下臂形成相反方向的电场，产生相反的相移，如图 9.7(a)所示。平衡的单驱动铌酸锂 MZM 具有低的或接近于零的啁啾，调制器的工作点还可以通过设计单独的 DC 偏置电极来调节。平衡差分驱动 MZM 可用于双二进制系统等新型调制方案中，允许用户更灵活地控制其偏置和啁啾条件，如图 9.7(b)所示。典型的 z 切差分驱动 MZM 只允许两臂产生相同符号的相移，需要采用互补的驱动信号来获得相反的相位改变。

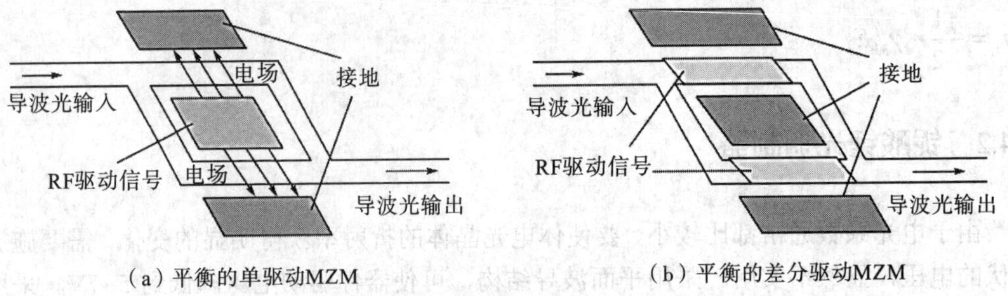

图 9.7 平面波导型的 M-Z 器件

要使光调制器正常工作，还需要偏置控制电路，如图 9.8 所示。偏置电压的漂移会劣化光调制器的性能，可以通过检测输出信号来反馈控制偏置电压，使工作点保持稳定。电光调制器的调制频率和调制带宽主要取决于晶体中光的传输时延和晶体谐振电路的带宽。电光调制器具有很大的调制带宽，缺点是插入损耗也大、对偏振敏感、驱动电压较高(典型值为 4V)、难以与光源集成等。

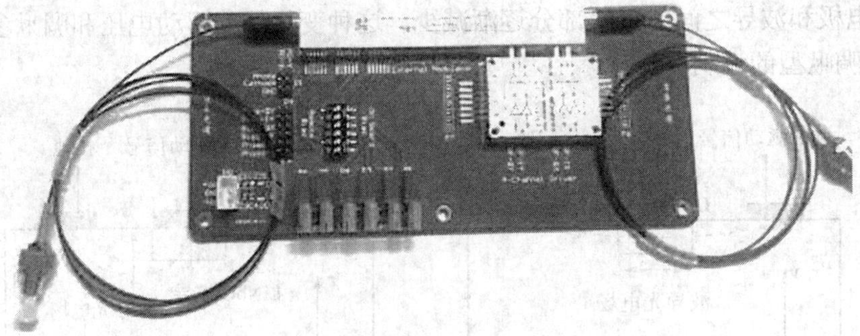

图 9.8 带有偏置控制电路的光调制器实物图

9.5 磁 光 器 件

9.5.1 磁光效应的介电系数张量

考虑磁光效应时，磁光材料的介电系数张量可按磁化强度展开，即

$$\varepsilon_{ij} = \varepsilon_{ij}^{(0)} + \varepsilon_{ij}^{(1)} + \varepsilon_{ij}^{(2)} = \varepsilon_0 \left(\varepsilon_r \delta_{ij} + \mathrm{j} f_1 e_{ijk} M_k + f_{ijkl} M_k M_l \right) \tag{9.54}$$

式中，M_k 和 M_l 分别为磁化强度 $\boldsymbol{M}$ 的 k 和 l 分量；ε_r 为不考虑磁光效应时介质的相对介电常数；f_1 为一级磁光系数，主要与法拉第效应(Faraday effect)相联系；f_{ijkl} 为二级磁光系数，主要与 M_k 和 M_l 一起体现科顿-穆顿效应(Cotton-Mouton effect)；δ_{ij} 是克罗内克(Kronecker)符号；e_{ijk} 是三阶反对称置换张量。在立方晶系中，ε_r 和 f_1 是常数，系数 f_{ijkl} 与晶向有关。如同力学中的硬度张量一样，张量 f_{ijkl} 可约化为三个独立分量 f_{11}、f_{12} 和 f_{44}

表示，即

$$f_{ijkl}=f_{12}\delta_{ij}\delta_{kl}+f_{44}\left(\delta_{il}\delta_{kj}+\delta_{ik}\delta_{lj}\right)+\Delta f\delta_{kl}\delta_{ij}\delta_{jk} \tag{9.55}$$

式中，$\Delta f=f_{11}-f_{12}-2f_{44}$。在任意选取的直角坐标系中，$f_{ijkl}$ 可表示为

$$f_{ijkl}=f_{12}\delta_{ij}\delta_{kl}+f_{44}\left(\delta_{il}\delta_{kj}+\delta_{ik}\delta_{lj}\right)+\Delta f(R_{ip}R_{jp}R_{kp}R_{lp}) \tag{9.56}$$

式中，R_{ip} 等为欧拉(Euler)旋转矩阵 $\boldsymbol{R}$ 的元素，$\boldsymbol{R}$ 可用欧拉角(θ,ψ,φ)表示为

$$\boldsymbol{R}=\begin{bmatrix}\cos\psi\cos\varphi-\cos\theta\sin\psi\sin\varphi & -\sin\psi\cos\varphi-\cos\theta\cos\psi\sin\varphi & \sin\theta\sin\varphi\\ \cos\psi\sin\varphi+\cos\theta\sin\psi\cos\varphi & -\sin\psi\sin\varphi+\cos\theta\cos\psi\cos\varphi & -\sin\theta\cos\varphi\\ \sin\theta\sin\psi & \sin\theta\cos\psi & \cos\theta\end{bmatrix}$$

式(9.56)中含有 Δf 的最后一项与坐标系有关，称为各向异性项。

为了具体表达介电系数张量，讨论在[111]面上液相外延生长的 YIG 磁光薄膜的典型情形，坐标系的选取如图 9.9 所示，欧拉角 $\theta=\arccos\sqrt{3}/3$，$\psi=3\pi/4$，$\varphi=-\pi/2$。此时的坐标系简称为“晶体坐标系”，介电张量 $\boldsymbol{\varepsilon}$ 为磁化强度 $\boldsymbol{M}$ 的方位角 α 和 β 的函数，对应的相对介电系数张量可表示为如下形式：

$$\boldsymbol{\varepsilon}=\varepsilon_0[\varepsilon_{rij}]=\varepsilon_0\varepsilon_{r0}[\delta_{ij}]+\varepsilon_0\Delta\boldsymbol{\varepsilon}_r \tag{9.57}$$

式中，$\Delta\boldsymbol{\varepsilon}_r=[\Delta\varepsilon_{rij}]$ $(i,j=1,2,3)$ 是与磁光效应有关的附加相对介电系数张量，其元素可用磁化强度 $\boldsymbol{M}$ 在“晶体坐标系”中分量 M_1、M_2 和 M_3 表示为

$$\Delta\varepsilon_{r11}=f_{12}M^2+2f_{44}M_1^2+\frac{1}{3}\Delta f\left(\frac{1}{2}M^2+\frac{1}{2}M_3^2+M_1^2-\sqrt{2}M_1M_3\right) \tag{9.58a}$$

$$\Delta\varepsilon_{r22}=f_{12}M^2+2f_{44}M_2^2+\frac{1}{3}\Delta f\left(\frac{1}{2}M^2+\frac{1}{2}M_3^2+M_2^2+\sqrt{2}M_1M_3\right) \tag{9.58b}$$

$$\Delta\varepsilon_{r33}=\left(f_{12}+\frac{1}{3}\Delta f\right)M^2+2f_{44}M_3^2 \tag{9.58c}$$

$$\begin{aligned}\Delta\varepsilon_{r12}&=\left[\Delta\varepsilon_{r21}\right]^*\\&=\mathrm{j}f_1M_3+2f_{44}M_1M_2+\frac{1}{3}\Delta f\left(2M_1M_2+\sqrt{2}M_2M_3\right)\end{aligned} \tag{9.58d}$$

$$\begin{aligned}\Delta\varepsilon_{r13}&=\left[\Delta\varepsilon_{r31}\right]^*\\&=-\mathrm{j}f_1M_2+2f_{44}M_1M_3+\frac{1}{6}\Delta f\left(4M_1M_3+\sqrt{2}M_2^2-\sqrt{2}M_1^2\right)\end{aligned} \tag{9.58e}$$

$$\begin{aligned}\Delta\varepsilon_{r23}&=\left[\Delta\varepsilon_{r32}\right]^*\\&=\mathrm{j}f_1M_1+2f_{44}M_2M_3+\frac{1}{3}\Delta f\left(2M_2M_3+\sqrt{2}M_1M_2\right)\end{aligned} \tag{9.58f}$$

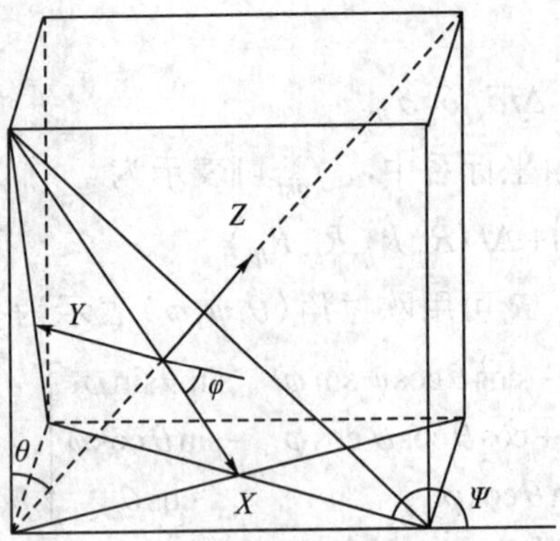

（a）坐标系的选取

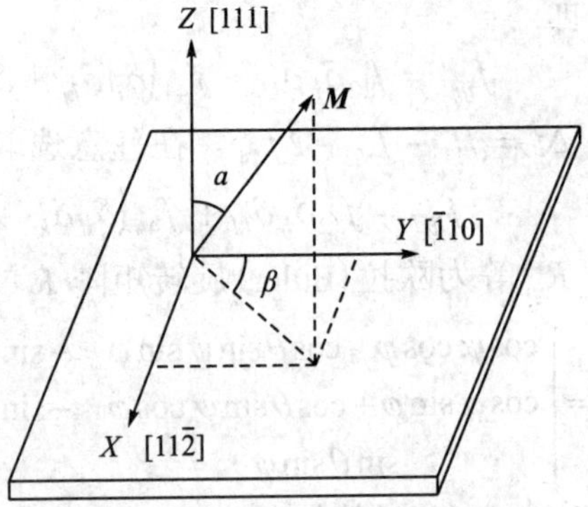

（b）在（111）面上外延生长的磁光薄膜

图 9.9　介电张量的晶体坐标系

当导波光通过磁光介质时将会出现磁光效应，可将其归结为附加电极化强度 $\Delta\boldsymbol{P}$，并视为微扰，即

$$\Delta\boldsymbol{P} = \varepsilon_0 \Delta\varepsilon_r \cdot \boldsymbol{E} = \varepsilon_0 \begin{pmatrix} \Delta\varepsilon_{rxx} & \Delta\varepsilon_{rxy} & \Delta\varepsilon_{rxz} \\ \Delta\varepsilon_{ryx} & \Delta\varepsilon_{ryy} & \Delta\varepsilon_{ryz} \\ \Delta\varepsilon_{rzx} & \Delta\varepsilon_{rzy} & \Delta\varepsilon_{rzz} \end{pmatrix} \begin{pmatrix} E_x \\ E_y \\ E_z \end{pmatrix} \tag{9.59}$$

9.5.2　磁光耦合模方程

假设光沿 x 方向垂直于磁光薄膜平面入射，如图 9.10(a)所示，其中 xyz 坐标系与“晶体坐标系”(XYZ)的相对位置如图 9.10(b)所示，即 x 轴与 Z 轴重合，y 轴相对于 X 轴旋转了γ 角(可正可负)。此时，xyz 坐标系中的附加相对介电系数张量元 $\Delta\varepsilon_{rij}(i,j=x,y,z)$ 可由“晶体坐标系”中的附加相对介电系数张量元 $\Delta\varepsilon_{rij}(i,j=1,2,3)$ 通过坐标变换得到。

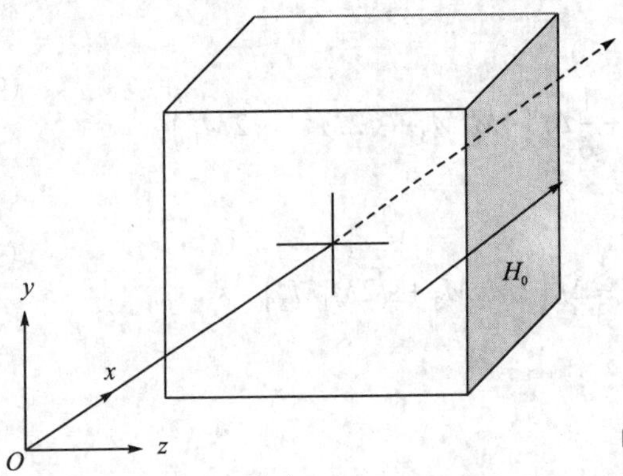

（a）

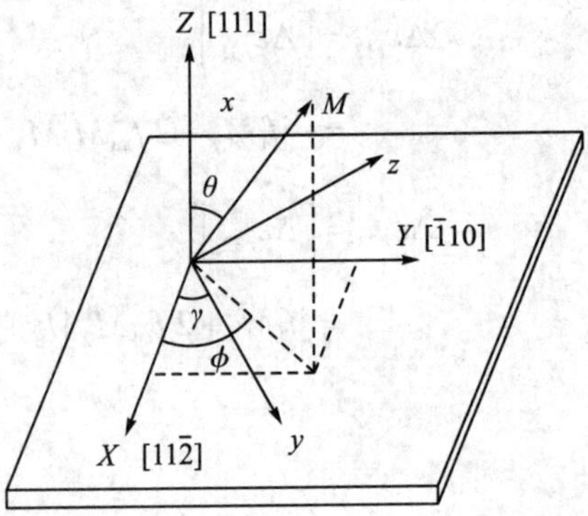

（b）

图 9.10　导波光在磁光介质中的传播

根据耦合模理论，将存在磁光效应微扰时的光场 E_z 和 E_y，用无微扰的正交归一化本征模展开：

$$\begin{cases} E_y(x,y,z,t) = \sum_l \frac{1}{2} C_y^{(l)}(x) E_y^{(l)}(y,z) e^{j\left[\omega t - \beta_y^{(l)} x\right]} + \text{c.c.} \\ E_z(x,y,z,t) = \sum_l \frac{1}{2} C_z^{(l)}(x) E_z^{(l)}(y,z) e^{j\left[\omega t - \beta_z^{(l)} x\right]} + \text{c.c.} \end{cases} \tag{9.60}$$

式中，$C_{y,z}^{(l)}(x)$、$E_{z,y}^{(l)}(y,z)$ 和 $\beta_{y,z}^{(l)}$ 分别为模式 l 的 y 或 z 偏振方向的本征波复振幅、正交归一化横向电场分量和传播常数；c.c. 表示前项的复数共轭；$\sum_l$ 表示对所有模数 l 求和。在慢变包络近似下，忽略导波光沿+x 传播方向上的耦合作用（$E_x << E_{y,z}$），可得直流磁化情形下导波光的磁光耦合方程为

$$\begin{cases} \frac{d}{dx} C_y(x) = \kappa C_z(x) \\ \frac{d}{dx} C_z(x) = -\kappa^* C_y(x) \end{cases} \tag{9.61}$$

式中，$C_y(x)$ 和 $C_z(x)$ 为基模导波光的复振幅分量，磁光耦合系数 $\kappa = -\frac{jk_0}{2\sqrt{\varepsilon_{r0}}} \Delta\varepsilon_{ryz}$。

对于沿导波光传播方向磁化的情形，$\Delta\varepsilon_{rzy} = \left(\Delta\varepsilon_{ryz}\right)^* = jf_1 M_0$，磁光耦合系数 $\kappa = -\frac{jk_0}{2\sqrt{\varepsilon_{r0}}} \Delta\varepsilon_{ryz} = \frac{k_0 f_1 M_0}{2\sqrt{\varepsilon_{r0}}}$，$M_0$ 为直流磁化强度。此时，耦合方程式(9.61)的解为

$$\begin{cases} C_y(x) = A e^{j|\kappa|x} + B e^{-j|\kappa|x} \\ C_z(x) = j\frac{|\kappa|}{\kappa}\left(A e^{j|\kappa|x} - B e^{-j|\kappa|x}\right) \end{cases} \tag{9.62}$$

式中，系数 A 和 B 为待定系数，取决于入射条件。分析表明，两个正交的线偏振光正是传播常数为 $\beta_\pm = \beta \pm |\kappa|$ 的左、右旋圆偏振本征态的叠加，$\beta = k_0\sqrt{\varepsilon_{r0}}$。显然，磁化引起了左旋圆偏振光、右旋圆偏振光的传播常数(或相移)不同，从而导致它们合成的线偏振光振动面发生旋转，这种现象称为磁光法拉第效应。利用磁光法拉第效应的非互易特性可制作光隔离器、光环行器、光调制器、光开关等多种光路元件，在光通信领域已有广泛应用。例如，光隔离器可以减少回波引起的激光器啁啾，改善 EDFA 的噪声性能，以及更好地满足有线电视系统中高隔离度要求。

9.5.3　光隔离器工作原理

光隔离器又称光单向器，它由一个法拉第旋光器和两个偏振片组成，是一种光非互易传输的光无源器件，其基本功能是实现光信号的正向传输，同时抑制反向光，即具有不可逆性。法拉第旋光器是由放置于永磁场(Nd-Fe-B)中的磁光活性晶体棒构成的，该晶体棒可以由掺铽玻璃(MOS-10)、铽镓石榴石(TGG)和钇铁石榴石(YIG)等磁光活性物质构成。当线偏振光沿外加磁场方向通过磁光介质时偏振面发生旋转，磁致旋转的方向仅由磁场方

向决定，与光线的传播方向无关，即偏振光沿相反的方向两次通过磁旋光物质时，其旋转角加倍，这种现象称为磁光法拉第效应。光隔离器主要包括如下几部分：①起偏器或偏振分束器，由偏振片或双折射晶体构成，实现由自然光得到偏振光；②磁光晶体制成的法拉第旋转器，完成对光偏振态的非互易调整；③检偏器或偏振合束器，实现将光线汇聚平行出射，如图 9.11 所示。

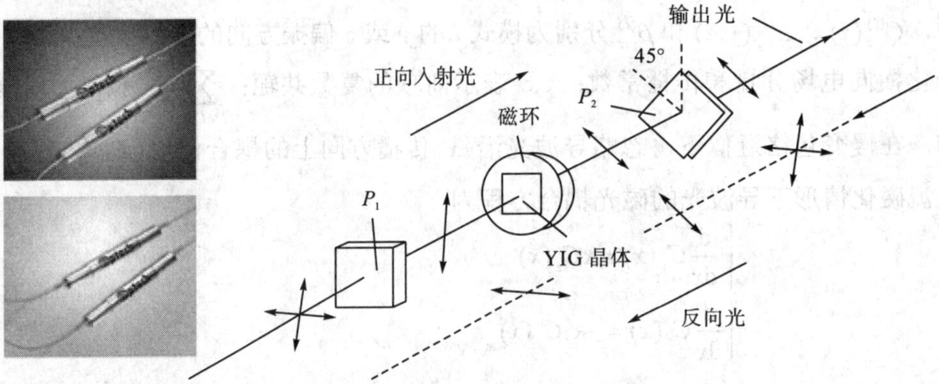

图 9.11　偏振相关光隔离器典型结构

偏振器置于法拉第旋转器前后两边，其透光轴方向彼此呈 45° 关系，当入射平行光经过第一个起偏器 P_1 时，被变成线偏振光，然后经法拉第旋转器，其偏振面被旋转 45°，刚好与第二个检偏器 P_2 的透光轴方向一致，于是光信号顺利通过而进入光路中。反过来，由光路引起的反射光首先进入第二个偏振器 P_2，在经过法拉第旋转器时，由于磁光法拉第效应的非互易性，被法拉第旋转器继续旋转 45°，其偏振面与 P_1 透光轴的夹角变成了 90°，即与起偏器 P_1 的偏振方向正交，而不能通过起偏器 P_1，起到了反向隔离的作用。

在实际应用中，入射光的偏振态(或偏振方向)是任意的，并且随时间变化，因此必须要求隔离器的工作与入射光的偏振态无关。图 9.12 给出了一种基于空间分离偏振器的偏振无关光隔离器结构，任意偏振态的入射光首先通过一个空间分离偏振器(spatial walk-off polarizer，SWP)，将入射光分解为两个正交偏振分量，让垂直分量直线通过，水平分量偏折通过。两个分量都要通过法拉第旋转器，其偏振态都要旋转 45°，然后经过一块半波片使从左向右传播的光的偏振态再顺时针旋转 45°，最后两个分量的光在输出端由另一个 SWP 合成输出。如果存在反射光，半波片和法拉第旋转器的组合使光偏振面旋转方向正好相反，偏振态保持不变，在输入端不能被 SWP 再组合在一起，从而起到隔离作用。

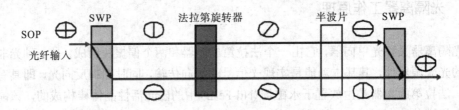

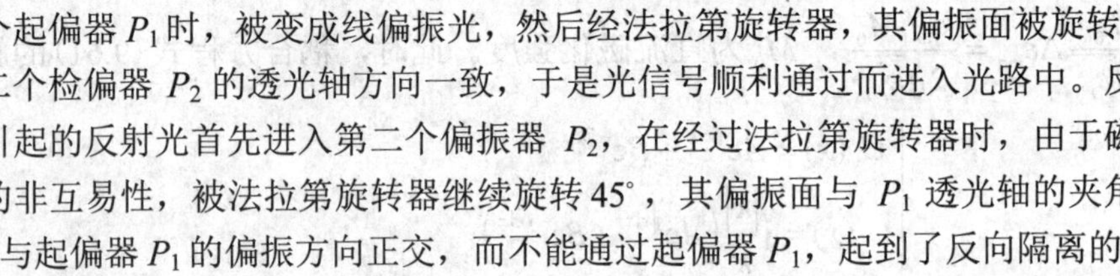

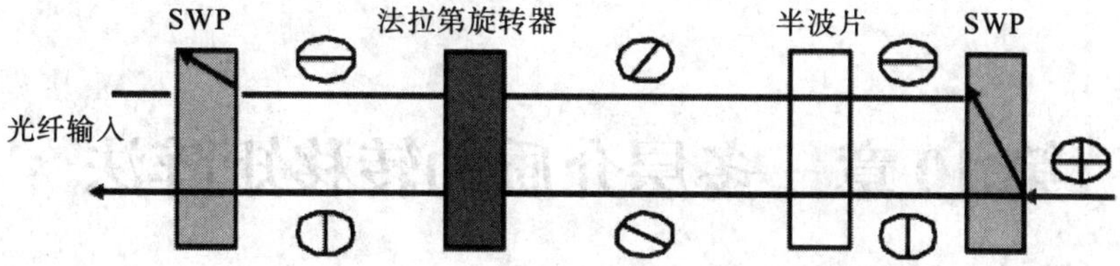

图 9.12　基于空间分离偏振器的偏振无关光隔离器结构

第10章　多层介质的转移矩阵法

采用等效波阻抗方法可以解析多层介质的反射和透射特性，但层数越多越复杂，此时可采用更加有效的转移矩阵分析方法。转移矩阵法用于分析电磁波在层状媒质中的传播特性，可用于设计增透膜和介质反射镜。转移矩阵法的基本思想是：首先将非均匀介质在光波传播方向上切割成多个足够小的传输段，每段按均匀介质来处理；然后利用相邻段之间的边界条件(如电场强度的切向分量连续)确定各段的转移矩阵，其具体形式依赖于光场量的选取；最后，将所有段的光场转移矩阵依次相乘，即为整个非均匀介质的总转移矩阵，从而将输入和输出光场量联系在一起，据此可计算光波的反射率和透射率及其光谱特性等。转移矩阵法特别适合用于分析光纤光栅、多层介质膜、光子晶体等波导结构中光波的传输特性。

本章考虑由非磁性电介质和磁光介质交替堆叠形成的一维磁光子晶体(1D-MPC)多层结构。为方便表达各向同性的非磁性电介质和磁光介质的转移矩阵，将导波光电磁场量的横向分量归一化为相同的量纲，称为归一化光场矢量。根据总转移矩阵和导波光的入射条件可计算磁光子晶体的反射谱和透射谱，进而表明磁光子晶体在磁场传感和可调窄带滤波方面的应用。

10.1　导波光的横向场量表示

从磁光介质或非磁性介质中导波光的横向场量入手，考虑导波光垂直于多层介质平面入射的情形。设导波光沿 x 方向垂直于磁光薄膜平面入射，导波光的横向场量可以表示为如下形式：

$$\begin{cases} E_y(x,t) \propto C_y(x)\mathrm{e}^{\mathrm{j}(\omega t-\beta x)} \\ E_z(x,t) \propto C_z(x)\mathrm{e}^{\mathrm{j}(\omega t-\beta x)} \end{cases} \tag{10.1}$$

式中，$C_y(x)$ 和 $C_z(x)$ 为基模导波光电场强度的横向复振幅分量；β 为传播常数。

磁光介质在直流偏置磁场中发生磁化，磁化强度对导波光的微扰作用可由如下磁光耦合方程来描述：

$$\begin{cases} \dfrac{\mathrm{d}}{\mathrm{d}x}C_y(x) = \kappa C_z(x) \\ \dfrac{\mathrm{d}}{\mathrm{d}x}C_z(x) = -\kappa^* C_y(x) \end{cases} \tag{10.2}$$

式中，当沿导波光传播方向磁化时，磁光耦合系数$\kappa=-\frac{\mathrm{j}k_0}{2\sqrt{\varepsilon_{r0}}}\Delta\varepsilon_{ryz}=\frac{k_0 f_1 M_0}{2\sqrt{\varepsilon_{r0}}}$，$M_0$为直流磁化强度。考虑多层介质界面的反射作用，可将$E_y$表示为如下通解形式：

$$E_y = A\mathrm{e}^{\mathrm{j}(\omega t+k_p x)} + B\mathrm{e}^{\mathrm{j}(\omega t-k_p x)} + C\mathrm{e}^{\mathrm{j}(\omega t+k_n x)} + D\mathrm{e}^{\mathrm{j}(\omega t-k_n x)} \tag{10.3}$$

式中，系数A和C对应于反向传播分量；系数B和D对应于正向传播分量；$k_p=\beta+|\kappa|$；$k_n=\beta-|\kappa|$；$\beta=k_0\sqrt{\varepsilon_{r0}}$。将式(10.3)代入微扰波动方程的分量形式$\nabla^2 E_y - = \mu_0\varepsilon_0\Delta\varepsilon_{ryz}\frac{\partial^2}{\partial t^2}E_z\ \mu_0\varepsilon_0\varepsilon_{r0}\frac{\partial^2}{\partial t^2}E_y$可得

$$\begin{aligned}
E_z &= -\frac{\nabla^2 E_y+\mu_0\varepsilon_0\varepsilon_{r0}\omega^2 E_y}{\mu_0\varepsilon_0\Delta\varepsilon_{ryz}\omega^2} = -\frac{\nabla^2 E_y+\beta^2 E_y}{\mu_0\varepsilon_0\Delta\varepsilon_{ryz}\omega^2}\\
&= \frac{\left(k_p^2-\beta^2\right)\left[A\mathrm{e}^{\mathrm{j}(\omega t+k_p x)}+B\mathrm{e}^{\mathrm{j}(\omega t-k_p x)}\right]+\left(k_n^2-\beta^2\right)\left[C\mathrm{e}^{\mathrm{j}(\omega t+k_n x)}+D\mathrm{e}^{\mathrm{j}(\omega t-k_n x)}\right]}{\mu_0\varepsilon_0\Delta\varepsilon_{ryz}\omega^2}\\
&= \frac{2\beta|\kappa|}{\mu_0\varepsilon_0\Delta\varepsilon_{ryz}\omega^2}\left[A\mathrm{e}^{\mathrm{j}(\omega t+k_p x)}+B\mathrm{e}^{\mathrm{j}(\omega t-k_p x)}-C\mathrm{e}^{\mathrm{j}(\omega t+k_n x)}-D\mathrm{e}^{\mathrm{j}(\omega t-k_n x)}\right]\\
&= -\mathrm{j}\frac{|\kappa|}{\kappa}\left[A\mathrm{e}^{\mathrm{j}(\omega t+k_p x)}+B\mathrm{e}^{\mathrm{j}(\omega t-k_p x)}-C\mathrm{e}^{\mathrm{j}(\omega t+k_n x)}-D\mathrm{e}^{\mathrm{j}(\omega t-k_n x)}\right]
\end{aligned} \tag{10.4}$$

式中利用了近似关系$k_p^2-\beta^2=2\beta|\kappa|+|\kappa|^2\approx 2\beta|\kappa|$，$k_n^2-\beta^2=-2\beta|\kappa|+|\kappa|^2\approx -2\beta|\kappa|$。

由麦克斯韦方程$\nabla\times\boldsymbol{E}=-\frac{\partial\boldsymbol{B}}{\partial t}$可知，$\boldsymbol{H}=\frac{\mathrm{j}}{\mu_0\omega}\nabla\times\boldsymbol{E}$，用分量形式表示为

$$\begin{aligned}
H_y &= -\frac{\mathrm{j}}{\mu_0\omega}\frac{\partial E_z}{\partial x}\\
&= -\frac{\mathrm{j}|\kappa|}{\mu_0\omega\kappa}\left[k_p A\mathrm{e}^{\mathrm{j}(\omega t+k_p x)}-k_p B\mathrm{e}^{\mathrm{j}(\omega t-k_p x)}-k_n C\mathrm{e}^{\mathrm{j}(\omega t+k_n x)}+k_n D\mathrm{e}^{\mathrm{j}(\omega t-k_n x)}\right]
\end{aligned} \tag{10.5}$$

$$\begin{aligned}
H_z &= \frac{\mathrm{j}}{\mu_0\omega}\frac{\partial E_y}{\partial x}\\
&= -\frac{1}{\mu_0\omega}\left[k_p A\mathrm{e}^{\mathrm{j}(\omega t+k_p x)}-k_p B\mathrm{e}^{\mathrm{j}(\omega t-k_p x)}+k_n C\mathrm{e}^{\mathrm{j}(\omega t+k_n x)}-k_n D\mathrm{e}^{\mathrm{j}(\omega t-k_n x)}\right]
\end{aligned} \tag{10.6}$$

式(10.3)~式(10.6)表示了磁光介质中导波光的横向场分量，用矩阵形式表示为

$$\varGamma(x)=\begin{pmatrix}E_y(x)\\E_z(x)\\H_y(x)\\H_z(x)\end{pmatrix}=\begin{pmatrix}
1 & 1 & 1 & 1\\
-\mathrm{j}\frac{|\kappa|}{\kappa} & -\mathrm{j}\frac{|\kappa|}{\kappa} & \mathrm{j}\frac{|\kappa|}{\kappa} & \mathrm{j}\frac{|\kappa|}{\kappa}\\
-\frac{\mathrm{j}|\kappa|}{\mu_0\omega\kappa}k_p & \frac{\mathrm{j}|\kappa|}{\mu_0\omega\kappa}k_p & \frac{\mathrm{j}|\kappa|}{\mu_0\omega\kappa}k_n & -\frac{\mathrm{j}|\kappa|}{\mu_0\omega\kappa}k_n\\
-\frac{1}{\mu_0\omega}k_p & \frac{1}{\mu_0\omega}k_p & -\frac{1}{\mu_0\omega}k_n & \frac{1}{\mu_0\omega}k_n
\end{pmatrix}\begin{pmatrix}A\mathrm{e}^{\mathrm{j}(\omega t+k_p x)}\\B\mathrm{e}^{\mathrm{j}(\omega t-k_p x)}\\C\mathrm{e}^{\mathrm{j}(\omega t+k_n x)}\\D\mathrm{e}^{\mathrm{j}(\omega t-k_n x)}\end{pmatrix} \tag{10.7}$$

式(10.7)也表示了磁光微扰波导中横向场量之间的依赖关系。

同样地，还可以表示各向同性的非磁性（无微扰）波导中横向场量之间的关系

$$\Gamma(x)=\begin{pmatrix}E_y(x)\\E_z(x)\\H_y(x)\\H_z(x)\end{pmatrix}=\begin{pmatrix}1&1&0&0\\0&0&1&1\\0&0&\eta&-\eta\\-\eta&\eta&0&0\end{pmatrix}\begin{pmatrix}Ae^{j(\omega t+\beta x)}\\Be^{j(\omega t-\beta x)}\\Ce^{j(\omega t+\beta x)}\\De^{j(\omega t-\beta x)}\end{pmatrix}=\varPhi_D\begin{pmatrix}Ae^{j(\omega t+\beta x)}\\Be^{j(\omega t-\beta x)}\\Ce^{j(\omega t+\beta x)}\\De^{j(\omega t-\beta x)}\end{pmatrix}\tag{10.8}$$

式中，$\beta=k_0\sqrt{\varepsilon_r}$ 为相应的传播常数；特征矩阵 $\varPhi_D=\begin{pmatrix}1&1&0&0\\0&0&1&1\\0&0&\eta&-\eta\\-\eta&\eta&0&0\end{pmatrix}$，$\eta=\dfrac{\beta}{\mu_0\omega}$。显然，在非磁性电介质中，待定系数 A 和 B 对应于 E_y 分量，C 和 D 对应于 E_z 分量。式(10.8)的推导中利用了关系 $H_y=-\dfrac{j}{\mu_0\omega}\dfrac{\partial E_z}{\partial x}$ 和 $H_z=\dfrac{j}{\mu_0\omega}\dfrac{\partial E_y}{\partial x}$。

10.2 介质层的转移矩阵

10.2.1 非磁性介质层

设界面 1 和界面 2 之间充满有电介质，入射到电介质和从电介质输出的内部光场量分别用下标 1*i* 和 1*o*(或 2*i* 和 2*o*)表示，如图 10.1 所示。注意，在无源界面两侧，电场或磁场强度的切向分量连续。

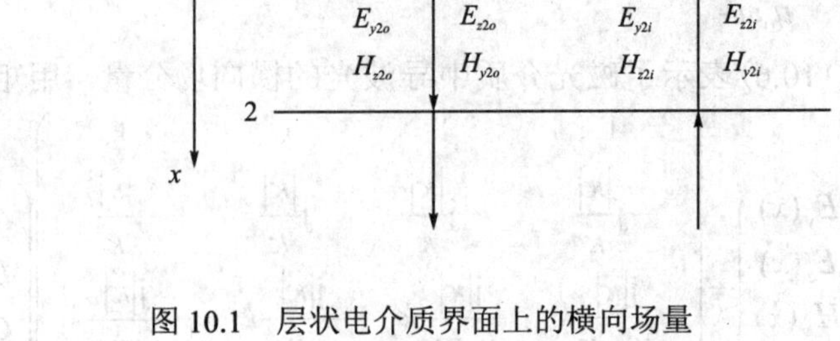

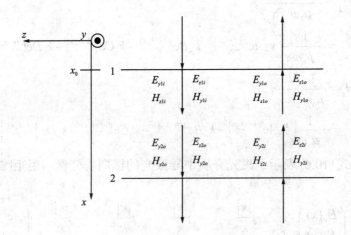

图 10.1 层状电介质界面上的横向场量

在界面 1（$x=x_0$）上，由式(10.8)可得非磁性介质层侧的电磁场量为

$$\Gamma_1=\begin{pmatrix}E_{y1}\\E_{z1}\\H_{y1}\\H_{z1}\end{pmatrix}=\begin{pmatrix}E_{y1o}+E_{y1i}\\E_{z1o}+E_{z1i}\\H_{y1o}+H_{y1i}\\H_{z1o}+H_{z1i}\end{pmatrix}=\Phi_{D1}\Gamma_0 \tag{10.9}$$

式中，$\Phi_{D1}=\Phi_D$，$\Gamma_0=\begin{pmatrix}A\mathrm{e}^{\mathrm{j}(\omega t+\beta x_0)}\\B\mathrm{e}^{\mathrm{j}(\omega t-\beta x_0)}\\C\mathrm{e}^{\mathrm{j}(\omega t+\beta x_0)}\\D\mathrm{e}^{\mathrm{j}(\omega t-\beta x_0)}\end{pmatrix}$。同理，在界面 2（$x=x_0+d$）上，有

$$\Gamma_2=\begin{pmatrix}E_{y2}\\E_{z2}\\H_{y2}\\H_{z2}\end{pmatrix}=\begin{pmatrix}E_{y2i}+E_{y2o}\\E_{z2i}+E_{z2o}\\H_{y2i}+H_{.y2o}\\H_{z2i}+H_{z2o}\end{pmatrix}=\Phi_{D1}\begin{pmatrix}\mathrm{e}^{\mathrm{j}\beta d}A\mathrm{e}^{\mathrm{j}(\omega t+\beta x_0)}\\\mathrm{e}^{-\mathrm{j}\beta d}B\mathrm{e}^{\mathrm{j}(\omega t-\beta x_0)}\\\mathrm{e}^{\mathrm{j}\beta d}C\mathrm{e}^{\mathrm{j}(\omega t+\beta x_0)}\\\mathrm{e}^{-\mathrm{j}\beta d}D\mathrm{e}^{\mathrm{j}(\omega t-\beta x_0)}\end{pmatrix}=\Phi_{D2}\Gamma_0 \tag{10.10}$$

式中，$\Phi_{D2}=\begin{pmatrix}\mathrm{e}^{\mathrm{j}\beta d}&\mathrm{e}^{-\mathrm{j}\beta d}&0&0\\0&0&\mathrm{e}^{\mathrm{j}\beta d}&\mathrm{e}^{-\mathrm{j}\beta d}\\0&0&\eta\mathrm{e}^{\mathrm{j}\beta d}&-\eta\mathrm{e}^{-\mathrm{j}\beta d}\\-\eta\mathrm{e}^{\mathrm{j}\beta d}&\eta\mathrm{e}^{-\mathrm{j}\beta d}&0&0\end{pmatrix}$。

由式(10.9)和式(10.10)可得如下关系：

$$\Gamma_2=\Phi_{21}^D\Gamma_1,\qquad \Gamma_1=\Phi_{12}^D\Gamma_2 \tag{10.11}$$

式中

$$\Phi_{21}^D=\Phi_{D2}\Phi_{D1}^{-1}=\begin{pmatrix}\cos\beta d&0&0&-\dfrac{\mathrm{j}}{\eta}\sin\beta d\\0&\cos\beta d&\dfrac{\mathrm{j}}{\eta}\sin\beta d&0\\0&\mathrm{j}\eta\sin\beta d&\cos\beta d&0\\-\mathrm{j}\eta\sin\beta d&0&0&\cos\beta d\end{pmatrix}$$

$$\Phi_{12}^D=\Phi_{D1}\Phi_{D2}^{-1}=\begin{pmatrix}\cos\beta d&0&0&\dfrac{\mathrm{j}}{\eta}\sin\beta d\\0&\cos\beta d&-\dfrac{\mathrm{j}}{\eta}\sin\beta d&0\\0&-\mathrm{j}\eta\sin\beta d&\cos\beta d&0\\\mathrm{j}\eta\sin\beta d&0&0&\cos\beta d\end{pmatrix}$$

$$\Phi_{D1}^{-1}=\frac{1}{2}\begin{pmatrix}1&0&0&-1/\eta\\1&0&0&1/\eta\\0&1&1/\eta&0\\0&1&-1/\eta&0\end{pmatrix},\quad \Phi_{D2}^{-1}=\begin{pmatrix}\mathrm{e}^{-\mathrm{j}\beta d}&0&0&-\frac{1}{\eta}\mathrm{e}^{-\mathrm{j}\beta d}\\\mathrm{e}^{\mathrm{j}\beta d}&0&0&\frac{1}{\eta}\mathrm{e}^{\mathrm{j}\beta d}\\0&\mathrm{e}^{-\mathrm{j}\beta d}&\frac{1}{\eta}\mathrm{e}^{-\mathrm{j}\beta d}&0\\0&\mathrm{e}^{\mathrm{j}\beta d}&-\frac{1}{\eta}\mathrm{e}^{\mathrm{j}\beta d}&0\end{pmatrix}$$

10.2.2 磁光介质层

与非磁性介质层的转移矩阵推导类似，令$\alpha=\frac{|\kappa|}{\kappa},\eta_p=\frac{k_p}{\mu_0\omega},\eta_n=\frac{k_n}{\mu_0\omega}$，由式(10.7)可将磁光介质层中导波光的横向场量重写为

$$\Gamma(x)=\begin{pmatrix}E_y(x)\\E_z(x)\\H_y(x)\\H_z(x)\end{pmatrix}=\Phi_M\begin{pmatrix}A\mathrm{e}^{\mathrm{j}(\omega t+k_px)}\\B\mathrm{e}^{\mathrm{j}(\omega t-k_px)}\\C\mathrm{e}^{\mathrm{j}(\omega t+k_nx)}\\D\mathrm{e}^{\mathrm{j}(\omega t-k_nx)}\end{pmatrix} \tag{10.12}$$

式中，$\Phi_M=\begin{pmatrix}1&1&1&1\\-\mathrm{j}\alpha&-\mathrm{j}\alpha&\mathrm{j}\alpha&\mathrm{j}\alpha\\-\mathrm{j}\alpha\eta_p&\mathrm{j}\alpha\eta_p&\mathrm{j}\alpha\eta_n&-\mathrm{j}\alpha\eta_n\\-\eta_p&\eta_p&-\eta_n&\eta_n\end{pmatrix}$。

在界面 1（$x=x_0$）上，有

$$\Gamma_1=\Phi_{M1}\Gamma_0 \text{ 或 } \Gamma_0=\Phi_{M1}^{-1}\Gamma_1 \tag{10.13}$$

式中，$\Phi_{M1}=\Phi_M$，$\Gamma_0=\begin{pmatrix}A\mathrm{e}^{\mathrm{j}(\omega t+k_px_0)}\\B\mathrm{e}^{\mathrm{j}(\omega t-k_px_0)}\\C\mathrm{e}^{\mathrm{j}(\omega t+k_nx_0)}\\D\mathrm{e}^{\mathrm{j}(\omega t-k_nx_0)}\end{pmatrix}$。在界面 2（$x=x_0+d$）上，有

$$\Gamma_2=\Phi_{M1}\begin{pmatrix}\mathrm{e}^{\mathrm{j}k_pd}A\mathrm{e}^{\mathrm{j}(\omega t+k_px_0)}\\\mathrm{e}^{-\mathrm{j}k_pd}B\mathrm{e}^{\mathrm{j}(\omega t-k_px_0)}\\\mathrm{e}^{\mathrm{j}k_nd}C\mathrm{e}^{\mathrm{j}(\omega t+k_nx_0)}\\\mathrm{e}^{-\mathrm{j}k_nd}D\mathrm{e}^{\mathrm{j}(\omega t-k_nx_0)}\end{pmatrix}=\Phi_{M2}\Gamma_0=\Phi_{M2}\Phi_{M1}^{-1}\Gamma_1 \tag{10.14}$$

式中，$\Phi_{M2}=\begin{pmatrix}\mathrm{e}^{\mathrm{j}k_pd}&\mathrm{e}^{-\mathrm{j}k_pd}&\mathrm{e}^{\mathrm{j}k_nd}&\mathrm{e}^{-\mathrm{j}k_nd}\\-\mathrm{j}\alpha\mathrm{e}^{\mathrm{j}k_pd}&-\mathrm{j}\alpha\mathrm{e}^{-\mathrm{j}k_pd}&\mathrm{j}\alpha\mathrm{e}^{\mathrm{j}k_nd}&\mathrm{j}\alpha\mathrm{e}^{-\mathrm{j}k_nd}\\-\mathrm{j}\alpha\eta_p\mathrm{e}^{\mathrm{j}k_pd}&\mathrm{j}\alpha\eta_p\mathrm{e}^{-\mathrm{j}k_pd}&\mathrm{j}\alpha\eta_n\mathrm{e}^{\mathrm{j}k_nd}&-\mathrm{j}\alpha\eta_n\mathrm{e}^{-\mathrm{j}k_nd}\\-\eta_p\mathrm{e}^{\mathrm{j}k_pd}&\eta_p\mathrm{e}^{-\mathrm{j}k_pd}&-\eta_n\mathrm{e}^{\mathrm{j}k_nd}&\eta_n\mathrm{e}^{-\mathrm{j}k_nd}\end{pmatrix}$。由式(10.13)和式(10.14)

可以得到如下关系：

$$\Gamma_2 = \Phi_{21}^M \Gamma_1, \qquad \Gamma_1 = \Phi_{12}^M \Gamma_2 \tag{10.15}$$

式中

$$\Phi_{21}^M = \Phi_{M2}\Phi_{M1}^{-1}, \qquad \Phi_{12}^M = \Phi_{M1}\Phi_{M2}^{-1}$$

$$\Phi_{M1}^{-1} = \frac{1}{4\alpha\eta_p\eta_n}\begin{pmatrix} \alpha\eta_p\eta_n & \mathrm{j}\eta_p\eta_n & \mathrm{j}\eta_n & -\alpha\eta_n \\ \alpha\eta_p\eta_n & \mathrm{j}\eta_p\eta_n & -\mathrm{j}\eta_n & \alpha\eta_n \\ \alpha\eta_p\eta_n & -\mathrm{j}\eta_p\eta_n & -\mathrm{j}\eta_p & -\alpha\eta_p \\ \alpha\eta_p\eta_n & -\mathrm{j}\eta_p\eta_n & \mathrm{j}\eta_p & \alpha\eta_p \end{pmatrix}$$

$$\Phi_{21}^M = \begin{pmatrix} \frac{1}{2}(\cos\delta_p+\cos\delta_n) & \frac{\mathrm{j}}{2\alpha}(\cos\delta_p-\cos\delta_n) & -\frac{1}{2\alpha}\left(\frac{\sin\delta_p}{\eta_p}-\frac{\sin\delta_n}{\eta_n}\right) & -\frac{\mathrm{j}}{2}\left(\frac{\sin\delta_p}{\eta_p}+\frac{\sin\delta_n}{\eta_n}\right) \\ -\frac{\mathrm{j}\alpha}{2}(\cos\delta_p-\cos\delta_n) & \frac{1}{2}(\cos\delta_p+\cos\delta_n) & \frac{\mathrm{j}}{2}\left(\frac{\sin\delta_p}{\eta_p}+\frac{\sin\delta_n}{\eta_n}\right) & -\frac{\alpha}{2}\left(\frac{\sin\delta_p}{\eta_p}-\frac{\sin\delta_n}{\eta_n}\right) \\ \frac{\alpha}{2}(\eta_p\sin\delta_p-\eta_n\sin\delta_n) & \frac{\mathrm{j}}{2}(\eta_p\sin\delta_p+\eta_n\sin\delta_n) & \frac{1}{2}(\cos\delta_p+\cos\delta_n) & \frac{\mathrm{j}\alpha}{2}(\cos\delta_p-\cos\delta_n) \\ -\frac{\mathrm{j}}{2}(\eta_p\sin\delta_p+\eta_n\sin\delta_n) & \frac{1}{2\alpha}(\eta_p\sin\delta_p-\eta_n\sin\delta_n) & -\frac{\mathrm{j}}{2\alpha}(\cos\delta_p-\cos\delta_n) & \frac{1}{2}(\cos\delta_p+\cos\delta_n) \end{pmatrix}$$

其中，$\delta_p = k_p d$，$\delta_n = k_n d$。

10.2.3　转移矩阵的归一化表示

通过适当变换电磁场量的表示，可进一步简化横向场量之间的转移矩阵，使矩阵的元素均可用无量纲的常数表示，这样转移矩阵就可用唯一的形式表示了。因此，要求导波光电磁场量的所有横向分量归一化为相同的量纲，称为归一化光场矢量。例如，将电磁场量归一化为与电场强度 E 或 D 具有相同的量纲，它们分别对应于式(10.16a)和式(10.16b)：

$$\tau(x) = \begin{pmatrix} E_y \\ E_z \\ \bar{H}_y = \dfrac{H_y}{\eta_0} \\ \bar{H}_z = \dfrac{H_z}{\eta_0} \end{pmatrix} \tag{10.16a}$$

或

$$\tau(x) = \begin{pmatrix} e_y = \varepsilon_0 E_y \\ e_z = \varepsilon_0 E_z \\ h_y = \dfrac{\varepsilon_0 H_y}{\eta_0} = \dfrac{H_y}{c} \\ h_z = \dfrac{\varepsilon_0 H_z}{\eta_0} = \dfrac{H_z}{c} \end{pmatrix} \tag{10.16b}$$

式中，$\eta_0=\dfrac{k_0}{\mu_0\omega}$。除非特殊说明，本书均采用式(10.16b)的归一化光场矢量表示，此时界面 2 上的光场矢量 τ_2 可用界面 1 上的光场矢量 τ_1 表示为

$$\tau_2=\Phi_{21}^{D,M}\tau_1 \tag{10.17}$$

式中，上标 D 和 M 分别表示各向同性的非磁性电介质和磁光介质，转移矩阵可唯一地表示为

$$\Phi_{21}^{D}=\Phi_{D2}\Phi_{D1}^{-1}=\begin{pmatrix}\cos\beta d & 0 & 0 & -\dfrac{\mathrm{j}}{n}\sin\beta d\\ 0 & \cos\beta d & \dfrac{\mathrm{j}}{n}\sin\beta d & 0\\ 0 & \mathrm{j}n\sin\beta d & \cos\beta d & 0\\ -\mathrm{j}n\sin\beta d & 0 & 0 & \cos\beta d\end{pmatrix} \tag{10.18}$$

$$\Phi_{21}^{M}=\begin{Bmatrix}\dfrac{1}{2}\left(\cos\delta_p+\cos\delta_n\right) & \dfrac{\mathrm{j}}{2\alpha}\left(\cos\delta_p-\cos\delta_n\right) & -\dfrac{1}{2\alpha}\left(\dfrac{\sin\delta_p}{n_p}-\dfrac{\sin\delta_n}{n_n}\right) & -\dfrac{\mathrm{j}}{2}\left(\dfrac{\sin\delta_p}{n_p}+\dfrac{\sin\delta_n}{n_n}\right)\\ -\dfrac{\mathrm{j}\alpha}{2}\left(\cos\delta_p-\cos\delta_n\right) & \dfrac{1}{2}\left(\cos\delta_p+\cos\delta_n\right) & \dfrac{\mathrm{j}}{2}\left(\dfrac{\sin\delta_p}{n_p}+\dfrac{\sin\delta_n}{n_n}\right) & -\dfrac{\alpha}{2}\left(\dfrac{\sin\delta_p}{n_p}-\dfrac{\sin\delta_n}{n_n}\right)\\ \dfrac{\alpha}{2}\left(n_p\sin\delta_p-n_n\sin\delta_n\right) & \dfrac{\mathrm{j}}{2}\left(n_p\sin\delta_p+n_n\sin\delta_n\right) & \dfrac{1}{2}\left(\cos\delta_p+\cos\delta_n\right) & \dfrac{\mathrm{j}\alpha}{2}\left(\cos\delta_p-\cos\delta_n\right)\\ -\dfrac{\mathrm{j}}{2}\left(n_p\sin\delta_p+n_n\sin\delta_n\right) & \dfrac{1}{2\alpha}\left(n_p\sin\delta_p-n_n\sin\delta_n\right) & -\dfrac{\mathrm{j}}{2\alpha}\left(\cos\delta_p-\cos\delta_n\right) & \dfrac{1}{2}\left(\cos\delta_p+\cos\delta_n\right)\end{Bmatrix} \tag{10.19}$$

式中，$n=\sqrt{\varepsilon_r}$ 为电介质的折射率；$n_p=\sqrt{\varepsilon_{r0}}+|\kappa|/k_0$；$n_n=\sqrt{\varepsilon_{r0}}-|\kappa|/k_0$。

10.3 反射率和透射率的计算

考虑由非磁性电介质(N)和磁光介质(M)交替堆叠形成的一维磁光子晶体多层结构，如图 10.2 所示。假设 y 方向偏振的线偏振连续光波(无 z 分量)从真空中正向垂直入射到一维磁光子晶体表面(界面 1)，此时的系数可取 $B_1=1$ (振幅已归一化)，D_1=0。界面 1 上的归一化光场矢量可由非磁性电介质(真空 n=1)中的场量关系确定，由式(10.8)、式(10.9)和式(10.16b)可得

$$\tau_1=\begin{pmatrix}e_y(x)\\ e_z(x)\\ h_y(x)\\ h_z(x)\end{pmatrix}_{x=0}=\begin{pmatrix}1 & 1 & 0 & 0\\ 0 & 0 & 1 & 1\\ 0 & 0 & 1 & -1\\ -1 & 1 & 0 & 0\end{pmatrix}\begin{pmatrix}A_1\\ 1\\ C_1\\ 0\end{pmatrix}=\begin{pmatrix}1+A_1\\ C_1\\ C_1\\ 1-A_1\end{pmatrix} \tag{10.20}$$

式中，省略了时间因子 $\mathrm{e}^{\mathrm{j}\omega t}$。当导波光由一维磁光子晶体多层结构输出到真空(在界面 N 处)时，由于真空中不存在反向传播的光，因此可取 $A_N=C_N=0$，则此时的归一化光场矢量为

$$\tau_N=\begin{pmatrix}1&1&0&0\\0&0&1&1\\0&0&1&-1\\-1&1&0&0\end{pmatrix}\begin{pmatrix}0\\B_N\\0\\D_N\end{pmatrix}=\begin{pmatrix}B_N\\D_N\\-D_N\\B_N\end{pmatrix}\tag{10.21}$$

式(10.20)和式(10.21)中的待定系数 A_1 和 C_1 以及 B_N 和 D_N 可由 $\tau_N=\Phi_{N1}^{MPC}\tau_1$ 确定，其中 Φ_{N1}^{MPC} 为一维磁光子晶体的总转移矩阵，可由各介质层的转移矩阵给出，即

$$\Phi_{N1}^{\mathrm{MPC}}=\Phi_{N,N-1}^{D,M}\Phi_{N-1,N-2}^{D,M}\cdots\Phi_{32}^{D,M}\Phi_{21}^{D,M}\tag{10.22}$$

式中，单层介质的转移矩阵 $\Phi_{i,i-1}^{D,M}(i=2,3,\cdots,N)$ 可由式(10.18)或式(10.19)计算。上述 4 个待定系数可用总转移矩阵 Φ_{N1}^{MPC} 的分量元素 ϕ_{ij}（$i,j=1,2,3,4$）表示如下：

$$\begin{pmatrix}\phi_{11}-\phi_{14}&\phi_{12}+\phi_{13}&-1&0\\\phi_{21}-\phi_{24}&\phi_{22}+\phi_{23}&0&-1\\\phi_{31}-\phi_{34}&\phi_{32}+\phi_{33}&0&1\\\phi_{41}-\phi_{44}&\phi_{42}+\phi_{43}&-1&0\end{pmatrix}\begin{pmatrix}A_1\\C_1\\B_N\\D_N\end{pmatrix}=-\begin{pmatrix}\phi_{11}+\phi_{14}\\\phi_{21}+\phi_{24}\\\phi_{31}+\phi_{34}\\\phi_{41}+\phi_{44}\end{pmatrix}\tag{10.23}$$

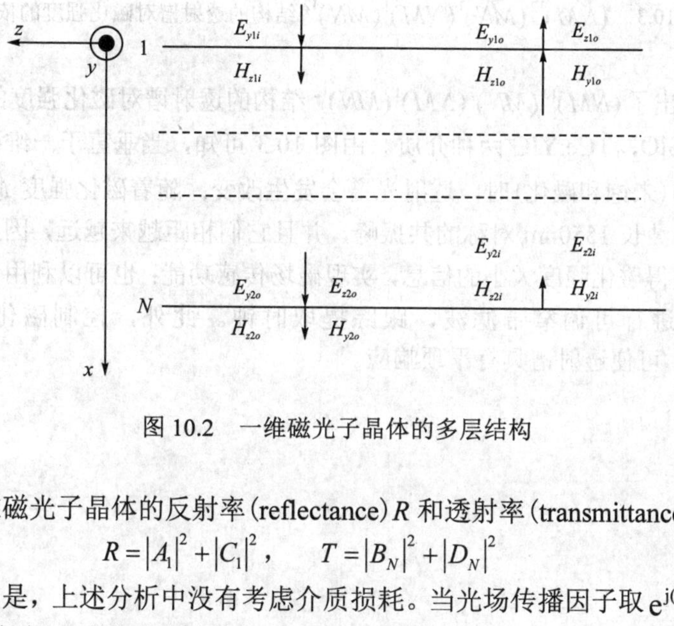

图 10.2　一维磁光子晶体的多层结构

于是，一维磁光子晶体的反射率(reflectance) R 和透射率(transmittance) T 分别为

$$R=|A_1|^2+|C_1|^2,\qquad T=|B_N|^2+|D_N|^2\tag{10.24}$$

需要指出的是，上述分析中没有考虑介质损耗。当光场传播因子取 $\mathrm{e}^{\mathrm{j}(\omega t-\beta x)}$（$\beta=nk_0$）形式时，若计及损耗，则需要将折射率因子作如下代换：$n=n'-jn''$，其中 n'' 与损耗有关；相应地，若将相对介电系数表示为 $\varepsilon_r=n^2=\varepsilon'-\mathrm{j}\varepsilon''$，则有 $\varepsilon'=n'^2-n''^2$，$\varepsilon''=2n'n''$，$n''^2=\dfrac{1}{2}\left(\sqrt{\varepsilon'^2+\varepsilon''^2}-\varepsilon'\right)$。于是，光场振幅衰减因子为 $\exp(-n''k_0x)$，光强度衰减因子(或光功率吸收因子)为 $\exp(-2n''k_0x)$，因此，光功率吸收系数(absorption coefficient) $\alpha_{\mathrm{P}}=2n''k_0$，即 $n''=\alpha_{\mathrm{p}}\lambda_0/(4\pi)$。

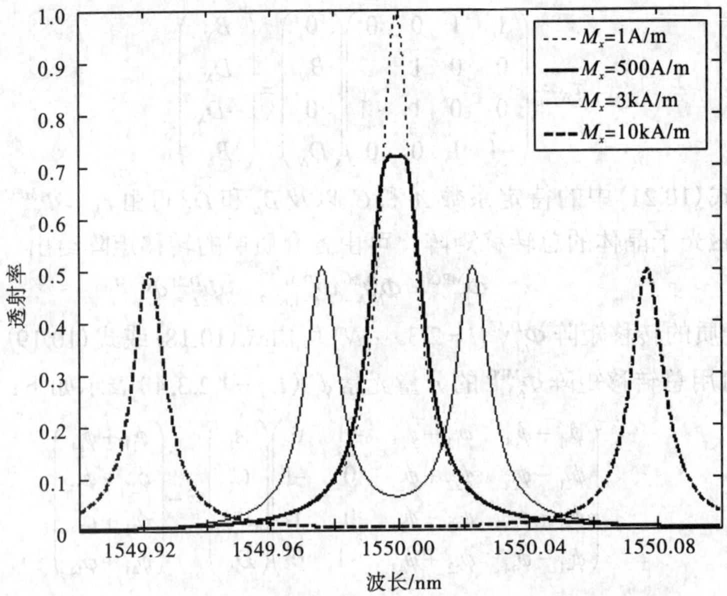

图 10.3 $(NM)^{12}(MN)^{1}(NM)^{1}(MN)^{12}$ 结构的透射谱对磁化强度的依赖

图 10.3 给出了 $(NM)^{12}(MN)^{1}(NM)^{1}(MN)^{12}$ 结构的透射谱对磁化强度的依赖，其中 N 和 M 分别代表 SiO_2 和 Ce:YIG 两种介质。由图 10.3 可知，当垂直于一维磁光子晶体薄膜平面施加外磁场(未饱和磁化)时，透射光谱会发生改变；随着磁化强度 M_x 的增大，出现了两个关于中心波长 1550nm 对称的共振峰，并且它们相距越来越远，因此可根据两峰之间的相对位置获得磁化强度大小的信息，实现磁场传感功能；也可以利用谱线的对称结构对 RZ 光信号进行可调窄带滤波，跟踪提取时钟。此外，控制磁化强度大小，如 $M_x = 500\,\mathrm{A/m}$，可使透射谱具有平顶响应。

第 11 章　光学非线性效应

光学非线性效应是指介质中电极化强度对电场强度的非线性依赖关系所导致的物理现象。通常情况下，在具有中心反演对称的 SiO_2 光纤介质中，非线性效应主要来源于三阶电极化强度。克尔(Kerr)非线性效应是指折射率改变与光场的平方成正比的现象，光双子吸收(two photon absorption，TPA)是指两个光子的能量等于介质的两个能级差时介质会同时吸收两个光子的现象，它们分别与三阶电极化率的实部与虚部相联系。

导波光脉冲在非线性介质中的传播特性可以用复包络满足的通用非线性耦合模方程描述。自相位调制(self-phase modulation，SPM)会引起的频谱展宽，在反常色散引起的频率啁啾效应作用下可使光脉冲的形状保持不变，从而实现光孤子传输。对于具有相同光强的两束光，交叉相位调制（cross phase modulation，XPM）强度是 SPM 强度的 2 倍，正交偏振光之间的 XPM 强度是相同偏振光 XPM 强度的 1/3。四波混频(four wave mixing，FWM)参量过程中，必须满足能量守恒(频率关系)，当相位匹配(动量守恒)时可以获得最大的 FWM 效率。晶体中原子的振动形成晶体中的格波(声子)，光学支声子参与的光散射是受激拉曼散射，声学支声子参与的光散射是受激布里渊散射，光纤中受激布里渊散射比受激拉曼散射的阈值功率低得多。

硅晶体作为一种半导体光波导材料，除具有光纤的非线性效应，还具有一些独特的非线性效应，如双光子吸收、自由载流子吸收和自由载流子色散等，自由载流子效应强度主要取决于自由载流子浓度大小，可由 Drude-Lorenz 经典公式给出。

11.1　光纤的非线性极化

当光纤介质受到光导波的强电场作用时，电极化强度 $\boldsymbol{P}$ 与 $\boldsymbol{E}$ 之间不再是线性关系，而是电场的非线性响应函数：

$$\begin{aligned}\boldsymbol{P} &= \varepsilon_0\chi_e^{(1)}\cdot\boldsymbol{E}+\varepsilon_0\chi_e^{(2)}:\boldsymbol{EE}+\varepsilon_0\chi_e^{(3)}\vdots\boldsymbol{EEE}+\cdots \\ &= \boldsymbol{P}^{(1)}+\boldsymbol{P}^{(2)}+\boldsymbol{P}^{(3)}+\cdots\end{aligned} \tag{11.1}$$

式中，$\chi_e^{(n)}$ 和 $\boldsymbol{P}^{(n)}$ 分别为 n 阶电极化率张量(在三维直角坐标系中有 3^{n+1} 个张量元素)和电极化强度矢量。通常情形下，各阶电极化率之间的相对大小在原子内部的库仑场量级（$E_0 \sim 10^{10}\,\text{V/m}$），即 $\chi_e^{(n)}/\chi_e^{(n+1)} \approx E_0$（$n=1,2,3\cdots$）。

一般地，对于多个光场的非线性相互作用情形，当固定不同光波电场出现次序时(按频率排序，包括正负频率)，n 阶复电极化强度 $\boldsymbol{P}(\omega,t)$ 与复电场 $\boldsymbol{E}(\omega,t)$ 之间的关系可进一步表示为

$$\boldsymbol{P}^{(n)}(\omega,t)=\varepsilon_0\boldsymbol{\chi}_e^{(n)}(\omega\,|\,\omega_{m_1},\omega_{m_2},\cdots,\omega_{m_n})\cdot\underbrace{\boldsymbol{E}(\omega_{m_1},t)\boldsymbol{E}(\omega_{m_2},t)\cdots}_{n_1}\underbrace{\boldsymbol{E}(\omega_{m_i},t)\cdots}_{n_2}\underbrace{\boldsymbol{E}(\omega_{m_n},t)}_{n_q} \tag{11.2}$$

式中，$\chi_e^{(n)}\left(\omega\middle|\omega_{m_1},\omega_{m_2},\cdots,\omega_{m_n}\right)=D\chi^{(n)}\left(\omega\middle|\omega_{m_1},\omega_{m_2},\cdots,\omega_{m_n}\right)$，$D=\dfrac{n!}{n_1!n_2!\cdots n_q!}$为光波简并因子，$n_1,n_2,\cdots,n_q$为具有相同频率的光场(视为同一光波)数目。可以证明，在光场作用下，具有中心反演对称的介质中不产生偶数阶的非线性极化。因此，在某些分子结构不对称的介质中，二阶电极化率$\boldsymbol{\chi}_e^{(2)}$才不为零，产生二次谐波以及和(差)频等二阶非线性现象。石英光纤的主要成分是SiO_2，分子结构中心对称，所以石英光纤通常不表现出二阶非线性效应，但在光纤纤芯中掺杂有其他物质时某些特定条件下也会产生二次谐波。

可见，光纤的非线性效应主要来源于三阶电极化强度，由$\boldsymbol{\chi}_e^{(3)}$可确定光纤中各种非线性效应对应的非线性系数，在推导非线性耦合模方程时更关注各种非线性系数之间的比例关系，常以各向同性光纤中自相位调制的非线性系数作为基准。在各向同性介质中，三阶极化率张量$\boldsymbol{\chi}^{(3)}$的张量元只有$\boldsymbol{\chi}_{iiii}^{(3)}$、$\boldsymbol{\chi}_{iijj}^{(3)}$、$\boldsymbol{\chi}_{ijij}^{(3)}$、$\boldsymbol{\chi}_{ijji}^{(3)}$不恒为零，且有$\chi_{iiii}^{(3)}=\chi_{iijj}^{(3)}+\chi_{ijij}^{(3)}+\chi_{ijji}^{(3)}$。注意，当$\omega_{m_1}+\omega_{m_2}+\cdots+\omega_{m_n}\neq\omega$时，$\boldsymbol{\chi}^{(n)}(\omega\,|\,\omega_{m_1},\omega_{m_2},\cdots,\omega_{m_n})$的张量元为0。光纤的非线性效应包括三次谐波产生(third harmonic generation，THG)、SPM、XPM、四波混频(four wave mixing，FWM)、受激拉曼散射(stimulated Raman scattering，SRS)、受激布里渊散射(stimulated Brillouin scattering，SBS)、光相位共轭(optical phase conjugation，OPC)、TPA等。光纤的三阶非线性效应具有快速的时间响应(典型的小于10 fs)，在超高速、全光信息处理领域有着重要的应用前景。

11.2 克尔非线性薛定谔方程

光纤的三阶非线性效应也可视为一种微扰因素，通过改变光纤折射率而影响光纤中导波光的传输特性。克尔非线性效应是指折射率改变与光场的平方成正比的现象，此时光纤的折射率表示为

$$n=n_0+\Delta n=n_0+n_2P/A_{\mathrm{eff}} \tag{11.3}$$

式中，$\Delta n=n_2P/A_{\mathrm{eff}}$为克尔非线性微扰引起的折射率改变；$P=|\boldsymbol{E}|^2$和$A_{\mathrm{eff}}$分别为导波光功率和光场有效面积；$n_2=\dfrac{3}{2n_0}\mathrm{Re}\left[\chi_{xxxx}^{(3)}\right]$为非线性折射率系数。对于石英光纤，$n_2=2.2\times10^{-20}\sim3.9\times10^{-20}\,\mathrm{m^2/W}$。当导波光场的传播因子取$\exp\left[\mathrm{i}(\beta_0z-\omega_0t)\right]$形式时，采用变换$T=t-\beta^{(1)}(\omega_0)z$，相当于选取群速为$\upsilon_{\mathrm{g}}=\left[\beta^{(1)}(\omega_0)\right]^{-1}$的移动坐标系，根据微扰波动方程，可得到光纤中导波光脉冲复包络$A_s(z,T)$满足的非线性薛定谔方程(non-linear Schrödinger equation，NLSE)：

$$\frac{\partial A_s}{\partial z}+\frac{\mathrm{i}}{2}\beta^{(2)}(\omega_0)\frac{\partial^2A_s}{\partial T^2}-\frac{1}{6}\beta^{(3)}(\omega_0)\frac{\partial^3A_s}{\partial T^3}+\frac{\alpha_p}{2}A_s=\mathrm{i}\gamma\left(|A_s|^2+B|A_p|^2\right)A_s \tag{11.4}$$

式中，$\beta^{(2)}=-\lambda^2 D/(2\pi c)$ 为群速色散参量；$\gamma=n_2k_0/A_{\rm eff}$ 为非线性系数，$k_0=2\pi/\lambda_0$；α_p 为衰减常数，耦合参量 B 依赖于两个光场之间的偏振关系；$A_p(z,T)$ 为泵浦信号的脉冲包络。式(11.4)等号右边两项，分别对应于 SPM 和 XPM。显然，当导波光脉冲沿光纤传播时，色散和非线性是同时起作用的。

单模光纤中光脉冲的 NLSE 通常采用对称分步傅里叶数值方法进行近似求解，即在每个分段 $(z_0,z_0+\delta z)$ 中间 $z_0+\delta z/2$ 处(而不是分段的边界)引入整个分段内非线性效应对复包络演化的影响，从而可使分步傅里叶法的精度达到 δz 的第三阶。为此，将慢变包络 A_s 满足的 NLSE 改写为如下形式：

$$\frac{\partial A_s}{\partial z}=(\hat{D}+\hat{N})A_s \tag{11.5}$$

式中，$\hat{D}=-\dfrac{\mathrm{i}}{2}\beta^{(2)}(\omega_0)\dfrac{\partial^2}{\partial T^2}+\dfrac{1}{6}\beta^{(3)}(\omega_0)\dfrac{\partial^3}{\partial T^3}-\dfrac{\alpha_p}{2}$ 是与光纤色散和损耗相关的线性算子；$\hat{N}$ 为非线性算子，对于 SPM 有 $\hat{N}=\mathrm{i}\gamma|A_s|^2$。式(11.5)的解可表示成如下形式：

$$A_s(z_0+\delta z,T)\approx\exp\left(\frac{\delta z}{2}\hat{D}\right)\exp\left[\int_{z_0}^{z_0+\delta z}N(z)\mathrm{d}z\right]\exp\left(\frac{\delta z}{2}\hat{D}\right)A_s(z_0,T) \tag{11.6}$$

对称分步傅里叶方法计算复包络 A_s 的过程类似于“Ω”折线方式进行，可参见第 12 章。首先，在 $(z_0,z_0+\delta z/2)$ 内忽略非线性的影响，将与时间相关的线性算子和时域复包络傅里叶变换到频域进行计算；然后，将线性算子作用后的频域复包络逆傅里叶变换到时域，再对整个分段 $(z_0,z_0+\delta z)$ 的非线性进行时域计算；最后，非线性算子作用后的脉冲复包络从 $z_0+\delta z/2$ 开始，通过线性算子作用到剩余的 $\delta z/2$ 距离，接下来进行下一个分段的计算。计算中，选择 z 和 T 的步长要合适，这一点相当重要。

11.3　光纤的非线性效应

下面介绍几种与光纤非线性有关的物理现象，包括 SPM、XPM、FWM、SRS、SBS 等。SPM、XPM 和 FWM 是由非线性折射率引起的弹性非线性过程，光波和极化介质之间没有能量交换。而 SRS 和 SBS 是受激非弹性散射的非线性效应，在此过程中光场与非线性介质之间会发生部分能量转移。FWM 参量过程和受激散射过程的主要差别在于：在 SRS 和 SBS 过程中，由于非线性介质的有效参与，相位匹配条件自动满足；在 FWM 参量过程中，则必须适当选择频率和折射率来满足相位匹配条件，以使参量过程有效地发生，此时 FWM 比拉曼散射过程有更低的阈值泵浦功率。

11.3.1　自相位调制

自相位调制(SPM)是指导波光脉冲传输过程中由于自身光强的变化引起相位改变，从而导致光脉冲频谱扩展的现象。

将光脉冲包络表示为 $A(z,\tau)=\sqrt{P_0}\exp(-\alpha_p z/2)U(z,\tau)$ 形式，其中 $\tau=T/T_0$。由式(11.4)可知：

$$\mathrm{i}\frac{\partial U}{\partial z}=\frac{\operatorname{sgn}\left[\beta^{(2)}\right]}{2L_D}\frac{\partial^2 U}{\partial \tau^2}-\frac{\exp(-\alpha_p z)}{L_{\mathrm{NL}}}|U|^2 U \tag{11.7}$$

式中，$L_D=T_0^2/\left|\beta^{(2)}\right|, L_{\mathrm{NL}}=(\gamma P_0)^{-1}$，分别表征了光纤传输系统开始受限于光纤色散和非线性效应的距离。

脉冲的频率啁啾是指脉冲的不同部位具有不同频率的现象，即频率偏移沿脉冲形成一种分布，出现瞬时相移。对于高斯脉冲输入情形，$U(z=0,T)=\exp\left[-T^2/(2T_0^2)\right]$，不考虑光纤色散$\left[\beta^{(2)}=0\right]$时，自相位调制引起的相移为

$$\phi_{\mathrm{SPM}}(z=L,T)=|U(z=0,T)|^2 L_{\mathrm{eff}}/L_{\mathrm{NL}} \tag{11.8}$$

对应的频率啁啾为

$$\Delta\omega(T)=-\frac{\partial \phi_{\mathrm{SPM}}}{\partial T}=\frac{2L_{\mathrm{eff}}}{L_{\mathrm{NL}}}\frac{T}{T_0^2}\exp\left[-\left(\frac{T}{T_0}\right)^2\right] \tag{11.9}$$

式中，$L_{\mathrm{eff}}=[1-\exp(-\alpha_p L)]/\alpha_p$ 为等效光纤长度。由式(11.9)可以看出，SPM 引起的频率偏移将随着传输距离的增加而不断增大，不断产生新的频率成分(频谱展宽)，并使脉冲的后沿比前沿具有更高的频率。

当不考虑光纤非线性效应($\gamma=0$)时，光纤色散引起的频率啁啾为

$$\Delta\omega(T)=-\frac{\partial \phi_D}{\partial T}=\operatorname{sgn}\left[\beta^{(2)}\right]\frac{T}{T_0^2}\frac{2z/L_D}{1+(z/L_D)^2} \tag{11.10}$$

由式(11.10)可知，脉冲从前沿到后沿的频率变化是线性的，称为线性啁啾，啁啾的正负与 $\beta^{(2)}(\omega)=-\frac{1}{\upsilon_{\mathrm{g}}^2}\frac{\mathrm{d}\upsilon_{\mathrm{g}}}{\mathrm{d}\omega}$ 的符号一致。当 $\beta^{(2)}>0$ (正常色散)时，从脉冲前沿到后沿的频率逐渐增加(正啁啾)；另外，正常色散时频率越大群速越小，从而导致脉冲展宽。当 $\beta^{(2)}<0$ (反常色散)时，从脉冲前沿到后沿的频率逐渐减小(负啁啾)，反常色散时频率越小群速越小，也会导致脉冲展宽。也就是说，色散总会导致脉冲展宽。与 SPM 引起的频率啁啾不同，色散引起的啁啾效应不产生新的频率，只引起脉冲所包含的各种频率成分重新分布。

由式(11.9)和式(11.10)可知，反常色散引起的频率啁啾效应可抵消 SPM 引起的频谱展宽，使光脉冲的形状保持不变，从而实现光孤子传输，极大地延长通信距离。

11.3.2 交叉相位调制

XPM 是指一个导波光场的相位受到其他光场的光强调制而发生改变的现象。XPM 导致导波光脉冲的频谱出现不对称展宽。对于多信道复用系统，SPM 和 XPM 的共同作用下，各信道的光场相位会发生改变，严重影响相干通信系统的性能，对幅度调制和非相干解调(如直接检测系统)系统性能的影响不严重。

为简单起见，考虑各向同性介质中两个光波(频率为 ω_1 和 ω_2)的非线性传输情形。当两个光波的偏振相同时，光导波 ω_1 在频域感受到的三阶极化强度为

$$\tilde{\boldsymbol{P}}^{(3)}(\omega_1)=\varepsilon_0 3\chi_{xxxx}^{(3)}\left[\left|\tilde{\boldsymbol{E}}(\omega_1)\right|^2+2\left|\tilde{\boldsymbol{E}}(\omega_2)\right|^2\right]\tilde{\boldsymbol{E}}(\omega_1) \tag{11.11}$$

式中，第一项对应于 SPM，第二项对应于 XPM，后者的简并度是前者的 2 倍；当两个光波的偏振相互正交时，其 XPM 强度是相同偏振情形的 1/3，即

$$\tilde{\boldsymbol{P}}^{(3)}(\omega_1)=\varepsilon_0 3\chi_{xxxx}^{(3)}\left[\left|\tilde{\boldsymbol{E}}(\omega_1)\right|^2+\frac{2}{3}\left|\tilde{\boldsymbol{E}}(\omega_2)\right|^2\right]\tilde{\boldsymbol{E}}(\omega_1) \tag{11.12}$$

对于偏振方向相同的多个线偏光情形，当考虑到三阶色散效应时，正向传播的导波光慢变包络 $A_l(z,T)$ 满足如下时域非线性耦合方程：

$$\begin{aligned}&\frac{\partial A_l(z,T)}{\partial z}+\frac{\mathrm{i}}{2}\beta_l^{(2)}(\omega_0)\frac{\partial^2 A_l(z,T)}{\partial T^2}-\frac{1}{6}\beta_l^{(3)}(\omega_0)\frac{\partial^3 A_l(z,T)}{\partial T^3}+\frac{\alpha_{pl}}{2}A_l(z,T)\\&=\mathrm{i}\gamma_l\left[\left|A_l(z,T)\right|^2+2\sum_{k\neq l}\left|A_k(z,T)\right|^2\right]A_l(z,T)\end{aligned} \tag{11.13}$$

式中，等号右边中括号里的第二项对应于 XPM。

11.3.3　四波混频参量过程

参量过程起源于光场作用下介质的束缚电子的非线性响应，相互作用后介质的原子状态保持不变，但在此过程中介质参量(如折射率)会发生改变。非线性介质本身的本征频率不与光场频率发生耦合，只是促进光场之间的相互作用，起到类似于催化剂的作用。FWM 起因于介质的三阶非线性极化，是介质中四个光子相互作用(能量守恒)所引起的非线性光学效应。

在石英光纤中，三阶参量过程会涉及四个光波的相互作用，包括三次谐波的产生、FWM 和参量放大等现象。光学参量过程一般必须采取一定的相位匹配方式来实现。单泵浦光纤参量放大器具有单一的自由度，可通过改变泵浦波长相对于零色散波长(λ_{ZD})的位置来影响光纤参量放大器的工作带宽。单泵浦参量过程对应于简并的 FWM 过程，即湮灭两个泵浦光子以产生斯托克斯和反斯托克斯光子。当泵浦处于正常色散区(normal pump)时，产生的参量增益不大；当泵浦处于反常色散区(anomalous pump)时，会产生弱的调制不稳性(modulational instability，MI)旁瓣。

FWM 参量过程中，一个或多个光子消失，同时产生出不同频率的新光子。根据 FWM 理论，要发生显著的四波混频现象，必须满足能量守恒(频率关系)和动量守恒(相位匹配)。图 11.1 给出了非简并 FWM 过程(两个光子湮灭情形)，两个泵浦光($\nu_1\neq\nu_2$)的能量转移到信号光上，同时产生一个新频率的光(称为闲频光)，它们的频率满足关系 $\nu_1+\nu_2=\nu_3+\nu_4$，闲频光的功率与三个入射波的功率成正比；此外，光场之间必须满足一定的相位匹配条件，即 $\Delta\beta=\beta_3+\beta_4-\beta_2-\beta_1\approx 0$。

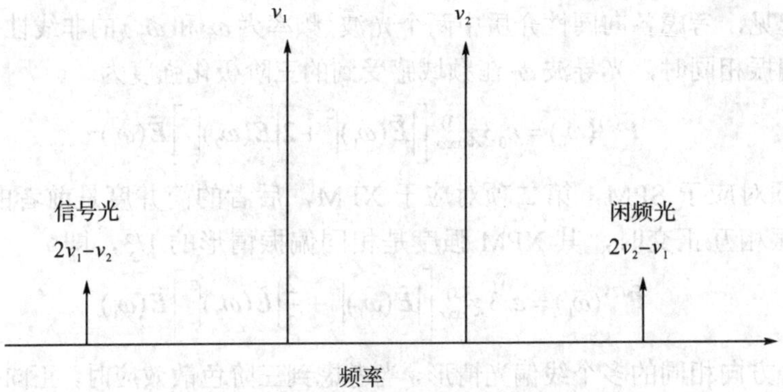

图 11.1 FWM 参量放大原理

在四个光波(用下标 m、n、k、l 表示)之间的参量过程中，若将 SPM 和 XPM 视为 FWM 的特殊情形，则光波 l 的复包络满足的耦合模方程为

$$\frac{\partial A_l}{\partial z}+\beta_l^{(1)}\frac{\partial A_l}{\partial t}+\beta_l^{(2)}\frac{\mathrm{i}}{2}\frac{\partial^2 A_l}{\partial t^2}+\frac{\alpha_p}{2}A_l$$

$$=\mathrm{i}\gamma\sum_{m,n,k,l}\frac{D_{mn}}{D_p}A_m A_n A_k^*\exp\left[\mathrm{i}(\Delta\beta_{mnkl}z-\Delta\omega_{mnkl}t)\right] \tag{11.14}$$

式中，能量守恒要求 $\Delta\omega_{mnkl}=\omega_m+\omega_n-\omega_k-\omega_l=0$，$\Delta\beta_{mnkl}=\beta_m+\beta_n-\beta_k-\beta_l$ 为相位失配因子；D_{mn} 为光波简并因子，当 $m=n$ 时 $D_{mn}=1$，否则 $D_{mn}=2$；D_p 为偏振相关因子，相同偏振作用时 $D_p=1$，正交偏振时 $D_p=3$。

在忽略泵浦消耗的情形下，频率分别为 ω_i、ω_j、ω_k、的三个同偏振态的线偏光，同时注入到各向同性高非线性光纤中，会产生频率为 $\omega_{ijk}=\omega_i+\omega_j-\omega_k$ 的 FWM 产物，其光功率为

$$P_{ijk}(L)=\left(\gamma L_{\text{eff}}d/3\right)^2 P_i P_j P_k \mathrm{e}^{-\alpha_p L}\eta_{\text{FWM}} \tag{11.15}$$

式中，$P_{i,j,k}$ 为输入的导波光功率；a_p 和 γ 分别为光纤的损耗系数和非线性系数；L 为光纤长度，$L_{\text{eff}}=[1-\exp(-\alpha_p L)]/\alpha_p$ 为有效光纤长度；简并因子 $d=1,3,6$ 分别对应于完全简并 FWM（$\omega_i=\omega_j=\omega_k$，$P_3^0=1$），部分简并 FWM（$\omega_i=\omega_j\neq\omega_k$，$P_3^1=3$），非简并 FWM（$\omega_i\neq\omega_j\neq\omega_k$，$P_3^2=6$）；$\eta_{\text{FWM}}$ 为 FWM 效率，它取决于相位失配 $\Delta\beta$ 的大小，即 $\eta_{\text{FWM}}=\dfrac{P_{ijk}(L,\Delta\beta)}{P_{ijk}(L,\Delta\beta=0)}=\dfrac{\alpha_p^2}{\alpha_p^2+(\Delta\beta)^2}\left[1+\dfrac{4\mathrm{e}^{-\alpha_p L}\sin^2(\Delta\beta L/2)}{(1-\mathrm{e}^{-\alpha_p L})^2}\right]$。图 11.2 给出了非线性光纤 FWM 效率 η_{FWM} 随相位失配 $\Delta\beta$ 的变化关系，其中损耗系数 $\alpha_p=1.5\ \text{dB/km}$。满足 $|\Delta\beta|L=\pi$ 时的光纤长度 $L_c=\pi/|\Delta\beta|$ 称为相干长度，由图 11.2 可以看出，只有在光纤长度 $L<L_c$ 时才会发生显著的 FWM。

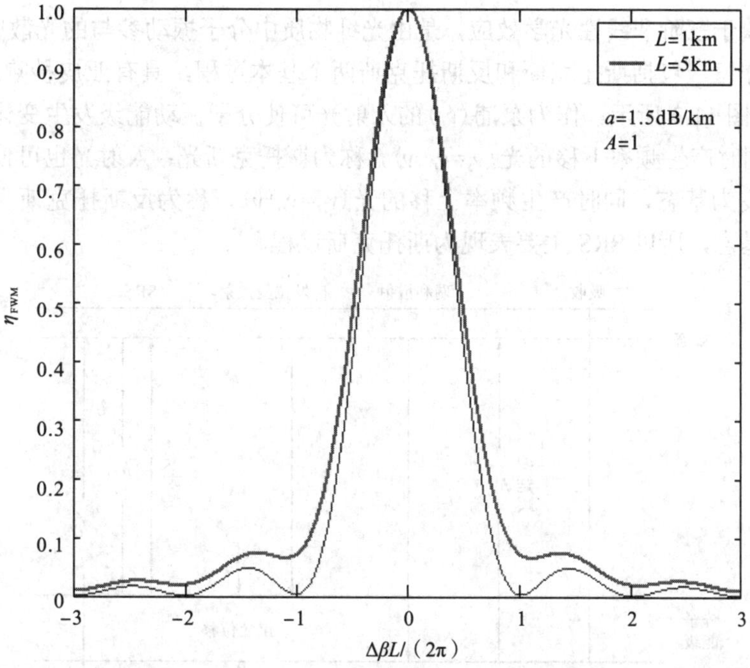

图 11.2　FWM 效率 η_{FWM} 对相位失配 $\Delta\beta$ 的依赖曲线

在 DWDM 光传输系统中，N 个光波长之间的一级 FWM 作用可产生 $M = N^2(N-1)/2$ 个混频产物(频率成分)，其中非简并 FWM 产生的频率成分有 $M_1 = N(N-1)(N-2)/2$ 个，简并的频率成分有 $M_2 = N(N-1)$ 个。由波长与频率之间的关系 $\lambda f = c$ 可知，当波长间隔相等时，频率间隔并不相等，混频产物的频率间隔也不相等。但是，当输入信道频率等间隔时，其混频产物的频率间隔也相等，且会落于原有信道上(中间信道最多)，形成 FWM 干扰。特别是当信道间隔很小时，可能有相当大的信道功率通过 FWM 移到其他信道的光场上，引起信道间的串扰。若输入信道功率均相同($P_i = P_j = P_k = P_{in}$)，由式(11.15)可计算 FWM 串扰(忽略泵浦消耗)

$$I_{FWM} = \frac{P_{ijk}}{P_{out}} = \left(\frac{d}{3}\gamma L_{eff}\right)^2 P_{in}^2 \eta_{FWM} \tag{11.16}$$

式中，$P_{out} = P_{in} e^{-\alpha_p L}$ 为输出信号光功率。式(11.16)表示混频分量落在信号信道时所产生的信道串扰，它正比于有效光纤长度 L_{eff}、输入信号功率 P_{in} 的平方，以及 FWM 效率 η_{FWM}。因此，通过优化信道间隔或者控制光纤色散特性可降低 FWM 串扰。在色散光纤中，通常只需要考虑相邻信道之间的 FWM 影响。

11.3.4　受激拉曼散射

晶体中原子的振动形成晶体中的格波，格波的能量是量子化的，称为一个声子，频率为 v 的格波声子的能量为 hv。格波解分为两支：光学支声子和声学支声子。光学支声子参与的光散射是 SRS，声学支声子参与的光散射是 SBS。

SRS 也属于三阶非线性光学效应，是由光纤物质中分子振动参与的光散射现象。SRS 过程中能量守恒，包括斯托克斯和反斯托克斯两个基本过程，具有亚皮秒响应速度(非共振过程)，如图 11.3 所示。作为泵浦(ν_p)的入射光可使分子振动能级发生变化，由基态变为激发态，同时产生频率下移的光($\nu_s=\nu_p-\nu$)，称为斯托克斯光；入射光也可使分子振动能级由激发态变为基态，同时产生频率上移的光($\nu_a=\nu_p+\nu$)，称为反斯托克斯光。由于分子大多分布在基态，所以 SRS 主要表现为斯托克斯过程。

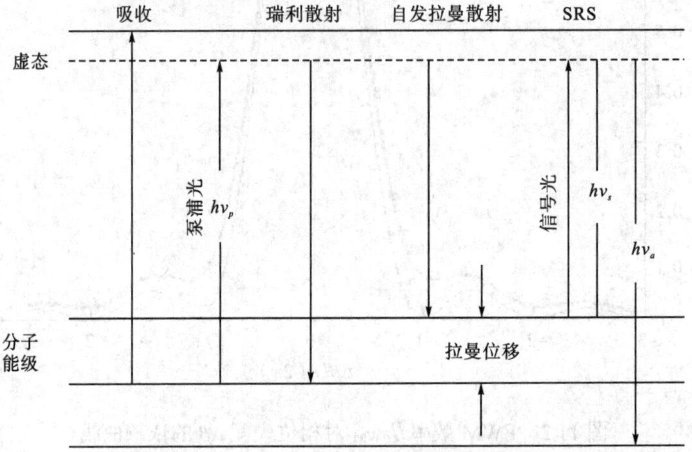

图 11.3 SRS 的斯托克斯和反斯托克斯过程

光纤拉曼放大器(FRA)是 SRS 非线性效应的重要应用。如果一个弱信号光与强泵浦波在光纤中发生斯托克斯受激拉曼散射作用，当泵浦光和信号光之间的频率差 $\nu=\nu_p-\nu_s$ 位于泵浦波的拉曼增益谱带宽 $\Delta\nu_{\mathrm{R}}$ (约为 10THz)范围时，信号光就可以在光纤中得到放大。石英光纤中拉曼增益谱很宽，在拉曼频移 $\nu_{\mathrm{R}}=13\mathrm{THz}$ 附近有一较宽的主蜂。典型的拉曼增益系数 g_{R} 曲线如图 11.4 所示，它可近似表示为 $g_{\mathrm{R}}(\nu)=g_{\mathrm{Rpeak}}\nu/\nu_{\mathrm{R}}$，式中 $g_{\mathrm{Rpeak}}\approx 7\times10^{-14}\ \mathrm{m/W}$ 。

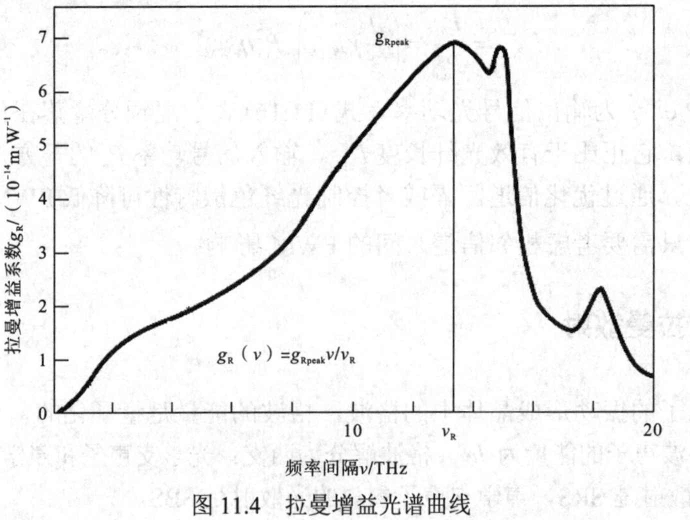

图 11.4 拉曼增益光谱曲线

对于分布式 FRA，信号在传输过程中光纤的衰减和拉曼放大是同时进行的，净增益不能充分表示出 FRA 的放大能力，因此引入开关增益。拉曼开关增益是指 FRA 的泵浦源打开时输出的信号功率与关闭泵浦源时对应的输出信号光功率的比值，即

$$G_{\text{on-off}} = \exp\left[g_R P_0 L_{\text{eff}} / (K_s A_{\text{eff}})\right] = \exp\left[P_0 / P_{\text{eR}}\right] \tag{11.17}$$

式中，P_0 为放大器输入端的泵浦功率；$P_{\text{eR}} = K_s A_{\text{eff}} / (g_R L_{\text{eff}})$ 为开关增益 $G_{\text{on-off}} \approx 2.7$ 时的输入泵浦功率；K_s 为斯托克斯波与泵浦波之间的相对偏振因子(同偏振时 $K_s = 1$，完全随机偏振时 $K_s = 2$)；A_{eff} 为有效纤芯面积。

拉曼阈值定义为光纤输出端的斯托克斯光功率与泵浦光功率相等时的入射泵浦光功率。当拉曼增益谱为洛伦茨分布，并假设信号与泵浦的损耗系数近似相等且泵浦消耗可以忽略时，同向泵浦和反向泵浦的拉曼阈值分别为 $P_{\text{th}}^{(f)} = 16P_{\text{eR}}$ 和 $P_{\text{th}}^{(b)} = 20P_{\text{eR}}$。对于较长的光纤，当损耗系数 $\alpha_p = 0.2\text{dB/km}$ 时，$L_{\text{eff}} = \alpha_p^{-1} \approx 20\text{km}$；若取 $K_s = 1$ 和 $A_{\text{eff}} = 50\mu\text{m}^2$，则 $P_{\text{th}}^{(f)} \approx 600\text{mW}$。对于使用窄谱线光源的外调制光纤传感系统，光源功率典型值为 5~10mW 量级，对直接调制激光器可能会达到 20~30mW。对于单信道系统，光纤中 SRS 阈值功率远大于目前通信系统光源的发射功率，一般不会对系统产生严重影响。但在波分复用系统中，需要限制系统的传输功率，否则 SRS 效应会使短波长的信道充当泵浦源而将能量转移给长波长的信道，从而引起信道间的串扰。

11.3.5　受激布里渊散射

SBS 与 SRS 在物理过程上十分相似，但在物理本质上稍有差别。SRS 的频移量在光频范围，属光学支；而 SBS 的频移量在声频范围，属声学支。光纤中的 SRS 发生在前向，即斯托克斯波和泵浦光波传播方向相同；而 SBS 发生在后向，其斯托克斯波和泵浦光波传播方向相反。与 SRS 类似，SBS 可用来构成布里渊放大器和激光器等光纤元件。

光纤材料的布里渊增益系数定义为单位泵浦光强在单位长度光纤内产生的斯托克斯光强的放大系数，可以表示为

$$g_{\text{B}}(\nu) = \frac{g_{\text{Bpeak}}}{1 + \left[2(\nu - \nu_{\text{B}}) / \Delta\nu_{\text{B}}\right]^2} \tag{11.18}$$

式中，g_{Bpeak} 为峰值布里渊增益系数；$\nu = \nu_p - \nu_s$ 为泵浦光与信号光之间的频率差；ν_{B} 为布里渊频移；$\Delta\nu_{\text{B}}$ 为 SBS 带宽。对于石英光纤，$g_{\text{Bpeak}} = (3 \sim 5) \times 10^{-11}\,\text{m/W}$，比拉曼增益系数几乎大三个数量级；$\nu_{\text{B}} \approx 11.25\text{GHz}$，$\Delta\nu_{\text{B}}$ 约为十几 MHz。

与拉曼阈值的定义类似，SBS 阈值功率定义为光纤输入端的后向散射斯托克斯光功率与光纤输出端的泵浦光功率相等时的入射泵浦光功率。不同类型的光纤，甚至同种类型的不同光纤之间的 SBS 阈值功率都不同。假设布里渊增益谱为洛伦兹形，在连续波和窄线宽泵浦光情况下，SBS 阈值功率为 $P_{\text{th}} = 21(1 + \Delta\nu_{\text{P}} / \Delta\nu_{\text{B}}) P_{\text{eB}}$，式中 $P_{\text{eB}} = K_s A_{\text{eff}} / (g_{\text{B}} L_{\text{eff}})$，$\Delta\nu_{\text{P}}$ 为泵浦光源的线宽。在连续波的情况下，SBS 很容易产生，常规单模光纤阈值功率约为 4mW，比 SRS 的阈值功率低得多。当脉冲宽度小于 10 ns

的工作状态下，SBS 将会减弱或被抑制。当信号光功率超过 SBS 阈值门限时，输入信号光很大一部分会转化为后向散射的斯托克斯波，极大地限制了光纤中前向传输的信号光功率，而且后向散射光还会造成激光器工作不稳定。

11.4 多种效应作用下的耦合模方程

11.4.1 通用形式的耦合模方程

前面得到了不同微扰情形的波动方程，这些微扰因素的叠加作用共同决定了导波光的演化过程，具体可用耦合模方程描述。

在无微扰的各向同性色散介质中，光脉冲的频域包络方程为

$$s\frac{\partial \tilde{A}_l(z,\omega-\omega_0)}{\partial z}=\mathrm{i}\left[\beta_l(\omega)-\beta_{0l}\right]\tilde{A}_l(z,\omega-\omega_0) \tag{11.19a}$$

转换到时域可表示为

$$s\frac{\partial A_l(z,t)}{\partial z}+\sum_{n=1}^{\infty}\beta_l^{(n)}(\omega_0)\frac{\mathrm{i}^{n-1}}{n!}\frac{\partial^n A_l(z,t)}{\partial t^n}-\mathrm{i}\delta_l A_l(z,t)=0 \tag{11.19b}$$

式中，$s=\pm1$ 表示导波光沿 $+z$ 和 $-z$ 传播；l 为模式(或光频)指数，$\delta_l=\beta_l(\omega_0)-\beta_{0l}$。若参考点 (ω_0,β_0) 选取在色散曲线 $\beta_l(\omega_0)$ 上，有 $\delta_l=0$。

在微扰情形下，为了区别不同的线偏振光(用 $p=x,y$ 表示光的偏振方向)，将光场表示为 $E_{pl}^{(s)}(z,t)\sim A_{pl}^{(s)}(z,t)\mathrm{e}^{\mathrm{i}(s\beta_{0pl}z-\omega_0 t)}$，其中复包络 $A_{pl}^{(s)}(z,t)$ 满足如下耦合模方程：

$$\begin{aligned}&s\frac{\partial A_{pl}^{(s)}(z,t)}{\partial z}+\sum_{n=1}^{\infty}\beta_l^{(n)}(\omega_0)\frac{\mathrm{i}^{n-1}}{n!}\frac{\partial^n A_{pl}^{(s)}(z,t)}{\partial t^n}-\mathrm{i}\delta_l A_{pl}^{(s)}(z,t)\\&=T_\alpha+T_\mathrm{g}+T_\mathrm{MO}+T_\mathrm{PM}+T_\mathrm{FWM}+T_\mathrm{SBS}+T_\mathrm{SRS}\end{aligned} \tag{11.20}$$

式中，等号右边各项分别为损耗(T_α)、光栅 Bragg 衍射(T_g)、磁光效应(T_MO)、相位调制(T_PM)、FWM(T_FWM)、SBS(T_SBS)、SRS(T_SRS)等物理效应对导波光脉冲的微扰项。显然，这些物理现象之间的耦合作用被忽略，它们可具体表示为如下形式：

(1) $T_\alpha=-\dfrac{\alpha_\mathrm{p}}{2}A_{pl}^{(s)}(z,t)$，为传播损耗项；

(2) $T_\mathrm{g}=\mathrm{i}\kappa_{sl}A_{pl}^{(-s)}(z,t)\mathrm{e}^{-2\mathrm{i}s(\beta_{0l}-\beta_B)z}$，为 Bragg 光栅衍射引起的正向/反向光波的耦合项，它与 $\Delta\varepsilon_r$ 的对角元素相联系；

(3) $T_\mathrm{MO}=\mathrm{i}\left\{\kappa_{\bar{p}l}^{pl}(\boldsymbol{M})A_{\bar{p}l}^{(s)}(z,t)\mathrm{e}^{\mathrm{i}\left[\beta_{0\bar{p}l}^{(s)}-\beta_{0pl}^{(s)}\right]z}+\kappa_{\bar{p}\bar{l}}^{pl}\left[\frac{1}{2}\boldsymbol{g}_m^*(\frac{1}{2}\boldsymbol{g}_m)\right]A_{\bar{p}\bar{l}}^{(s)}(z,t)\mathrm{e}^{\mathrm{i}(\beta_{0\bar{p}\bar{l}}^{(s)}-\beta_{0pl}^{(s)})z}\right\}$ 为磁光效应引起的同向传播导波光的模式转换效应和频移现象，与 $\Delta\varepsilon_r$ 的非对角元素相联系。

(4) $T_\mathrm{PM}=\mathrm{i}\left[\gamma_{pl}^{(s)}\left|A_{pl}^{(s)}(z,t)\right|^2+2\sum_{s',\bar{l}}\gamma_{p\bar{l}}^{(s')}\left|A_{p\bar{l}}^{(s')}(z,t)\right|^2+\frac{2}{3}\sum_{s',l'}\gamma_{\bar{p}l'}^{(s')}\left|A_{\bar{p}l'}^{(s')}(z,t)\right|^2\right]A_{pl}^{(s)}(z,t)+\mathrm{i}\frac{1}{3}\sum_{l'}\gamma_{\bar{p}l'}^{(s)}$ $\left\{\left[A_{pl}^{(s)}(z,t)\right]^*\left[A_{\bar{p}l'}^{(s)}(z,t)\right]^2\exp\left(-2\mathrm{i}s\Delta\beta_{\bar{p}l'}^{pl}z\right)+2\left[A_{pl}^{(-s)}(z,t)\right]^*A_{\bar{p}l'}^{(s)}(z,t)A_{\bar{p}l'}^{(-s)}(z,t)\right\}$ 是与相位调制有

关的非线性微扰项，它们分别与 SPM、同偏振光引起的 XPM 和不同偏振光引起的 XPM 相联系，$\overline{p}$ 表示与 p 不同的偏振方向，$\Delta\beta_{\overline{p}l'}^{pl}=\beta_{pl}-\beta_{\overline{p}l'}$。

(5) $T_{\mathrm{FWM}}=2\mathrm{i}\gamma_{ll'kk'}A_{pl'}^{*}A_{pk}A_{pk'}\mathrm{e}^{-\mathrm{i}s\Delta_{kk'}^{ll'}z}$ 为仅考虑双光子湮灭（$\omega_l+\omega_{l'}=\omega_k+\omega_{k'}$）情形下的 FWM 项，其中 $\gamma_{ll'kk'}=\dfrac{n_2\omega_{pl}}{c}f_{ll'kk'}$，$f_{ll'kk'}=\dfrac{\left\langle F_l^*F_{l'}^*F_kF_{k'}\right\rangle}{\left[\left\langle|F_l|^2\right\rangle\left\langle|F_{l'}|^2\right\rangle\left\langle|F_k|^2\right\rangle\left\langle|F_{k'}|^2\right\rangle\right]^{1/2}}$ 为交叠积分，相位失配因子 $\Delta_{kk'}^{ll'}=\beta_l+\beta_{l'}-\beta_k-\beta_{k'}$，$\beta_j=n_j\omega_j/c\ \ (j=l,l',k,k')$ 为光纤中相应光波的传播常数。需要说明的是，这里没有考虑三光子能量转换到一个光子的情形，因为通常情形下相位匹配条件难以满足。

(6) 瞬时 SBS 动态特性可由材料的密度方程描述为

$$\tau_B\frac{\partial Q}{\partial t}+(1+\mathrm{i}\delta)Q=A_PA_S^*$$

式中，Q 与密度振荡幅度相联系；失谐量 $\delta\equiv(\omega_P-\omega_S-\Omega_B)\tau_B$，$\tau_B$ 为 SBS 情形下声子寿命（约为 10ns），Ω_B 为产生的背向散射斯托克斯光的布里渊频移（~10GHz），下标 P、S 分别表示泵浦光和斯托克斯光。这样可通过在复包络耦合模方程中增加与 Q 相关的项来描述 SBS 的时变效应。当泵浦脉冲宽度时 $T_P\gg 10\mathrm{ns}$，可认为 $\partial Q/\partial t=0$，若进一步选择 $\delta=0$，则有 $T_{\mathrm{SBS}}=-s\dfrac{g_B}{2}\left|A_{pl'}^{(-s)}\right|^2A_{pl}^{(s)}$（反向耦合），其中 l、$l'=P$、S，$g_B\approx 5\times10^{-11}\mathrm{m/w}$ 为布里渊增益系数的峰值。

(7) 当脉冲宽度为 ps 量级时，$T_{\mathrm{SRS}}=\left(-\mathrm{i}\gamma_{Pl}f_R+s\dfrac{g_{Rl}}{2}\right)\left|A_{pl'}^{(S)}\right|^2A_{pl}^{(S)}$，其中 $g_{RL}=2S_L\gamma_{PL}f_R\left|\tilde{h}_R(\Omega_R)\right|$，$Sl=p$，$s=\pm1$，$\Omega_R$ 为向拉曼散射的斯托克斯频移（~13THz），$\tilde{h}_R(\omega)$ 为拉曼响应函数 $h_R(t)$ 的傅里叶变换，f_R 为延迟拉曼响应对非线性极化强度 P_{NL} 的分数贡献（$f_R\approx0.18$）。与 SBS 情形类似，必要时需要增加分子振动方程来描述瞬时拉曼动态特性。由于 Ω_R 很大，泵浦光与拉曼光的群速失配会使 SRS 过程限制在泵浦脉冲和拉曼脉冲交叠的一个时间间隔内，这是 SRS 最重要的新特性，可用脉冲走离长度 $L_W=T_P/\left|\upsilon_{gp}^{-1}-\upsilon_{gs}^{-1}\right|$ 来描述，T_P 为泵浦脉冲的持续时间。

11.4.2　硅波导的非线性效应

硅材料作为当前微电子工业的基础材料，在集成光学和光电子领域也有着广泛的应用。硅晶体作为一种半导体光波导材料，除具有与光纤相同的非线性效应，还具有一些独特的非线性效应，如双光子吸收、自由载流子吸收和自由载流子色散等。

当两个光子的能量等于介质的两个能级差时介质会同时吸收两个光子的现象，称为双光子吸收(TPA)。两个光子频率相同时，称为简并双光子吸收；两个光子的频率不同时，称为非简并双光子吸收。双光子吸收会导致能级跃迁，在硅的导带和价带分别留有电子-空穴对自由载流子。单光子吸收和双光子吸收同时存在时，总的吸收常数正比子光强，即

$\alpha_{\mathrm{T}}=\alpha_{\mathrm{p}}+\beta_{\mathrm{TPA}}I$，其中比例系数$\beta_{\mathrm{TPA}}$称为双光子吸收系数，$I=|E(z,t)|^2/A_{\mathrm{eff}}$，$A_{\mathrm{eff}}$为波导的有效模场面积。$\beta_{\mathrm{TPA}}$与三阶非线性极化率的虚部有关。

自由载流子吸收(free carrier absorption，FCA)是指只改变原有载流子能带内部能量位置的自由载流子吸收光子现象。自由载流子吸收促使载流子的带内跃迁，不产生新的自由载流子。自由载流子的浓度变化也影响材料的折射率，称为自由载流子色散(free carrier dispersion，FCD)。晶体硅中的 FCD 和 FCA 主要取决于自由载流子浓度大小，分别引起折射率和吸收系数的改变，可由 Drude-Lorenz 经典公式给出：

$$\Delta n=-\frac{e^2\lambda^2}{8\pi^2c^2\varepsilon_0 n}\left(\frac{\Delta N_{\mathrm{e}}}{0.26m_0}+\frac{\Delta N_{\mathrm{h}}}{0.39m_0}\right) \tag{11.21a}$$

$$\Delta\alpha=\frac{e^3\lambda^2}{4\pi^2c^3\varepsilon_0 n}\left[\frac{\Delta N_{\mathrm{e}}}{(0.26m_0)^2\mu_{\mathrm{e}}}+\frac{\Delta N_{\mathrm{h}}}{(0.39m_0)^2\mu_{\mathrm{h}}}\right] \tag{11.21b}$$

式中，$\Delta N_{\mathrm{e,h}}$和$\mu_{\mathrm{e,h}}$分别为电子、空穴的浓度和迁移率；e和m_0分别为电子电量和质量；n为晶体硅的非微扰折射率。

光脉冲在硅波导中的传播特性仍可由式(11.20)进行描述，只需要在方程的右边增加 FCA、FCD 和 TPA 的贡献项即可。设光场具有$E_p(z,t)\sim A_p(z,t)\mathrm{e}^{\mathrm{i}(\beta_{0p}z-\omega_0 t)}$形式，$p=x,y$表示光的偏振方向。以硅晶轴方向作为参考坐标，在平均群速为$\bar{\upsilon}_{\mathrm{g}}=(\upsilon_x+\upsilon_y)/2$的移动坐标系中，当考虑双折射、线性损耗、SPM/XPM、FCA、FCD、TPA 等物理效应时，x、y线偏振光复包络满足的非线性耦合模方程如下：

$$\begin{cases}\dfrac{\partial A_x}{\partial z}+\left(\dfrac{1}{\upsilon_x}-\dfrac{1}{\bar{\upsilon}_{\mathrm{g}}}\right)\dfrac{\partial A_x}{\partial t}+\dfrac{\mathrm{i}}{2}\beta_x^{(2)}\dfrac{\partial^2 A_x}{\partial t^2}+\dfrac{\alpha_{\mathrm{p}}}{2}A_x \\ \quad=-\dfrac{\sigma}{2}(1+\mathrm{i}\mu)N_{\mathrm{c}}A_x+\mathrm{i}\gamma(1+\mathrm{i}r)\left(\dfrac{1+\rho}{2}|A_x|^2+\dfrac{2}{3}\rho|A_y|^2\right)A_x \\ \dfrac{\partial A_y}{\partial z}+\left(\dfrac{1}{\upsilon_y}-\dfrac{1}{\bar{\upsilon}_{\mathrm{g}}}\right)\dfrac{\partial A_y}{\partial t}+\dfrac{\mathrm{i}}{2}\beta_y^{(2)}\dfrac{\partial^2 A_y}{\partial t^2}+\dfrac{\alpha_{\mathrm{p}}}{2}A_y \\ \quad=-\dfrac{\sigma}{2}(1+\mathrm{i}\mu)N_{\mathrm{c}}A_y+\mathrm{i}\gamma(1+\mathrm{i}r)\dfrac{\rho}{3}\left(|A_y|^2+2|A_x|^2\right)A_y\end{cases} \tag{11.22}$$

式中，υ_x和υ_y为双折射波导在两个正交偏振方向的群速；α_{p}为线性损耗系数；$\sigma=1.45\times10^{-21}(\lambda/\lambda_{\mathrm{ref}})^2\,\mathrm{m}^2$为自由载流子的吸收截面，与自由载流子吸收效应相联系，$\lambda_{\mathrm{ref}}=1550\mathrm{nm}$；$\mu=2\zeta k_0/\sigma$，$\zeta=1.35\times10^{-27}(\lambda/\lambda_{\mathrm{ref}})^2\,\mathrm{m}^3$，与自由载流子色散(折射率)效应相联系；$\gamma=n_2k_0/A_{\mathrm{eff}}$为非线性系数，$r=\beta_{\mathrm{TPA}}/(2n_2k_0)$与双光子吸收效应相联系；$\rho=1.27$是硅材料的各向异性结果。

假设产生的自由载流子全是光生载流子，则平均自由载流子浓度N_{c}与电子、空穴浓度是相同的，即$N_{\mathrm{e}}=N_{\mathrm{h}}=N_{\mathrm{c}}$，$N_{\mathrm{c}}$满足的演化方程为

$$\frac{\partial N_{\mathrm{c}}(z,t)}{\partial t}=\frac{\beta_{\mathrm{TPA}}}{2A_{\mathrm{eff}}^2h\nu_0}|A(z,t)|^4-\frac{N_{\mathrm{c}}(z,t)}{\tau_{\mathrm{c}}} \tag{11.23}$$

式中，τ_{c}为自由载流子平均寿命，它是自由载流子再结合、扩散和漂移的共同作用效果；$h\nu_0$为光子能量。

第 12 章　数值计算方法

数值方法的基本思想是，对连续分布的场域空间进行离散化处理，求得各个离散点的电场，然后通过插值处理得到整个场域的电场分布信息。常用的数值方法主要有：①基于微分形式的电磁场方程的有限差分法、有限元法等；②基于积分形式的电磁场方程的矩量法、边界元法等；③用于分析时变电磁场问题的 FDTD 等。本章讲解光通信中常用的三种计算方法：FDTD、BPM 和 SSFTM。

FDTD 方法是分析时变电磁场问题常用的数值方法，将随时间变化的麦克斯韦方程组在空间和时间上离散化为有限差分方程，时间步长与空间步长之间必须满足一定的关系(稳定性判据)。叶氏(Yee)离散化处理方法是将电场和磁场的分量分别在空间和时间网格中交错取值(交错网格)。FDTD 方法的计算精度与差分格式的构造密切相关，中心差分格式的近似误差量级为 $O(h^2)$。计算无限长波导、电磁辐射或电磁散射等问题时还需要满足吸收边界条件。

BPM 是分析光波在非均匀介质中传输特性的重要方法，其基本思想是把波导沿着传播方向剖分成若干个截面，根据前一个或几个截面上的已知场分布得到下一个截面上的场分布。该方法可采用慢变包络近似简化亥姆霍兹方程，然后采用空间快速傅里叶变换(fast Fourier transform，FFT)、有限差分(finite difference，FD)、有限元(finite element，FE)等数值方法进行计算。BPM 特别适用于分析光纤、平面光波导中光场的横截面分布。

SSFTM 是一种求解非线性偏微分方程的数值方法，它将线性和非线性步长分开考虑。通常采用对称分步傅里叶变换数值方法进行近似求解，其近似误差量级为 $O(h^3)$。SSFTM 比大多数差分方法的运算速度快，广泛用于研究光纤中脉冲的非线性传播特性。

12.1　时域有限差分法

有限差分法是将求解场域划分为差分网格，用网格节点上离散的数值解代替场域内连续的场分布，即用网格节点的差分方程近似代替偏微分方程。有限差分法的计算精度与差分格式的构造密切相关。一般说来，网格划分得充分细，所得结果就可达到足够的精度。FDTD 方法是将随时间变化的麦克斯韦方程组在空间和时间上离散化为有限差分方程，可用于分析时变电磁场问题。

12.1.1 常用的差分格式

对于一维情形，基本的差分格式有一阶前向差分、一阶后向差分、一阶中心差分和二阶中心差分等，前两种格式是单侧差分，后两种格式是中心(对称)差分，它们分别具有一阶和二阶计算精度。采用等距网格 $x_k = kh$ 时(h 为步距，$k = 0,1\cdots,N$)，一维光滑函数 $u(x)$ 的差分格式表示如下：

(1) 一阶导数的前向差分(单侧差分)

$$\left.\frac{\partial u}{\partial x}\right|_{x=x_k} = \frac{1}{h}\left[u(x_{k+1}) - u(x_k)\right] + O(h) \tag{12.1}$$

(2) 一阶导数的后向差分(单侧差分)

$$\left.\frac{\partial u}{\partial x}\right|_{x=x_k} = \frac{1}{h}\left[u(x_k) - u(x_{k-1})\right] + O(h) \tag{12.2}$$

(3) 一阶导数的中心差分(对称差分)

$$\left.\frac{\partial u}{\partial x}\right|_{x=x_k} = \frac{1}{2h}\left[u(x_{k+1}) - u(x_{k-1})\right] + O(h^2) \tag{12.3}$$

(4) 二阶导数的中心差分(对称差分)

$$\left.\frac{\partial^2 u}{\partial x^2}\right|_{x=x_k} = \frac{1}{h^2}\left[u(x_{k+1}) - 2u(x_k) + u(x_{k-1})\right] + O(h^2) \tag{12.4}$$

式中，$O(h)$ 和 $O(h^2)$ 表示 $h \to 0$ 时差分近似的误差量级。

对于二维情形，令 $u_{k,l} = u(x_k, y_l)$，则拉普拉斯算子的五点差分格式和混合导数的差分格式分别为

$$\nabla^2 u\Big|_{\substack{x=x_k\\y=y_l}} = \left(\frac{\partial^2 u}{\partial x^2} + \frac{\partial^2 u}{\partial y^2}\right)_{\substack{x=x_k\\y=y_l}} = \frac{1}{h^2}\left(u_{k-1,l} + u_{k+1,l} + u_{k,l-1} + u_{k,l+1} - 4u_{k,l}\right) + O(h^2) \tag{12.5}$$

$$\left.\frac{\partial^2 u}{\partial x \partial y}\right|_{\substack{x=x_k\\y=y_l}} = \frac{1}{4h^2}\left(u_{k+1,l+1} + u_{k-1,l-1} - u_{k+1,l-1} - u_{k-1,l+1}\right) + O(h^2) \tag{12.6}$$

上述二次差分近似用到的格点值如图 12.1 所示。

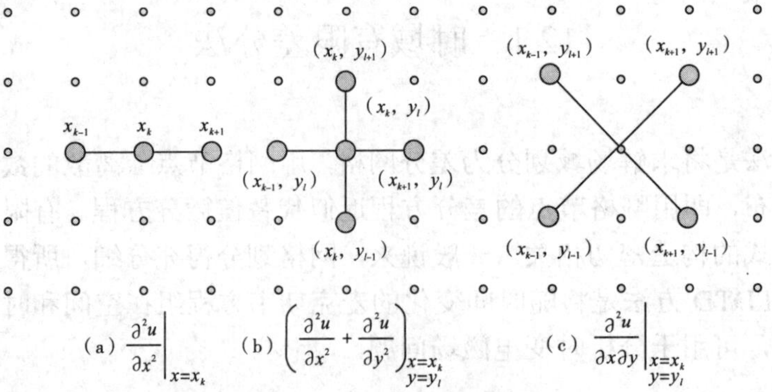

图 12.1 二次差分近似用到的格点

12.1.2　低维波导中的麦克斯韦方程

在无源区域（$\boldsymbol{J}=0,\ \rho=0$），对于各向同性介质（$\varepsilon,\mu$）情形，麦克斯韦方程组可简化为

$$\begin{cases}\nabla\times\boldsymbol{H}=\varepsilon\dfrac{\partial\boldsymbol{E}}{\partial t}\\ \nabla\times\boldsymbol{E}=-\mu\dfrac{\partial\boldsymbol{H}}{\partial t}\end{cases}\tag{12.7}$$

显然，$\nabla\cdot\boldsymbol{B}=0$ 和 $\nabla\cdot\boldsymbol{D}=0$ 自然满足。将式(12.7)写为如下分量形式：

$$\varepsilon\frac{\partial E_x}{\partial t}=\frac{\partial H_z}{\partial y}-\frac{\partial H_y}{\partial z}\tag{12.8a}$$

$$\varepsilon\frac{\partial E_y}{\partial t}=\frac{\partial H_x}{\partial z}-\frac{\partial H_z}{\partial x}\tag{12.8b}$$

$$\varepsilon\frac{\partial E_z}{\partial t}=\frac{\partial H_y}{\partial x}-\frac{\partial H_x}{\partial y}\tag{12.8c}$$

$$-\mu\frac{\partial H_x}{\partial t}=\frac{\partial E_z}{\partial y}-\frac{\partial E_y}{\partial z}\tag{12.8d}$$

$$-\mu\frac{\partial H_y}{\partial t}=\frac{\partial E_x}{\partial z}-\frac{\partial E_z}{\partial x}\tag{12.8e}$$

$$-\mu\frac{\partial H_z}{\partial t}=\frac{\partial E_y}{\partial x}-\frac{\partial E_x}{\partial y}\tag{12.8f}$$

对于一维波导情形(如无界空间中 x 方向传播的均匀平面电磁波)，设介质波导在 y、z 方向无限，且所有物理量在 y、z 方向不变，即 $\dfrac{\partial}{\partial y}=\dfrac{\partial}{\partial z}=0$。方程组(12.8)可化简为相互独立的两组方程：一组是 y 方向偏振的 TEM 波型(有 E_y 和 H_z 分量，用 TEM_y 表示)，由式(12.8b)和式(12.8f)可得

$$\begin{cases}\dfrac{\partial E_y}{\partial t}=-\dfrac{1}{\varepsilon}\dfrac{\partial H_z}{\partial x}\\ \dfrac{\partial H_z}{\partial t}=-\dfrac{1}{\mu}\dfrac{\partial E_y}{\partial x}\end{cases}\tag{12.9a}$$

另一组是 z 方向偏振的 TEM 波型(有 E_z 和 H_y 分量，用 TEM_z 表示)，由式(12.8c)和式(12.8e)可得

$$\begin{cases}\dfrac{\partial E_z}{\partial t}=\dfrac{1}{\varepsilon}\dfrac{\partial H_y}{\partial x}\\ \dfrac{\partial H_y}{\partial t}=\dfrac{1}{\mu}\dfrac{\partial E_z}{\partial x}\end{cases}\tag{12.9b}$$

对于二维波导情形(如平板波导中 x 方向传播的电磁波)，设介质波导在 z 方向无

限，且所有物理量在 z 方向不变，即 $\frac{\partial}{\partial z}0$。方程组(12.8)仍可化简为相互独立的两组方程：一组是 TE 波型(包括 H_x、H_y 和 E_z 分量)，由式(12.8c)、式(12.8d)和式(12.8e)可得

$$\begin{cases}\dfrac{\partial E_z}{\partial t}=\dfrac{1}{\varepsilon}\left(\dfrac{\partial H_y}{\partial x}-\dfrac{\partial H_x}{\partial y}\right)\\[2mm]\dfrac{\partial H_x}{\partial t}=-\dfrac{1}{\mu}\dfrac{\partial E_z}{\partial y}\\[2mm]\dfrac{\partial H_y}{\partial t}=\dfrac{1}{\mu}\dfrac{\partial E_z}{\partial x}\end{cases}\tag{12.10a}$$

另一组是 TM 波型(包括 E_x、E_y 和 H_z 分量)，由式(12.8a)、式(12.8b)和式(12.8f)可得

$$\begin{cases}\dfrac{\partial E_x}{\partial t}=\dfrac{1}{\varepsilon}\dfrac{\partial H_z}{\partial y}\\[2mm]\dfrac{\partial E_y}{\partial t}=-\dfrac{1}{\varepsilon}\dfrac{\partial H_z}{\partial x}\\[2mm]\dfrac{\partial H_z}{\partial t}=-\dfrac{1}{\mu}\left(\dfrac{\partial E_y}{\partial x}-\dfrac{\partial E_x}{\partial y}\right)\end{cases}\tag{12.10b}$$

12.1.3 时域有限差分方程及其求解

以一维情形的 TEM_y 波型为例，说明时域有限差分方法的处理过程。采用叶氏算法进行离散化处理，引入交错网格，即 $E_y(x,t)$ 和 $H_z(x,t)$ 分别在以空间间隔 $\Delta x/2$ 和时间间隔 $\Delta t/2$ 的网格中交错取值，如图 12.2 所示。为了便于描述，令 $(E_y)_i^n=E_y(i\Delta x,n\Delta t)$ 和 $(H_z)_i^n=H_z(i\Delta x,n\Delta t)$，其中 Δx 和 Δt 分别为空间和时间步长，i 和 n 分别是对应于空间和时间的指数。

采用中心差分格式，分别在 $n+1/2$ 时间节点计算 $(E_y)_i^{n+1/2}$，在 n 时间节点计算 $(H_z)_{i+1/2}^n$，将式(12.9a)化为如下差分方程组：

$$\begin{cases}\dfrac{(E_y)_i^{n+1}-(E_y)_i^n}{\Delta t}=-\dfrac{1}{\varepsilon}\dfrac{(H_z)_{i+1/2}^{n+1/2}-(H_z)_{i-1/2}^{n+1/2}}{\Delta x}\\[2mm]\dfrac{(H_z)_{i+1/2}^{n+1/2}-(H_z)_{i+1/2}^{n-1/2}}{\Delta t}=-\dfrac{1}{\mu}\dfrac{(E_y)_{i+1}^n-(E_y)_i^n}{\Delta x}\end{cases}\tag{12.11}$$

式中，n 和 i 的取值可以互不相关。由式(12.11)可知，E_y 和 H_z 分别处于网格点 (i,n) 和 $(i+1/2,n+1/2)$ 的位置，此处 i 和 n 为整数，如图 12.2 所示。可以看出，任意节点的场可由下面最近邻交错节点上的三个场量得到。显然，FDTD 方法也可以处理非均匀或各向异性媒质的问题，其中参数 ε、μ 是空间坐标的函数。

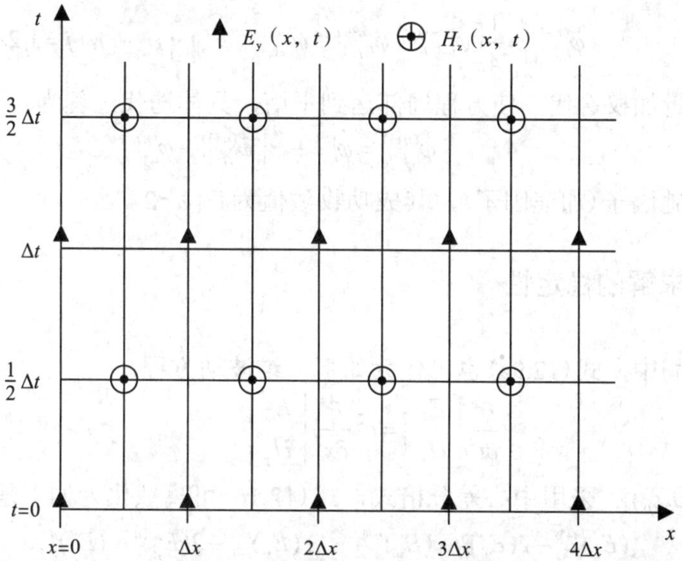

图 12.2　二次差分近似用到的格点

类似地，在三维情形下，采用中心差分格式也可写出一般情形下的差分方程。根据式(12.8a)～式(12.8c)，在 $n+1/2$ 时间节点计算 $E_x^{n+1/2}(i+1/2,j,k)$，$E_y^{n+1/2}(i,j+1/2,k)$，$E_z^{n+1/2}(i,j,k+1/2)$；根据式(12.8d)～式(12.8f)，在 n 时间节点计算 $H_x^n(i,j+1/2,k+1/2)$，$H_y^n(i+1/2,j,k+1/2)$，$H_z^n(i+1/2,j+1/2,k)$，其中括号里的三个数表示空间节点位置。可以发现，三维情形下任一网格节点的电场值可由上一个时间节点的电场值及其四周相邻节点的磁场值计算，任一网格节点的磁场值可由上一个时间节点的磁场值及其四周相邻节点的电场值计算。

通过适当划分节点网格和选择差分格式，可将麦克斯韦方程离散化为差分方程，通常采用迭代法对场域内所有节点的差分方程联立求解。下面以电位函数的二维拉普拉斯方程为例说明简单迭代法和超松弛迭代法的执行过程。简单迭代法首先对场域内所有节点 (i,j) 的电位赋予迭代初值 $\varphi_{i,j}^{(0)}$ (边界条件已离散化为边界节点上的已知数值)；再按照一定顺序(通常从左到右、从下到上)反复迭代，用前一次迭代得到的结果作为下一次迭代的初值。由式(12.5)可得

$$\varphi_{i,j}^{(n+1)}=\frac{1}{4}\left[\varphi_{i-1,j}^{(n)}+\varphi_{i,j-1}^{(n)}+\varphi_{i+1,j}^{(n)}+\varphi_{i,j+1}^{(n)}\right],\qquad i,j=1,2\cdots \tag{12.12}$$

式中，上标 (n) 表示迭代次数。若相邻两次迭代值之间的误差不超过预定的允许误差 δ，即

$$\max_{i,j}\left|\varphi_{i,j}^{(N)}-\varphi_{i,j}^{(N-1)}\right|<\delta \tag{12.13}$$

则终止迭代，此时的迭代结果作为最终数值解 $\varphi_{i,j}=\varphi_{i,j}^{(N)}$。为了加快收敛速度，实际中常采用超松弛迭代法，它用左边和下边节点的新计算值代入差分方程，即

$$\tilde{\varphi}_{i,j}^{(n+1)} = \frac{1}{4}\left[\varphi_{i-1,j}^{(n+1)} + \varphi_{i,j-1}^{(n+1)} + \varphi_{i+1,j}^{(n)} + \varphi_{i,j+1}^{(n)}\right], \qquad i, j = 1,2\cdots \tag{12.14}$$

然后进行变化量加权迭代，使方程局部达到平衡，具体迭代过程为

$$\varphi_{i,j}^{(n+1)} = \varphi_{i,j}^{(n)} + \alpha\left[\tilde{\varphi}_{i,j}^{(n+1)} - \varphi_{i,j}^{(n)}\right] \tag{12.15}$$

式中，α 为松弛因子(加速因子)，其成功收敛值为$1 \leqslant \alpha < 2$。

12.1.4 数值求解的稳定性

在自由空间中，式(12.9a)也可化为如下一维波动方程：

$$\frac{\partial^2}{\partial t^2}\begin{bmatrix} E_y \\ H_z \end{bmatrix} = c^2 \frac{\partial^2}{\partial x^2}\begin{bmatrix} E_y \\ H_z \end{bmatrix} \tag{12.16}$$

式中，$c^2 = 1/(\mu_0\varepsilon_0)$。采用中心差分格式，式(12.16)可离散化为如下差分方程：

$$\frac{(E_y)_i^{n+1} - 2(E_y)_i^n + (E_y)_i^{n-1}}{(\Delta t)^2} = c^2 \frac{(E_y)_{i+1}^n - 2(E_y)_i^n + (E_y)_{i-1}^n}{(\Delta x)^2} \tag{12.17}$$

我们可以通过一个频率为ω的单色波和相应的近似波数$\tilde{k}$来分析时域有限差分的计算误差。由式(12.16)可知，电场的解析解为$E_y(x,t) = E_{ym}\mathrm{e}^{\mathrm{j}(\omega t - kx)}$，其中$k = \omega / c$。将其对应的离散形式$(E_y)_i^n = \mathrm{e}^{\mathrm{j}(\omega n\Delta t - \tilde{k}i\Delta x)}$代入式(12.17)可得数值波数$\tilde{k}$与频率$\omega$的关系，称为数值色散公式，即

$$\cos(\omega\Delta t) = r^2\left[\cos(\tilde{k}\Delta x) - 1\right] + 1 \tag{12.18}$$

式中，$r = c\Delta t/\Delta x$。下面分几种情况来讨论数值计算的稳定性。

(1) 对于非常细的网格($\Delta t \to 0, \Delta x \to 0$)，由式(12.18)可得

$$\frac{\omega\Delta t}{2} \approx \frac{c\Delta t}{\Delta x}\frac{\tilde{k}\Delta x}{2} \Rightarrow \tilde{k} = \frac{\omega}{c} = k \tag{12.19a}$$

表明网格划分得充分细时，所得数值结果就可达到足够的精度。

(2) 当$r = 1$，即$\Delta x / \Delta t = c$时，由式(12.18)可得

$$\cos(\omega\Delta t) = \cos(\tilde{k}\Delta x) \Rightarrow \tilde{k} = \omega/(\Delta x / \Delta t) = \omega/c = k \tag{12.19b}$$

这种情形下，数值波数$\tilde{k}$与物理波数k总是相等的，数值近似没有带来任何误差，此时所选择的时间步长$\Delta t = \Delta x / c$被称为魔术时间步长。

(3) 当$r < 1$时，引入空间分辨能力参数$R = \lambda_0/\Delta x$，其中λ_0为真空中电磁波的波长。由式(12.18)可得数值波相速$\tilde{\upsilon}_p$对空间分辨能力R的依赖关系为

$$\frac{\tilde{\upsilon}_p}{c} = \frac{\omega}{c\tilde{k}} = \frac{k}{\tilde{k}} = \frac{2\pi}{\lambda_0\tilde{k}} = \frac{2\pi}{R \cdot \arccos\left\{1 + [\cos(2\pi r/R) - 1]/r^2\right\}} \tag{12.19c}$$

图 12.3 给出了$r = 0.5$的情形，表明当$r < 1$时可通过增大空间分辨能力R来补偿r减小对数值计算精度的影响。

(4) 当$r > 1$时，由图 12.3 可知数值波相速$\tilde{\upsilon}_p > c$，违背了“自由空间中波速不可能超过光速”的原则，算法处于不稳定状态。

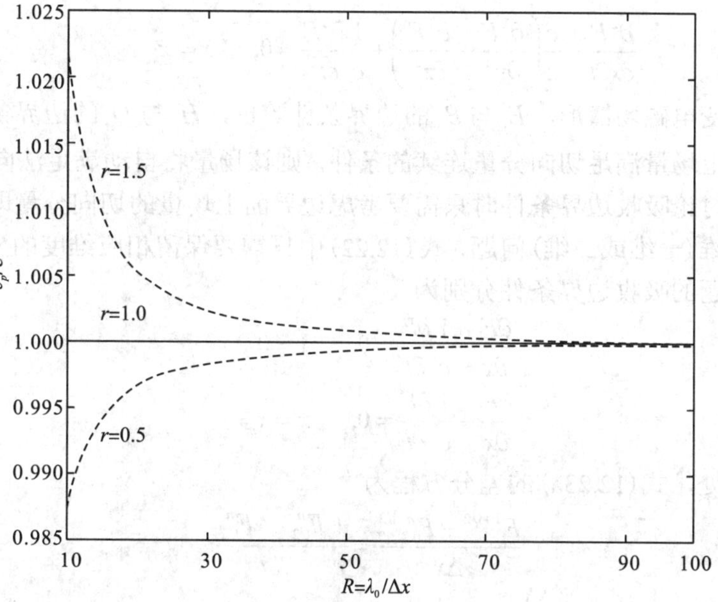

图 12.3　数值波相速 $\tilde{\upsilon}_p$ 随空间分辨能力 R 的变化

因此，在 FDTD 方法中，时间步长 Δt 与空间步长之间必须满足一定的关系，称为稳定性判据。三维情形的稳定性判据为

$$\upsilon\Delta t \leqslant \left[\frac{1}{(\Delta x)^2}+\frac{1}{(\Delta y)^2}+\frac{1}{(\Delta z)^2}\right]^{-1/2} \tag{12.20}$$

式中，υ 为物理波相速。对于低维情形，只需要去掉式(12.20)中相应的空间步长项。

当空间中三维坐标轴方向的步长均为 Δl 时，$\upsilon\Delta t \leqslant \Delta l/\sqrt{3}$，一般取

$$\upsilon\Delta t = \Delta l/2 \tag{12.21}$$

若三维坐标轴方向的步长是可变的，式(12.21)中的 Δl 应取三维坐标轴步长中的最小值。

12.1.5　吸收边界条件

在无限长波导、电磁辐射或电磁散射等问题中，电磁波没有反射效应，场域会延伸到无限远处。数值计算总是限定在感兴趣的范围，相当于给该区域划定一个边界，该界面的引入不应改变内部空间的场分布，以保证有限空间中的计算结果与原来无限空间的计算结果等效。因此，这种边界必须满足一定的条件，称为吸收边界条件或辐射条件。

对于三维问题，场分量 F 在边界面 x=0 和 $x = x_m$ 上应分别满足如下穆尔(Mur)吸收边界条件(其他两个方向类似)：

$$\frac{\partial^2 F}{\partial x\partial t}+\frac{c}{2}\left(\frac{\partial^2 F}{\partial y^2}+\frac{\partial^2 F}{\partial z^2}\right)-\frac{1}{c}\frac{\partial^2 F}{\partial t^2}=0, \qquad x=0 \tag{12.22a}$$

$$\frac{\partial^2 F}{\partial x \partial t}-\frac{c}{2}\left(\frac{\partial^2 F}{\partial y^2}+\frac{\partial^2 F}{\partial z^2}\right)+\frac{1}{c}\frac{\partial^2 F}{\partial t^2}=0, \quad x=x_m \tag{12.22b}$$

对于时变电磁场情形，E_t 与 B_n 的边界条件等价，H_t 与 D_n 的边界条件等价。由于介质分界面上场量满足切向分量连续的条件，则该场量将自动满足法向分量连续的条件。因此，讨论吸收边界条件时只需要考虑边界面上场量的切向分量即可。

对于低维(一维或二维)问题，式(12.22)中只需要保留相应维度的坐标依赖项。例如，一维问题的吸收边界条件分别为

$$\frac{\partial F}{\partial x}-\frac{1}{c}\frac{\partial F}{\partial t}=0, \quad x=0 \tag{12.23a}$$

$$\frac{\partial F}{\partial x}+\frac{1}{c}\frac{\partial F}{\partial t}=0, \quad x=x_m \tag{12.23b}$$

在边界 x=0 处，式(12.23a)的差分方程为

$$\frac{F_1^{n+1/2}-F_0^{n+1/2}}{\Delta x}=\frac{1}{c}\frac{F_{1/2}^{n+1}-F_{1/2}^{n}}{\Delta t} \tag{12.24}$$

将半时间步长值 $F_i^{n+1/2}=\frac{1}{2}(F_i^{n+1}+F_i^{n})$ 和半空间步长值 $F_{i+1/2}^{n}=\frac{1}{2}(F_{i+1}^{n}+F_i^{n})$ 代入式(12.24)，可得边界节点 $x=0$ 上吸收边界条件的差分格式为

$$F_0^{n+1}=F_1^{n}+\frac{c\Delta t-\Delta x}{c\Delta t+\Delta x}\left(F_1^{n+1}-F_0^{n}\right) \tag{12.25a}$$

同理，边界节点 $x=x_m$ 上吸收边界条件的差分格式为

$$F_m^{n+1}=F_{m-1}^{n}+\frac{c\Delta t-\Delta x}{c\Delta t+\Delta x}\left(F_{m-1}^{n+1}-F_m^{n}\right) \tag{12.25b}$$

12.2 光束传播法

BPM 是分析光波在非均匀介质中传输特性的重要方法，可以形象地模拟光波导中传导模或辐射模光场的传输过程，特别适用于分析通信光纤、光子晶体光纤、光纤光栅中光波偏振态变化以及光纤横截面光场分布，也是目前优化设计平面光波导器件的流行方法。BPM 有多种分类方式，按偏振属性分类有全矢量、半矢量、标量三种形式，按传播方向的复杂性分类有单向和双向 BPM 之分，按数值计算模型分类有快速傅里叶变换 BPM、有限差分 BPM、有限元 BPM 等。其中，基于有限差分的光束传播法(FD-BPM)在结构适应性、计算效率、节约内存等方面有优势，能够与广角和全矢量算法结合以及把透明边界条件综合在一起考虑。

BPM 的基本思想是把波导沿着传播方向剖分成若干个截面，根据前一个或几个截面上的已知场分布得到下一个截面上的场分布。具体讲，从光场初始条件以及波导参数和结构特性出发，根据亥姆霍兹方程，求出光束在波导中传播很小一段距离(步长)处、与光束传播方向垂直的横截面上的光场；然后以此为初始条件计算下一个步长处横截面上的光场，依次推进，直到计算完整个波导，最终获得波导内部不同位置平面

上的光场分布以及波导的输出光场。该方法可采用慢变包络近似简化亥姆霍兹方程，并采用适当的数值计算模型完成一个步长到下一个步长的推演过程。

12.2.1　非均匀介质中的亥姆霍兹方程

在无源的非均匀各向同性介质中［$\varepsilon(\boldsymbol{r}),\mu_0,\sigma=0$］谐电磁场的麦克斯韦方程组可简化为

$$\begin{cases}\nabla\times\boldsymbol{H}=\mathrm{j}\omega\varepsilon(\boldsymbol{r})\boldsymbol{E}\\ \nabla\times\boldsymbol{E}=-\mathrm{j}\omega\mu_0\boldsymbol{H}\\ \nabla\cdot\boldsymbol{H}=0\\ \nabla\cdot\left[\varepsilon(\boldsymbol{r})\boldsymbol{E}\right]=0\end{cases}\tag{12.26}$$

由式(12.26)中前两式可得$\nabla\times\nabla\times\boldsymbol{E}=-\mathrm{j}\omega\mu_0\nabla\times\boldsymbol{H}=\omega^2\mu_0\varepsilon(\boldsymbol{r})\boldsymbol{E}$，即

$$\nabla(\nabla\cdot\boldsymbol{E})-\nabla^2\boldsymbol{E}=\omega^2\mu_0\varepsilon(\boldsymbol{r})\boldsymbol{E}\tag{12.27}$$

由$\nabla\cdot\left[\varepsilon(\mathbf{r})\boldsymbol{E}\right]=\varepsilon(\boldsymbol{r})\nabla\cdot\boldsymbol{E}+\nabla\varepsilon(\boldsymbol{r})\cdot\boldsymbol{E}=0$可知$\nabla\cdot\boldsymbol{E}=-\boldsymbol{E}\cdot\dfrac{\nabla\varepsilon(\boldsymbol{r})}{\varepsilon(\boldsymbol{r})}$，代入式(12.27)可得电场$\boldsymbol{E}$满足的矢量亥姆霍兹方程为

$$\nabla^2\boldsymbol{E}+\nabla\left[\boldsymbol{E}\cdot\frac{\nabla\varepsilon(\boldsymbol{r})}{\varepsilon(\boldsymbol{r})}\right]+k_0^2\varepsilon_{\mathrm{r}}(\boldsymbol{r})\boldsymbol{E}=0\tag{12.28}$$

式中，$k_0=\omega\sqrt{\mu_0\varepsilon_0}$为真空中波数。同理，可得磁场$\boldsymbol{H}$满足的矢量亥姆霍兹方程为

$$\nabla^2\boldsymbol{H}+\frac{\nabla\varepsilon(\boldsymbol{r})}{\varepsilon(\boldsymbol{r})}\times(\nabla\times\boldsymbol{H})+k_0^2\varepsilon_{\mathrm{r}}(\boldsymbol{r})\boldsymbol{H}=0\tag{12.29}$$

式中，利用了公式$\nabla\times\left[\varepsilon(\boldsymbol{r})\boldsymbol{E}\right]=\varepsilon(\boldsymbol{r})\nabla\times\boldsymbol{E}+\nabla\varepsilon(\boldsymbol{r})\times\boldsymbol{E}$。

对于沿$+z$方向传播的时谐光波，若$\varepsilon_{\mathrm{r}}(\boldsymbol{r})$沿$z$轴的变化十分缓慢，即$\partial\varepsilon_{\mathrm{r}}/\partial z\approx0$，我们主要关注光场的横向分量在空间的分布。式(12.28)的横向分量可写为如下形式：

$$\begin{cases}\dfrac{\partial}{\partial x}\left[\dfrac{\partial(\varepsilon_{\mathrm{r}}E_x)}{\varepsilon_{\mathrm{r}}\partial x}\right]+\dfrac{\partial^2E_x}{\partial y^2}+\dfrac{\partial^2E_x}{\partial z^2}+k_0^2\varepsilon_{\mathrm{r}}(\boldsymbol{r})E_x+\dfrac{\partial}{\partial x}\left[\dfrac{\partial(\varepsilon_{\mathrm{r}}E_y)}{\varepsilon_{\mathrm{r}}\partial y}\right]-\dfrac{\partial^2E_y}{\partial x\partial y}=0\\ \dfrac{\partial}{\partial y}\left[\dfrac{\partial(\varepsilon_{\mathrm{r}}E_y)}{\varepsilon_{\mathrm{r}}\partial y}\right]+\dfrac{\partial^2E_y}{\partial x^2}+\dfrac{\partial^2E_y}{\partial z^2}+k_0^2\varepsilon_{\mathrm{r}}(\boldsymbol{r})E_y+\dfrac{\partial}{\partial y}\left[\dfrac{\partial(\varepsilon_{\mathrm{r}}E_x)}{\varepsilon_{\mathrm{r}}\partial x}\right]-\dfrac{\partial^2E_x}{\partial y\partial x}=0\end{cases}\tag{12.30}$$

类似地，由式(12.29)也可以得到磁场的横向分量形式。

12.2.2　慢变包络近似下的 BPM 公式

对于非均匀介质波导中沿$+z$方向传播的时谐光波，其横向电场分量$E_{x,y}(x,y,z)$可表示为随空间位置快速变化的相位波动因子$\mathrm{e}^{-\mathrm{j}\beta z}$和变化缓慢的复振幅包络$A_{x,y}(x,y,z)$两部分，即

$$\begin{cases} E_x(x,y,z) = A_x(x,y,z)\mathrm{e}^{-\mathrm{j}\beta z} \\ E_y(x,y,z) = A_y(x,y,z)\mathrm{e}^{-\mathrm{j}\beta z} \end{cases} \tag{12.31}$$

这相当于平面波在折射率微扰作用下其复振幅受到了空间调制。在慢变包络近似下，有

$$\left|\frac{\partial^2 A_{x,y}}{\partial z^2}\right| \ll 2\beta\left|\frac{\partial A_{x,y}}{\partial z}\right| \tag{12.32}$$

则

$$\frac{\partial^2 E_{x,y}}{\partial z^2} = \mathrm{e}^{-\mathrm{j}\beta z}\left(\frac{\partial^2 A_{x,y}}{\partial z^2} - 2\mathrm{j}\beta\frac{\partial A_{x,y}}{\partial z} - \beta^2 A_{x,y}\right) \approx \mathrm{e}^{-\mathrm{j}\beta z}\left(-2\mathrm{j}\beta\frac{\partial A_{x,y}}{\partial z} - \beta^2 A_{x,y}\right) \tag{12.33}$$

将式(12.33)代入式(12.30)，可得如下偏振耦合方程：

$$\begin{cases} \mathrm{j}\dfrac{\partial A_x}{\partial z} = \hat{\kappa}_{xx}A_x + \hat{\kappa}_{xy}A_y \\ \mathrm{j}\dfrac{\partial A_y}{\partial z} = \hat{\kappa}_{yx}A_x + \hat{\kappa}_{yy}A_y \end{cases} \tag{12.34}$$

式中，微分算子定义为

$$\hat{\kappa}_{xx} = \frac{1}{2\beta}\left[\frac{\partial}{\partial x}\frac{\partial\varepsilon_{\mathrm{r}}}{\varepsilon_{\mathrm{r}}\partial x} + \frac{\partial^2}{\partial y^2} + k_0^2\varepsilon_{\mathrm{r}}(\boldsymbol{r}) - \beta^2\right] \tag{12.35a}$$

$$\hat{\kappa}_{xy} = \frac{1}{2\beta}\left[\frac{\partial}{\partial x}\frac{\partial\varepsilon_{\mathrm{r}}}{\varepsilon_{\mathrm{r}}\partial y} - \frac{\partial^2}{\partial x\partial y}\right] \tag{12.35b}$$

$$\hat{\kappa}_{yx} = \frac{1}{2\beta}\left[\frac{\partial}{\partial y}\frac{\partial\varepsilon_{\mathrm{r}}}{\varepsilon_{\mathrm{r}}\partial x} - \frac{\partial^2}{\partial y\partial x}\right] \tag{12.35c}$$

$$\hat{\kappa}_{yy} = \frac{1}{2\beta}\left[\frac{\partial}{\partial y}\frac{\partial\varepsilon_{\mathrm{r}}}{\varepsilon_{\mathrm{r}}\partial y} + \frac{\partial^2}{\partial x^2} + k_0^2\varepsilon_{\mathrm{r}}(\boldsymbol{r}) - \beta^2\right] \tag{12.35d}$$

式(12.34)表明，一般情形下 $\hat{\kappa}_{xy}$ 和 $\hat{\kappa}_{yx}$ 作用不可忽略，两个偏振之间会发生耦合作用，称为全矢量 BPM；当 $\hat{\kappa}_{xy} = \hat{\kappa}_{yx} = 0$ 时，对应于半矢量 BPM，两个偏振独立传播，两者不发生耦合；若 $\varepsilon_{\mathrm{r}}(\boldsymbol{r})$ 不依赖于横向坐标，即 $\hat{\kappa}_{xx} = \hat{\kappa}_{yy} = \hat{\kappa}$，$\hat{\kappa}_{xy} = \hat{\kappa}_{yx} = 0$，则两个偏振的传播特性完全相同，式(12.34)退化为标量 BPM 公式：

$$\mathrm{j}\frac{\partial A_{x,y}}{\partial z} = \hat{\kappa}A_{x,y} \tag{12.36}$$

式中，

$$\hat{\kappa} = \frac{1}{2\beta}\left[\frac{\partial^2}{\partial x^2} + \frac{\partial^2}{\partial y^2} + k_0^2\varepsilon_{\mathrm{r}}(\boldsymbol{r}) - \beta^2\right] \tag{12.37}$$

类似的推导过程，也可以得到磁场的全矢量 BPM 公式。上面我们假定光束的传播方向总是沿 z 轴方向的，当光束与 z 轴的夹角较小时，可使用傍轴近似模拟光在波导中的传播，当夹角较大(广角)时，若还用傍轴近似则会带来较大的误差。

12.2.3　BPM 的数值计算模型

根据折射率分布的横向依赖性，BPM 公式有两种形式。一般情形下，折射率在与传播方向(z 轴)垂直的二维平面内变化，对应于“1+2”BPM 形式，第一个“1”表示传播方向；在横向平面内，折射率分布沿某个方向(如 y 方向)均匀时，场量不随 y 坐标变化($\partial/\partial y=0$)，支持 TE 波和波 TM 波，这种情形对应于“1+1”BPM 形式。下面对几种典型的 BPM 算法进行简要描述。

1. FFT-BPM

FFT-BPM 源于标量波动方程，它是将横向场分布离散化后，先利用快速傅里叶变换实现位置空间到波矢域的转换，在波矢域完成传输距离 Δz 的计算，然后再快速逆傅里叶变换到位置空间进行相位传播，重复上述步骤可计算整个光波导中的场分布。

将式(12.36)重写为

$$\frac{\partial A}{\partial z}=(\hat{D}+\hat{P})A \tag{12.38}$$

式中，算符 $\hat{D}$ 和 $\hat{P}$ 分别与空间衍射特性(波矢域)和导波传播效应(空间域)相联系：

$$\hat{D}=\frac{1}{2\mathrm{j}\beta}\left(\frac{\partial^2}{\partial x^2}+\frac{\partial^2}{\partial y^2}\right),\qquad \hat{P}=\frac{1}{2\mathrm{j}\beta}\left[k_0^2\varepsilon_{\mathrm{r}}(\boldsymbol{r})-\beta^2\right]\approx -\mathrm{j}k_0\Delta n \tag{12.39}$$

其中，$\Delta n=\sqrt{\varepsilon_{\mathrm{r}}}-\beta/k_0$。当算符 $\hat{D}$ 和 $\hat{P}$ 不依赖于 z，且相互独立(互易)时，对式(12.38)从 z 积分到 $z+\Delta z$，则有

$$\begin{aligned}A(x,y,z+\Delta z)&=\mathrm{e}^{\int_z^{z+\Delta z}(\hat{D}+\hat{P})\mathrm{d}z}A(x,y,z)\\&=\mathrm{e}^{(\hat{D}+\hat{P})\Delta z}A(x,y,z)\\&=\mathrm{e}^{\hat{P}\Delta z}\mathrm{e}^{\hat{D}\Delta z}A(x,y,z)\end{aligned} \tag{12.40}$$

实施分步计算，先考虑 $\hat{D}$ 的作用效果(忽略 $\hat{P}$ 的作用)，对式(12.38)进行二维傅里叶变换，用符号 F_{xy} 表示，即

$$\frac{\partial\tilde{A}(k_x,k_y,z)}{\partial z}=\hat{D}_k\tilde{A}(k_x,k_y,z) \tag{12.41}$$

式中

$$\tilde{A}(k_x,k_y,z)=F_{xy}\left[A(x,y,z)\right]=\int_{-\infty}^{+\infty}A(x,y,z)\mathrm{e}^{-\mathrm{j}(k_x x+k_y y)}\mathrm{d}x\mathrm{d}y$$

$$\hat{D}_k\tilde{A}(k_x,k_y,z)=F_{xy}\left[\hat{D}A(x,y,z)\right]=\int_{-\infty}^{+\infty}\hat{D}A(x,y,z)\mathrm{e}^{-\mathrm{j}(k_x x+k_y y)}\mathrm{d}x\mathrm{d}y$$

$$\hat{D}_k=-\frac{1}{2\mathrm{j}\beta}\left(k_x^2+k_y^2\right)$$

对式(12.41)从 z 积分到 $z+\Delta z$，有

$$\tilde{A}(k_x,k_y,z+\Delta z)=\mathrm{e}^{\hat{D}_k\Delta z}\tilde{A}(k_x,k_y,z) \tag{12.42}$$

在此基础上，再考虑 $\hat{P}$ 的空间作用结果，由式(12.40)可知

$$\begin{aligned}A(x,y,z+\Delta z)&=\mathrm{e}^{\hat{P}\Delta z}F_{xy}^{-1}\left[\tilde{A}(k_x,k_y,z+\Delta z)\right]\\&=\mathrm{e}^{\hat{P}\Delta z}F_{xy}^{-1}\left[\mathrm{e}^{\hat{D}_k\Delta z}\tilde{A}(k_x,k_y,z)\right]\\&=\mathrm{e}^{\hat{P}\Delta z}F_{xy}^{-1}\left\{\mathrm{e}^{\hat{D}_k\Delta z}F_{xy}\left[A(x,y,z)\right]\right\}\end{aligned} \tag{12.43}$$

式中，F_{xy}^{-1} 表示二维傅里叶逆变换。

2. FD-BPM

FD-BPM 是将波导横截面分成有限差分网格，BPM 公式离散化为差分方程，结合边界条件得到整个横截面的光场分布，然后计算下一个 Δz 横截面的光场，重复上述步骤最终可得到整个波导中的场分布。

对于“1+1”FD-BPM 情形下的 TE 波 $(\partial/\partial y=0)$，其电场的慢变包络可由式(12.36)简化得

$$2\mathrm{j}\beta\frac{\partial A}{\partial z}=\left[\frac{\partial^2}{\partial x^2}+k_0^2\varepsilon_\mathrm{r}(\boldsymbol{r})-\beta^2\right]A \tag{12.44}$$

令 $A_i(z)=A(i\Delta x,z),\varepsilon_{ri}(z)=\varepsilon_\mathrm{r}(i\Delta x,z)$，将式(12.44)离散化为如下差分方程：

$$2\mathrm{j}\beta\frac{\partial A_i(z)}{\partial z}=\frac{A_{i+1}(z)-2A_i(z)+A_{i-1}(z)}{(\Delta x)^2}+\left[k_0^2\varepsilon_{ri}(z)-\beta^2\right]A_i(z)\equiv f_i(z) \tag{12.45}$$

对式(12.45)从 z 积分到 $z+\Delta z$，右边采用梯形积分近似，有

$$2\mathrm{j}\beta\left[A_i(z+\Delta z)-A_i(z)\right]=\frac{\Delta z}{2}\left[f_i(z+\Delta z)+f_i(z)\right] \tag{12.46}$$

进一步整理可得

$$-aA_{i+1}(z+\Delta z)+bA_i(z+\Delta z)-aA_{i-1}(z+\Delta z)=aA_{i+1}(z)+cA_i(z)+aA_{i-1}(z) \tag{12.47}$$

式中

$$a=\frac{\Delta z}{2(\Delta x)^2}$$

$$b=\frac{\Delta z}{(\Delta x)^2}-\frac{\Delta z}{2}\left[k_0^2\varepsilon_{ri}(z+\Delta z)-\beta^2\right]+2\mathrm{j}\beta$$

$$c=-\frac{\Delta z}{(\Delta x)^2}+\frac{\Delta z}{2}\left[k_0^2\varepsilon_{ri}(z)-\beta^2\right]+2\mathrm{j}\beta$$

进一步地处理过程可参见 1990 年 Chung 和 Dagli 在期刊 *Journal of Quantum Electronics* 上发表的文章。

另一种数值方法是对式(12.45)在 z 方向离散化为

$$2\mathrm{j}\beta\frac{A_i^{n+1}-A_i^n}{\Delta z}=\frac{A_{i+1}(z)-2A_i(z)+A_{i-1}(z)}{(\Delta x)^2}+\left[k_0^2\varepsilon_{ri}(z)-\beta^2\right]A_i(z) \tag{12.48}$$

式中，$A_i^n=A(i\Delta x,n\Delta z)$。令 $(\varepsilon_\mathrm{r})_i^n=\varepsilon_\mathrm{r}(i\Delta x,n\Delta z)$，并将下列关系式：

$$\begin{cases} A_i(z) = A_i^n \\ A_{i+1}(z) = (A_{i+1}^{n+1} + A_{i+1}^n)/2 \\ A_{i-1}(z) = (A_{i-1}^{n+1} + A_{i-1}^n)/2 \\ \varepsilon_{\mathrm{r}i}(z) = \left[(\varepsilon_\mathrm{r})_i^{n+1} + (\varepsilon_\mathrm{r})_i^n\right]/2 \end{cases} \tag{12.49}$$

代入式(12.48)的右边，可得如下 FD-BPM 公式：

$$\begin{aligned} &A_i^{n+1} + \frac{\mathrm{j}\Delta z}{4\beta}\left\{\frac{A_{i+1}^{n+1} - 2A_i^{n+1} + A_{i-1}^{n+1}}{(\Delta x)^2} + \left[k_0^2(\varepsilon_\mathrm{r})_i^{n+1} - \beta^2\right]A_i^{n+1}\right\} \\ &= A_i^n - \frac{\mathrm{j}\Delta z}{4\beta}\left\{\frac{A_{i+1}^n - 2A_i^n + A_{i-1}^n}{(\Delta x)^2} + \left[k_0^2(\varepsilon_\mathrm{r})_i^n - \beta^2\right]A_i^n\right\} \end{aligned} \tag{12.50}$$

3.FE-BPM

FE-BPM 是将波导横截面分成很多三角形元，每一个元内的场用多项式表达，然后结合不同元间场的边界条件得到整个横截面的光场分布，然后计算下一个 Δz 横截面的光场，重复上述步骤最终可得到整个波导中的场分布。具体执行过程可查阅相关文献。

12.2.4　透明边界条件

受计算机运算速度和内存的限制，数值仿真只能在有限区域进行。为了抑制光束的反射，FD-BPM 仿真时需要在计算窗口外附加一个适当的边界条件，通行的解决方案是采用 Hadley 提出的透明边界条件(transparent boundary condition，TBC)。对于“1+1”FD-BPM 情形，光束沿+z 方向传播，x 方向为垂直于传播方向的横截面(y 方向无限均匀)。设 $x = x_0$ 和 $x = x_{m+1}$ 分别为仿真区域的上、下边界，如图 12.4 所示。

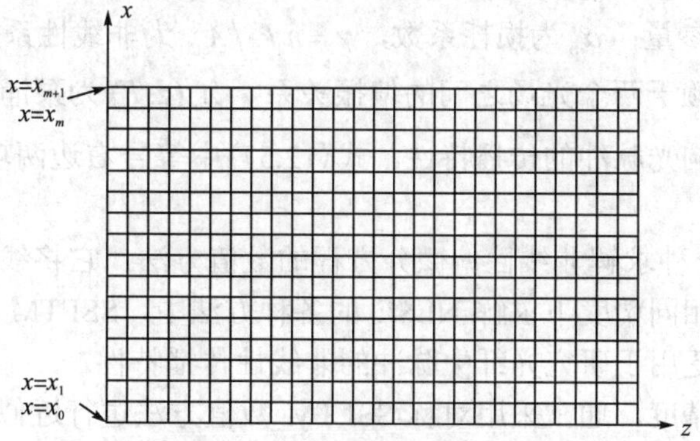

图 12.4　透明边界条件示意图

对于任意横截面 $z=z_n$，在 $x=x_0$ 边界附近，光场可以近似表示为平面波形式：

$$A(x,z_n)\approx a(z_n)\mathrm{e}^{\mathrm{j}k_x x} \tag{12.51}$$

式中，$a(z_n)$ 和 k_x 为复数。对于均匀网格，则有

$$A_2/A_1=\mathrm{e}^{\mathrm{j}k_x(x_2-x_1)}=\mathrm{e}^{\mathrm{j}k_1\Delta x}\Rightarrow k_1=\frac{1}{\mathrm{j}\Delta x}\ln\frac{A_2}{A_1} \tag{12.52}$$

对于距离边界 $x=x_0$ 的场，若不存在反射波，x 方向的传播常数 k_x 实部应为正，即

$$A_0=A_1\mathrm{e}^{-\mathrm{j}k_0\Delta x},\quad k_0=\left|\mathrm{Re}(k_1)\right|+\mathrm{jIm}(k_1) \tag{12.53}$$

类似地，在 $x=x_{m+1}$ 边界附近，光场可以近似表示为平面波形式：

$$A(x,z_n)\approx a(z_n)\mathrm{e}^{-\mathrm{j}k_x x} \tag{12.54}$$

式中，$a(z_n)$ 和 k_x 为复数。对于均匀网格，则有

$$A_{m-1}/A_m=\mathrm{e}^{-\mathrm{j}k_x(x_{m-1}-x_m)}=\mathrm{e}^{\mathrm{j}k_m\Delta x}\Rightarrow k_m=\frac{1}{\mathrm{j}\Delta x}\ln\frac{A_{m-1}}{A_m} \tag{12.55}$$

对于距离边界 $x=x_{m+1}$ 的场，若不存在反射波，x 方向的传播常数 k_x 实部应为正，即

$$A_{m+1}=A_m\mathrm{e}^{-\mathrm{j}k_{m+1}\Delta x},\quad k_{m+1}=\left|\mathrm{Re}(k_m)\right|+\mathrm{jIm}(k_m) \tag{12.56}$$

12.3 对称分步傅里叶变换法

导波光在克尔非线性介质中传播，光脉冲功率会导致材料折射率的改变，产生自相位调制 SPM 和 XPM 等非线性效应。例如，光纤的三阶非线性效应引起的折射率改变为 $\Delta n=n_2P/A_{\mathrm{eff}}$，其中 $n_2=2.2\times10^{-20}\sim3.9\times10^{-20}\,\mathrm{m^2/W}$ 为硅光纤的非线性折射率系数，P 为光功率，A_{eff} 为光场有效面积。若将光信号脉冲的电场强度表示为 $E_s(z,t)=A(z,t)\exp\left[\mathrm{i}(\beta z-\omega t)\right]$ 形式，在群速（υ_{g}）移动坐标系中，$T=t-z/\upsilon_{\mathrm{g}}$，光脉冲包络 $A_s(z,T)$ 的演化规律可由如下 NLSE 描述：

$$\frac{\partial A_s}{\partial z}+\frac{\mathrm{i}}{2}\beta^{(2)}\frac{\partial^2 A_s}{\partial T^2}-\frac{1}{6}\beta^{(3)}\frac{\partial^3}{\partial T^3}+\frac{\alpha_p}{2}A_s=\mathrm{i}\gamma\left(\left|A_s\right|^2+B\left|A_p\right|^2\right)A_s \tag{12.57}$$

式中，$\beta^{(2,3)}$ 为色散参量；α_p 为损耗系数，$\gamma=n_2k_0/A_{\mathrm{eff}}$ 为非线性系数；k_0 为真空中波数；耦合参量 B 依赖于两个光场之间的偏振关系，$A_p(z,T)$ 为泵浦光脉冲的复包络。色散和非线性会影响光脉冲的传播特性，式(12.57)中等号右边两项分别对应于 SPM 和 XPM。

SSFTM 作为一种求解非线性偏微分方程的数值方法，它将线性和非线性项的贡献分步长考虑。在相同精度下求解 NLSE 的各种方法中，SSFTM 比大多数差分方法的运算速度快，广泛用于研究光纤中脉冲的非线性传播特性。

为了提高计算精度，通常采用对称 SSFTM 数值方法进行近似求解，即在每个分段 $(z_0,z_0+\delta z)$ 中间 $z_0+\delta z/2$ 处(而不是分段的边界)引入整个分段内非线性效应对复包络演化的影响，可使 SSFTM 的近似误差量级为 $O\left[(\delta z)^3\right]$。将慢变包络 A_s 满足的

NLSE 表示为如下形式：

$$\frac{\partial A_s}{\partial z} = (\hat{D} + \hat{N})A_s \tag{12.58}$$

式中，线性算子 $\hat{D} = -\frac{\mathrm{i}}{2}\beta^{(2)}\frac{\partial^2}{\partial T^2} + \frac{1}{6}\beta^{(3)}\frac{\partial^3}{\partial T^3} - \frac{\alpha_p}{2}$，与光纤色散和损耗相联系；非线性算子 $\hat{N}$ 对应于光脉冲的 SPM 和 XPM 等非线性效应。一般来说，光脉冲在光纤中传播时会同时受到色散和非线性的作用，当传播距离很短时可认为两者的作用是独立的。在这种近似下，式(12.58)的解可表示成如下对称形式：

$$A_s\left(z_0 + \delta_z, T\right) \approx \exp\left(\frac{\delta_z}{2}\hat{D}\right)\exp\left(\int_{z_0}^{z_0+\delta_z} N(z)\mathrm{d}z\right)\exp\left(\frac{\delta z}{2}\hat{D}\right)A_s(z_0, T) \tag{12.59}$$

也就是说，复包络 A_s 的计算过程是分步进行的(类似于“Ω”形状)，如图 12.5 所示。

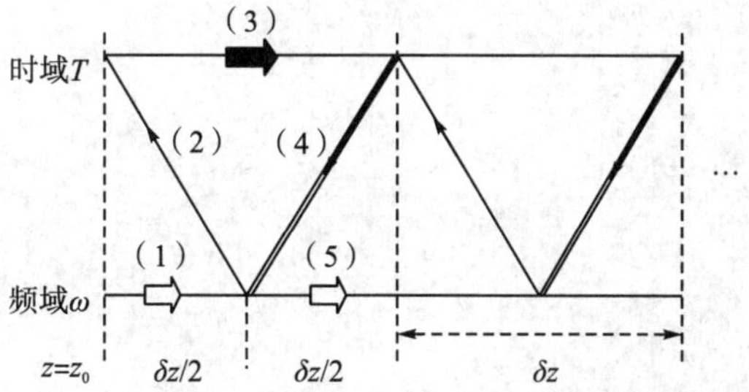

图 12.5　对称 SSFTM 示意图

对称 SSFTM 的具体实施过程如下：

(1) 在 $(z_0, z_0 + \delta z/2)$ 内忽略非线性的影响，将与时间相关的线性算子 $\hat{D}$ 和时域复包络 $A_s(z_0, T)$ 傅里叶变换到频域，分别用 $\hat{D}_\Omega$ 和 $\tilde{A}_s(z, \Omega)$ 表示，其中傅里叶变换核为 $\mathrm{e}^{\mathrm{i}\Omega T}$，将 $\hat{D}$ 中的 $\partial/\partial T$ 替换为 $-\mathrm{i}\Omega$ 可得 $\hat{D}_\Omega$。于是有

$$\frac{\partial A_s(z,T)}{\partial z} = \hat{D}A_s(z,T) \Leftrightarrow \frac{\partial \tilde{A}_s(z,\Omega)}{\partial z} = \hat{D}_\Omega \tilde{A}_s(z,\Omega) \tag{12.60}$$

则有

$$\tilde{A}_s^{(1)}(z_0 + \delta z/2, \Omega) = \exp\left(\delta z \hat{D}_\Omega/2\right)\tilde{A}_s(z_0, \Omega) \tag{12.61}$$

(2) 将频域线性算子 $\hat{D}_\Omega$ 作用后的频域复包络 $\tilde{A}_s^{(1)}(z_0 + \delta z/2, \Omega)$ 傅里叶逆变换到时域，得到 $A_s^{(2)}(z_0 + \delta z/2, T)$。

(3) 在整个分段 $(z_0, z_0 + \delta z)$ 内忽略线性算子的作用，将时域非线性算子 $\hat{N}$ 作用到 $A_s^{(2)}(z_0 + \delta z/2, T)$ 上，解 $\partial A_s/\partial z = \hat{N}A_s$ 可得

$$A_s^{(3)}(z_0 + \delta z, T) = \exp\left[\delta z N(z)\right]A_s^{(2)}(z_0 + \delta z/2, T) \tag{12.62}$$

(4) 将时域非线性算子 $\hat{N}$ 作用后的时域复包络 $A_s^{(3)}(z_0 + \delta z, T)$ 再傅里叶变换到频域，得到 $\tilde{A}_s^{(4)}(z_0 + \delta z, \Omega)$。

(5) 类似步骤 (1)，将 $\tilde{A}_s^{(4)}(z_0+\delta z,\Omega)$ 作为输入，在频域线性算子 $\hat{D}_\Omega$ 作用下，从 $z_0+\delta z/2$ 开始传播剩余的 $\delta z/2$ 距离，得到

$$\tilde{A}_s^{(5)}(z_0+\delta z,\Omega)=\exp\left(\delta z\hat{D}_\Omega/2\right)\tilde{A}_s^{(4)}(z_0+\delta z,\Omega) \tag{12.63}$$

于是，从 z_0 到 $z_0+\delta z$ 完成一个步长的包络计算结果可完整地表示为

$$A_s(z_0+\delta z,T)=F^{-1}\left\{\begin{array}{l}\exp(\delta z\hat{D}_\Omega/2)\\ F\left\{\begin{array}{l}\exp\left[\delta z N(z)\right]\\ F^{-1}\left[\begin{array}{l}\exp(\delta z\hat{D}_\Omega/2)\\ F[A_s(z_0,T)]\end{array}\right]\end{array}\right\}\end{array}\right\} \tag{12.64}$$

接下来进行下一个分段的计算。计算中，选择 z 和 T 的步长要合适，这一点相当重要，其中步长 Δz 的值可由最大相移来确定，即

$$\phi_{\max}=\gamma\left|A_{\text{peak}}\right|^2\Delta z\leqslant 0.05\text{rad} \tag{12.65}$$

参 考 文 献

顾畹仪，李国瑞, 2006. 光纤通信系统(修订本). 北京：北京邮电大学出版社.

马春生，秦政坤，张大明, 2012. 光波导器件设计与模拟. 北京：高等教育出版社.

倪光正，杨仕友，钱秀英，等, 2004.工程电磁场数值计算. 北京：机械工业出版社.

饶云江, 2006. 光纤技术. 北京：科学出版社.

文进, 2015. 基于 SOI 波导的非线性光学效应及应用. 北京：国防工业出版社.

武保剑, 2009. 微波磁光理论与磁光信号处理. 成都：电子科技大学出版社.

武保剑，邱昆, 2013. 光纤信息处理原理及技术. 北京：科学出版社.

谢处方，饶克谨, 2006. 电磁场与电磁波(第 4 版). 北京：高等教育出版社.

杨洁，王磊, 2015. 电磁频谱管理技术. 北京：清华大学出版社.

叶玉堂，饶建珍，肖峻，等, 2005. 光学教程(第 1 版). 北京：清华大学出版社.

Agrawal G P, 2001. Nonlinear Fiber Optics (3rd ed). Cambridge:Academic Press.

Amnon Yariv,Pochi Yeh, 2009. 光子学——现代通信光电子学(第六版). 北京：电子工业出版社.

Guru B S，Hiziroglu H R, 2006. 电磁场与电磁波(第 2 版). 北京：机械工业出版社.

Kalluri D K, 2014. 电磁场与波——电磁材料及 MATLAB 计算. 北京：机械工业出版社.

Leon W Couch II, 2003. 数字与模拟通信系统(第 6 版). 北京：科学出版社.

Soref R A，Bennett B R, 1987. Electrooptical effects in silicon. IEEE Journal of Quantum Electronics，23(1): 123-129.

Wartak M S, 2015. 计算光子学——MATLAB 导论. 北京：科学出版社.

Zhou X，Lu C，Shum P, et al, 2001. A performance analysis of an all optical clock extraction circuit based on Fabry-Pérot filter. J Lightwave Technol，19(5): 603-613.